国家高技术研究发展计划（863计划）资助

新世纪优秀人才支持计划资助

教育部博士点基金成果

西南交通大学创新团队培育计划资助

"十一五"国家重点图书

铁路客运专线（高速）轨道结构关键技术丛书

无缝道岔计算理论与设计方法

王平　刘学毅　著

西南交通大学出版社

·成　都·

图书在版编目（CIP）数据

无缝道岔计算理论与设计方法 / 王平，刘学毅著. —成都：西南交通大学出版社，2007.12（2008.5 重印）

（铁路客运专线（高速）轨道结构关键技术丛书）

ISBN 978-7-81104-540-6

Ⅰ. 无… Ⅱ. ①王…②刘… Ⅲ. ①无缝线路轨道－道岔－计算②无缝线路轨道－道岔－设计　Ⅳ. U213.6

中国版本图书馆 CIP 数据核字（2007）第 199701 号

铁路客运专线（高速）轨道结构关键技术丛书

无缝道岔计算理论与设计方法

王　平　刘学毅　著

*

责任编辑　万　方

责任校对　李　梅

封面设计　本格设计

西南交通大学出版社出版发行

（成都二环路北一段 111 号　邮政编码：610031　发行部电话：028-87600533）

http://press.swjtu.edu.cn

四川森林印务有限责任公司印刷

*

成品尺寸：170 mm×230 mm　　印张：19.125

字数：355 千字

2007 年 12 月第 1 版　　2008 年 5 月第 2 次印刷

ISBN 978-7-81104-540-6

定价：38.00 元

序

铁路客运的高速化是适应社会需求的一项重要技术政策。根据国家"十一五"规划，至 2010 年底，我国将建成 5 000 公里客运专线，至 2020 年将初步建成 12 000 公里的高速铁路运输网。

由于铁路客运专线客车运行速度高，振动荷载大，传统的有砟轨道变形快，轨道几何尺寸维护难，轨道平顺性差，难以满足高速列车舒适性与安全性要求。因此，无缝道岔、无砟轨道、高速道岔等结构技术便成了高速铁路轨道结构中的关键技术。

"十一五"国家重点图书出版规划中，《铁路客运专线（高速）轨道结构关键技术丛书》为系列专著，主要包括《无缝道岔计算理论与设计方法》、《无砟轨道结构与设计方法》、《轨道结构理论与轨道动力学》、《车辆—轨道—路基系统动力学》、《高速道岔设计理论与实践》、《桥上无缝道岔计算理论》等，系作者们在承担国家自然科学规划项目——铁路客运专线轨道结构及修建技术的研究工作中攻克的主要难题和取得的主要成果的总结，它反映了我国客运专线（高速）轨道结构研究的最新技术水平。将这些成果编著出版，对我国客运专线的设计与修建具有重要的指导作用和现实意义。

《无缝道岔计算理论与设计方法》为系列专著的首册。无缝道岔钢轨受力与变形的计算是无缝道岔设计的核心与难点。由于道岔外股基本轨基本不动，内股尖轨和心轨则处于可伸缩状态，使得钢轨的温度力与伸缩位移的理论分析比较复杂。我国不少学者及科研工作者各自提出了不同的理论计算方法，对无缝道岔的理论研究做出了有益的贡献。作者在上述计算理论的基础上，吸收了各种计算理论的优点，对于某些局限作了必要的补充，采取了有限单元分析方法，建立了新的模型，其合理的单元划分使道床阻力、扣件阻力、限位器、间隔铁等阻力因素（非线性）得到较全面、真实的反映。这种无缝道岔有限元法计算理论，其特点是能更方便地对道岔的每个作用力的变化、对道岔结构各个部分的作用进行具体分析。作者利用有限单元计算理论，对影响无缝道岔钢轨内的温度力与位移的 12 种主要影响因素进行了大量的计算分析，得出了一般性的规律，这对加强道岔结构和道岔设计起到了理论指导作用。

本书内容对无缝道岔的计算理论和设计方法的普及与提高起到了有益的推动作用。该书对从事轨道工程教学、科研、设计及工程管理人员具有重要的参考价值。

万复光

2007 年 8 月

前　言

无缝线路是 20 世纪轨道结构进步的突出标志，是与重载、高速相适应的轨道结构。跨区间无缝线路最大限度地减少了钢轨接头，全面提高了线路的平顺性和整体强度，其优越性较普通无缝线路更为突出，因而从 20 世纪 90 年代开始在我国推广应用。

无缝道岔是实现跨区间无缝线路的关键技术之一。随着我国铁路干线的六次提速及客运专线的建设，无缝道岔技术得到了全面发展：直向过岔速度已从 120 km/h 逐渐提升至 160 km/h、200 km/h、250 km/h 乃至 350 km/h；道岔系列也不断完善，已自主研发了 9 号、12 号、18 号、30 号、38 号、42 号无缝道岔；辙叉型式由固定辙叉逐渐发展成长翼轨可动心轨辙叉；转换锁闭结构由联动内锁逐渐发展成燕尾分动外锁、钩型分动外锁和自调式分动外锁，锁闭能力逐渐加强，且更能适应无缝道岔尖轨及心轨的伸缩；为实现既有线道岔的无缝化改造，引进和研发了高锰钢辙叉与普通钢轨的厂内焊接技术，开发了奥贝氏体钢组合辙叉，可实现心轨与区间钢轨的焊接；等等。

但是，由于我国无缝道岔技术起步较晚，在理论分析、结构设计、运输铺设、养护维修等方面积累的经验尚不够充分，致使道岔出现了转换卡阻、传力部件破损变形、尖轨侧拱、心轨爬台等病害，特别是在大号码道岔中，长大尖轨的转换卡阻问题尚未得到彻底解决。这一方面需要对外锁闭结构进行优化设计，另一方面也需要对无缝道岔的结构进行优化设计，尽可能控制尖轨及心轨的伸缩位移，同时又能保证钢轨及传力部件的强度与稳定性。

在无缝道岔发展过程中，其计算理论也得到了迅速发展。国内专家学者先后提出了当量阻力系数法、两轨相互作用法、广义变分法等计算理论，本书即是在这些计算理论的基础上，基于有限单元法，将其进一步完善和发展的。由于影响无缝道岔受力与变形的因素很多，如轨温变化幅度、各种阻力、道岔结构、焊接方式、道岔群布置形式等，采用有限单元法可以较详细地对这些影响因素进行综合分析，因而在无缝道岔结构设计中得到了较好的应用。

随着跨区间无缝线路的推广应用，无缝道岔开始铺设于无砟轨道基础上、铺设于桥梁上，无缝道岔—桥梁—墩台的相互作用较桥上无缝线路和路基上无缝道岔更为复杂，需要将桥上无缝线路与无缝道岔计算理论相结合并进一步发展才能掌握无缝道岔与桥梁的纵向相互作用规律，才能指导无缝道岔铺设于桥梁上的设计。

全书共分五章。第一章介绍了国内外无缝线路的发展概况；第二章介绍了无缝道岔的结构特点与设计方法；第三章在总结分析关于无缝道岔各种计算理论的基础上，建立了无缝道岔有限单元计算理论及稳定性分析方法，提出了计算参数的选取、设计检算项目与检算指标；第四章分析了影响无缝道岔受力及变形的各种因素，为道岔结构及跨区间无缝线路设计提供了有益的参考；第五章分析了无缝道岔铺设于隧道洞口、无砟轨道基础上和桥梁上时的受力与变形规律，建立了岔—桥—墩纵向相互作用计算理论，提出了无缝道岔铺设于桥梁上的设计原则。

在开展无缝道岔设计理论与设计方法研究的过程中，得到了铁道部科技发展计划项目、教育部博士点基金项目和新世纪人才基金项目资助；同时还得到了北京交通大学范俊杰教授和高亮教授、铁道科学研究院卢耀荣研究员和马占国副研究员、中南大学陈秀方教授、中铁山桥集团有限公司王柏重教授级高工、中铁宝桥股份有限公司王全生教授级高工的大力支持和帮助。在写作过程中，轨道教研室的杨荣山讲师及作者指导的硕士研究生、博士研究生们提供了大量的算例，在此一并表示感谢。特别要感谢万复光教授对本书的成稿给予了热情鼓励和关心，并亲自为本书审稿、作序。

本书由西南交通大学出版基金资助出版。本书作者对支持、帮助和关心本书出版的各位同行、出版者致以诚挚的谢意！

限于作者水平，书中错误之处在所难免，敬请广大读者批评指正。

王 平　刘学毅

2007 年 6 月 28 日于成都

目　　录

第 一 章 概 述

无缝线路是由许多普通标准钢轨连续焊接而成的长钢轨线路,又称焊接长钢轨轨道（Continuous Welded Rail）,它是轨道结构技术进步的重要标志,是与重载、高速铁路相适应的轨道结构,其优越性得到了世界各国铁路界同行的认可。

由于无缝线路消除了轨缝、台阶、折角等接头缺陷,具有行车平稳、延长钢轨使用寿命、节约养护维修劳力和材料、节约能耗等显著特点,综合技术经济效果突出,在世界各国得到了竞相发展,技术已日臻完善。

跨区间无缝线路则是在完善了桥上无缝线路、高强度胶接绝缘接头、无缝道岔等多项技术后,把闭塞区间的绝缘接头乃至整区间、多个区间都焊接（或胶接）在一起,取消了缓冲区的无缝线路,其优越性较普通无缝线路更为突出,彻底实现了线路的无缝化,全面提高了线路的平顺性和整体强度。取消缓冲区后,钢轨磨耗和养护维修工作量进一步减少;钢轨接头的取消,进一步改善了列车运行条件;伸缩区与固定区交界处因温度循环而产生的温度力峰及伸缩不能复位而产生的温度力峰,都由于伸缩区的消失而消失;跨区间无缝线路的防爬能力较强,纵向力分布比较均匀,锁定轨温容易保持,提高了线路的安全性和可靠性。

推广应用跨区间无缝线路,可促进焊、铺、养技术全面提高。应将钢轨的重载化、纯净化、强韧化、改进外观平顺性和减小尺寸公差作为我国铁路无缝线路的长期目标;将提高钢轨胶接、焊接接头质量作为跨区间无缝线路安全应用的前提;将道岔与无缝线路直接焊连作为跨区间无缝线路的关键技术,确保道岔不发生锁闭故障或无缝线路及道岔的失稳。

第一节 国外铁路无缝线路的发展

无缝线路已在世界各国得到广泛应用。据 2002 年统计,全世界铺设的无缝线路总长占全世界路网总长的 34.9%,重载、高速铁路都把铺设无缝线路作为加强轨道结构的一项措施。目前,世界各国无缝线路主要结构形式为温度应

力式，轨条连接大多采用接头夹板及螺栓；日本等国的无缝线路连接采用的是
伸缩调节器，并设置绝缘接头，列车通过时车辆簧下振动加速度远小于钢轨接
头；因伸缩调节器的制造加工成本较高，英、法等国铁路研究了不设伸缩调节
器的超长无缝线路；前苏联在寒冷地区铺设无缝线路时，初期采用的是自动放
散、定期放散应力式，但给运行和维修带来了诸多不便，后期以发展温度应力
式无缝线路为主。

　　钢轨是决定轨道结构类型的主要部件，大运量和高速度的铁路干线都要求
使用重型钢轨，因此欧美各国都很重视重型钢轨无缝线路的发展。在长度尺寸
相近的情况下，混凝土枕较木枕道床阻力大，有利于无缝线路的稳定性，因此
大多数国家的无缝线路主要铺设在混凝土枕上。无缝线路上使用的扣件，除要
求保持轨距、抗拔、抗倾覆以及在垂直和水平方向上有一定的弹性外，还要求
有足够的扣压力，以牢固地锁定线路，防止线路爬行，并且还要求便于放散温
度应力。美国的木枕无缝线路主要采用钩头道钉、弹簧防爬器；日本主要采用
弹片扣件；德国的混凝土枕无缝线路主要采用有螺栓弹条扣件；英国的混凝土
枕无缝线路主要采用无螺栓弹条扣件。无缝线路上的道床应当在列车荷载作用
下保证轨排框架的稳定，通过养护维修作业能提高抵抗胀轨跑道和防止线路爬
行的能力，故一般要求在无缝线路上采用坚硬的火成岩制成的道砟。足够的道
床肩宽有利于提高无缝线路的稳定性，大多数国家无缝线路的道床肩宽约为
35~50 cm，法国铁路无缝线路除规定道床顶面宽度外，还要求砟肩堆高 7 cm。

　　德国是发展无缝线路最早的国家，于 1926 年在线路上铺设了 120 m 长的
焊接钢轨，1945 年就做出了以无缝线路为标准线路的规定，至 1974 年无缝线
路长度达到了 5.2 万公里，占线路总延长的 79%；到 20 世纪 90 年代，已焊成
无缝道岔十余万组，并与前后的长轨条焊连在一起，构成超长无缝线路。德国
规定允许铺设无缝线路的最小曲线半径，在木枕和混凝土枕线路地段为 300 m，
钢枕线路地段为 200 m；允许铺设无缝线路的最大坡道，旧线不超过 25‰、新
线不超过 12.5‰。桥上大量铺设无缝线路始于高速铁路的建设，其主要技术措
施是采用空心桥墩，提高墩台刚度，适应桥梁承受纵向力的要求。

　　美国于 1930 年开始在隧道内铺设无缝线路，1933 年开始在区间铺设无缝
线路，在 20 世纪 80 年代已铺设无缝线路达 12 万公里，是全世界铺设无缝线路
最多的国家。美国在最大年轨温差 95°C 地区铺设有无缝线路，对干线铁路容
许铺设无缝线路的最小曲线半径未作限制，并在站线 $R=170$ m 曲线上铺有无缝
线路。他们对桥上无缝线路也很重视，1992 年以来 AREA 三次修改了桥上铺设
无缝线路建议草案。

　　1935 年，苏联开始在莫斯科近效车站铺设无缝线路。由于大部分地区温

度变化幅度较大，最大幅差高达 119℃，影响了无缝线路的发展，直到 1956 年才正式开始铺设无缝线路。长钢轨用接触焊法焊接 800 m 长，运往工地直接铺设，长轨之间设 2～6 根缓冲轨，用普通夹板联结，强调采用高强度、高韧性的重型钢轨。前苏联在严寒、轨温变化幅度很大的地区铺设无缝线路技术取得了重大突破，在西伯利亚最大年轨温差 119℃ 的地区铺设有 P65 型钢轨无缝线路，规定容许铺设无缝线路的最小曲线半径为 300 m，并在外高加索山区铁路 24‰ 的大坡道上铺设了无缝线路。1998 年，俄罗斯对桥上无缝线路的研究也在不断进展，并颁布了《无缝线路铺设、养护维修技术规程》修订本。

法国也是发展无缝线路较早的国家，其早年铺设的无缝线路多使用钢轨伸缩调节器，近年来正逐渐取消区间线路的钢轨伸缩调节器。轨下基础多为双块式混凝土枕、碎石道床，使用双弹性扣件固定钢轨。法国于 1949 年前后，对无缝线路进行了大量的铺设试验，并随即推广开来，至 20 世纪 80 年代末，铺设数量已达 22 457 km。法国客运和货运铁路容许铺设无缝线路最小曲线半径为 400 m。其焊接技术十分先进，成功解决了锰钢辙叉与钢轨焊接技术。法国拉伊台克公司的铝热焊技术属世界一流，铝热焊剂纯净，并创造性地使用一次性坩埚，杂质得以克服，焊接质量高而稳定。法国十分重视发展超长无缝线路，在巴黎—里昂—马赛、巴黎—勒芒、巴黎—里尔高速铁路上，以铺设跨区间无缝线路为主，其中一段长达 50 km，巴黎—里昂高速线上铺设了世界上最大号码的 65 号无缝道岔。

日本是最早修建高速铁路的国家，其东海道新干线起初铺设 50 kg/m 钢轨的无缝线路，后因其断面薄弱而换铺为 60 kg/m 钢轨、混凝土枕无缝线路。在东北、上越、北陆新干线上进一步强化了轨道结构，采用了板式轨道，构成了坚固的无缝线路轨下基础，同时逐步取消区间钢轨伸缩调节器，加大钢轨连续焊接长度，在青函隧道中铺设了一条贯穿全隧道的连续焊接长轨条，全长 53.78 km。日本铁路容许铺设无缝线路的最小曲线半径在既有线为 600 m、新干线上为 1 000 m。于 1960 年开始对新干线桥上无缝线路设计方法进行研究，并形成了设计规范、规定，提出采取减小桥上扣件阻力的办法，来减小桥上无缝线路的纵向力。日本新干线各种桥梁上全都铺设了无缝线路。

从 20 世纪 80 年代开始，欧洲继日本修筑新干线后，掀起了高速铁路建设高潮，促进了电感式、音频式无绝缘轨道电路以及高强度、高韧性钢轨胶接绝缘接头在高速铁路上的应用。再加上钢轨焊接技术取得突破性进展，为超长无缝线路的发展提供了良好契机。在法、德等国的高速铁路上，相邻区间的轨道采用谐调单元构成电气隔离，不用机械绝缘接头，保证了无缝线路的连续性。可动心轨道岔的辙叉与碳钢扎制的钢轨焊连起来，道岔区的绝缘接头用胶接绝缘接头，从而实现真正意义的连续焊接钢轨，仅在大跨度连续梁或跨山谷高架桥上设置伸缩调节器，而调节器的基本轨与尖轨仍然与长钢轨焊接，使无缝线路的轨条长度充分延长。跨区间无缝线路顺应了高速、重载铁路对轨道结构强化和线路平顺性的更高要求，与高速、重载铁路得到了协同发展。

第二节　我国铁路无缝线路的发展

　　我国无缝线路起步较晚，直到 1957 年才开始铺设，经过铁路工作者的不断努力，目前在理论研究、设计、焊接、施工、养护维修和管理方面都取得了很大成绩。在 20 世纪 80 年代，我国铁路又在桥上、小半径曲线、大坡道和寒冷地区试铺了无缝线路，取得了突破性进展，扩大了无缝线路的铺设范围。从1993 年开始，在解决钢轨胶接绝缘接头、无缝道岔这两项关键技术的基础上，开始试铺并推广了跨区间无缝线路，实现了真正意义上的轨线连续"无缝化"。2002 年，在解决了路基、道床状态参数指标等多项关键技术的基础上，首次在秦沈客运专线新建线上一次铺设跨区间无缝线路，标志着我国无缝线路的发展跨入了一个新的时代。截止到 2003 年底，我国铁路正线无缝线路延展长度已达39 158 km，约占全路延展长度的 45%。

一、无缝线路技术积累阶段

　　1957 年，我国采用电弧法焊接长钢轨，首先在北京局和上海局各试铺了1 km 的无缝线路。随后又改用气压焊和电接触焊，在工厂把钢轨焊成长度为125 ~ 250 m 的长钢轨，用长钢轨运输车将焊好的长钢轨运至铺设工地，再按长轨条设计长度用铝热焊法焊接联合接头。长轨条的连焊长度一般为 1 000 ~1 500 m，在长轨条间设置 2 ~ 4 根缓冲轨，用普通夹板连接，以利调整轨缝和设置绝缘接头。

　　在无缝线路理论研究方面，建立了无缝线路钢轨温度力及伸缩位移计算方法、基于统一公式的无缝线路稳定性分析方法、基于变波长方法的无缝线路计算公式、无缝线路强度检算及设计方法，对无缝线路伸缩区的温度力峰、胀轨跑道机理、长钢轨的胀缩等理论问题进行了广泛的试验研究，大大促进了无缝线路的发展和科学管理水平。

　　在焊接技术方面，从电弧焊法逐渐发展了铝热焊、气压焊、接触焊法，认识到长钢轨的焊接是铺设无缝线路的重要环节，其几何外形尺寸的平顺和内部质量是保证无缝线路正常运用的关键。对焊道采用铣床和砂带磨进行精修精磨，提高焊道的平顺并进行正火处理，是改进焊后工艺的重要措施，目前已普遍推广焊后正火处理，并在逐渐应用精修精磨技术。至 20 世纪 90 年代，我国铁路已建立了 17 个焊轨厂，并引进了瑞士的 Gas80 型、乌克兰的 K190 型等先进的电接触焊机。气压焊除工地焊接联合接头使用外，焊轨厂全面淘汰了气压焊法。在线路维修中，如断轨再焊仍以铝热焊法为主。

无缝线路的铺设施工由长钢轨装卸、运输、焊连、换轨、线路整修、旧轨回收等工序组成。长钢轨运输统一采用四层自动装卸列车，500 m 长的焊接钢轨一次可装 28 根，最大载运量达 14 km，利用车上分层设置的间隔器把钢轨隔开，使钢轨各就各位，利用列车中部设置的长钢轨锁定器，将长轨分层锁定，以保证运行的安全平稳。在卸车地点，先用车装钢轨引拉器把待卸的长钢轨拉到有驱动装置的平台上，再开动驱动器，列车前行，长钢轨即可卸落在两侧砟肩上。工地的联合接头焊接作业将卸下的长钢轨及时焊成长轨条。最后采用换轨小车组作业或新型组合式换轨车作业方式铺设长轨条。

各国铺设无缝线路的实践经验证明，无缝线路的养护维修必须制定专门的规定，才能保证无缝线路优越性的充分发挥。为保证无缝线路抵抗胀轨的阻力不被破坏，不致诱发轨道失稳，对无缝线路的养护维修作业（如起道、拨道、捣固、更换轨枕、维修扣件等），均作了相应的规定。这些都为我国铁路扩大铺设无缝线路打下了坚实的基础。

二、无缝线路突破"四大禁区"阶段

寒冷地区、小半径曲线、长大坡道、长大桥上铺设无缝线路，曾是我国无缝线路的"四大禁区"。

在寒冷地区铺设无缝线路，就其结构形式而言，可分为温度应力式、定期放散温度应力式和自动放散温度应力式三种类型。沈阳铁路局于 1977 年开始在年轨温差 96.7°C 的地区试铺了定期放散式、自动放散式无缝线路和钢轨焊接 250 m 的长钢轨线路，自 1982 年后，上述试验段均改成了温度应力式无缝线路。通过研究提高轨道容许升温幅度、提高轨道容许降温幅度、合理确定锁定轨温及其容许范围，采用提高轨道结构整体强度、提高养护维修作业质量、缩小设计锁定轨温的范围、采用二次锁定法最终设定锁定轨温、锁定线路等技术，解决了寒冷地区铺设温度应力式无缝线路的技术难题。目前已在年轨温差 97°C ～ 102°C 的地区广泛铺设了 60 kg/m 钢轨无缝线路。

过去我国对容许铺设无缝线路的最小曲线半径规定为 600 m。1967 年，我国开始在成昆线三处半径为 400 m 曲线的桥上、路基上、隧道内铺设了无缝线路，随后又在成渝线半径为 382 m 的曲线上铺设了无缝线路。1987 年又在呼和浩特铁路局年轨温差 94℃、半径为 400 m 的曲线上铺设了无缝线路，经过试验，采取增宽道床肩宽并增设防胀挡板的加强措施获得成功。近年来，通过换铺高强度合金钢轨、加宽道床肩宽、堆高砟肩、采用 II、III 型弹条、联合接头采用小型气压焊机焊接等技术措施，郑州铁路局在太焦线 $R = 290$ m 的曲线上、上海局在鹰厦线 $R = 300$ m 曲线的碎石道床上试铺了无缝线路。突破了在半径小于 600 m 的曲线上铺设无缝线路的禁区。

过去我国对容许铺设无缝线路的最大坡度限制为 12‰。1967 年，我国铁路在川黔线凉风垭隧道 16.5‰ 的坡道上铺设了无缝线路，因长轨条锁定不牢，线路纵向阻力较小，在列车下坡运行的纵向力及制动力的作用下，长轨条的伸出量较大，致使前方轨缝连续挤严。后做好了线路锁定工作，长轨条爬行得以缓解。近几年又在陇海铁路 20‰ 的长大坡道上铺设了无缝线路。目前我国对容许铺设无缝线路的坡度未作限制，但要求轨条全长在连续长大坡道及制动段上，以及行驶重载列车时，宜增大扣件和轨枕纵向阻力，必要时增加轨枕配置根数。

从 1962 年开始，我国开展了无缝线路的试验研究。通过现场测试和室内模型试验，研究桥上无缝线路产生纵向力的机理，并在简支钢板梁、混凝土梁以及连续钢桁梁上试铺了无缝线路，建立了梁轨相互作用原理和各项桥上无缝线路纵向力的计算方法。此后，铺设范围不断扩大到混凝土连续梁、无砟箱梁以及柔性高墩桥上。近十年来，随着新型桥上轨道结构——预应力混凝土有砟桥枕、桥用扣件、钢轨胶接绝缘接头、双向曲线型钢轨伸缩调节器的研究和应用，进一步促进了我国桥上无缝线路的发展。目前约有 500 座长度超过 200 m 的桥梁铺了无缝线路，并颁布了《新建铁路桥上无缝线路设计暂行规定》。

三、跨区间无缝线路试铺阶段

在无缝线路全面推广应用时期，我国无缝线路轨道结构也得到了进一步加强。60 kg/m 钢轨已成为我国铁路干线的主型轨，各线焊接钢轨普遍采用 60 kg/m 钢轨；轨下基础更新步伐加快，69 型混凝土枕正逐步被淘汰，II 型混凝土枕已成为主型轨枕，III 型混凝土枕也大量上道，混凝土岔枕及有砟桥面混凝土枕也已广泛采用；采用一级道砟的道床比例逐步加大。我国无缝线路无论是在数量上还是在技术上都有了长足进步。

1958 年，我国就已开始钢轨胶接绝缘接头的研究。到 20 世纪 70 年代，北京、上海铁路局研制的钢轨胶接绝缘接头上道试铺，后因整体剪切强度仅为 1 900 kN，使用寿命仅为 3～5 年，因而未推广应用。1992 年，我国从美国 3M 公司引进了热胶和常温固化绝缘材料，通过热胶粘接工艺及钢轨胶接绝缘接头的结构改进，研制成功了热胶绝缘槽型板，为我国钢轨胶接绝缘头的技术开发奠定了基础，使我国新一代钢轨胶接绝缘的产品质量显著提高，各项机械性能检验指标达到或接近国际先进水平，试件整体剪切强度稳定在 4 200～4 600 kN 时不被破坏。2000 年以后，为适应我国铁路对现场粘接钢轨胶接绝缘接头的需求，又研究开发了常温固化胶（双组份胶）钢轨胶接绝缘接头，试件整体剪切强度达到 3 350～4 220 kN 不破坏。从 1995 年开始，我国铁路使用国产热胶钢轨绝缘接头，每年铺设数量超过 2 000 个接头，至今铺设范围已遍布各主要铁路干线，铺设地段最大年轨温差为 100.5℃，累积通过总重达 550 Mt，胶层开裂破损率和绝缘失效率极低。这种高强度、高韧性胶接绝缘接头，为取消缓冲轨、推广铺设跨区间无缝线路奠定了必要条件，从而可显著减少线路养护维修工作量，并提高轨道电路的安全可靠性。

1996 年，我国研制了时速达 140～160 km 的 60 kg/m 钢轨 12 号可动心轨辙叉和高锰钢整铸辙叉道岔。这两种形式的道岔较普通道岔有明显的改进，结构合理，整体强度和稳固性大有提高，行车的平顺性大为改善，基本满足了提速要求。可动心轨辙叉采用长翼轨结构型，尖轨及心轨跟端设置限位器、间隔铁等传力部件。固定式辙叉的冻结及绝缘联结技术得到应用：整铸锰钢辙叉前后四个接头，联结时采用专用的高强度夹板及直径为 27 mm 的 10.9 级螺栓组成冻结接头，接头阻力可达 1 700～1 900 kN；如果腹板与夹板内侧面采用现场胶接的措施，接头阻力值可高达 2 500 kN。采用铬基介质的锰钢辙叉与普通钢轨焊接技术也得到了开发性研究。60 kg/m 钢轨 30 号等大号码道岔也已研制成功。

为消除闭塞分区间和道岔前后普通无缝线路的缓冲区轨缝，最大限度地延长固定区，使无缝线路的优越性得到充分发挥。1993 年我国开始在京广、京山、大秦等线铺设跨区间无缝线路试验段。1996 年开始的铁路提速推动了超长无缝线路的大发展，在解决了提高钢轨胶接绝缘接头强度和抗老化性能、完善无缝道岔设计理论和道岔焊连技术、改进无缝线路铺设工艺和钢轨折断原位焊接工艺等关键技术后，截至 2003 年，我国超长无缝线路总延长已达 19 151.4 km，其中与站内无缝化的提速道岔及其连接钢轨焊连的跨区间超长无缝线路为 5 502.8 km，区间两信号机之间的长轨条全部焊连起来的全区间超长无缝线路为 13 648.6 km，两者之和约占无缝线路总延长的 49%。

四、新建线－次铺设跨区间无缝线路阶段

新建线一次铺设跨区间无缝线路是相对新建铁路按有缝线路设计，经运行待路基稳固之后，再由铁路局逐段换铺成无缝线路而言，其线、桥、隧、路基、轨道结构的设计与施工技术标准，要满足一次铺设无缝线路的技术要求，与传统的换轨铺设工法相比，不仅不必备用大量周转轨，且有利于道床的稳定，有利于提高轨道支承刚度的均匀性，满足了高速铁路对轨道高平顺性的要求。各种铺轨作业的重型机械在高速铁路建设中得到应用，提高了轨道工程的施工质量和工效，为无缝线路一次铺设提供了良好的保证。

2003 年，我国在秦沈客运专线建设中首次采用了一次铺设跨区间无缝线路技术。新建铁路一次铺设无缝线路必须具备稳固的基础、先进的施工技术、平顺的轨道几何形位尺寸三个技术条件，才能满足新建高速铁路竣工后即可按设计速度运行。在解决了道床状态参数指标、桥上无缝线路梁、轨相互作用力和位移计算分析、无缝道岔纵向力和稳定性计算分析、钢轨伸缩调节器设置原则和胶接绝缘接头的设置等多项关键技术后，秦沈客运专线一次铺设了长达 375.6 km 的跨区间无缝线路。在施工现场组建了钢轨焊接生产线，引进了美国 NTC 型和瑞士 TCM型铺轨机总体设计方案和核心设备，自主研制了轨枕同车运输铺轨车等配套设备，铺设作业效率平均可达 1 500 m/d。目前，一次铺设跨区间无缝线路已纳入客运专线、时速 200 km 客运、时速 200 km 客货共线等新线设计的暂行规范中。

五、跨区间无缝线路推广应用阶段

普通无缝线路缓冲区和伸缩区约占无缝线路总长的 25% ~ 30%，在这一区段内，维修作业需要普遍加强捣固。在日常养护中，拧紧扣件螺栓较为频繁，且橡胶垫板磨损数量较多，养护维修工作和费用约占 40% ~ 50%。采用跨区间无缝线路，可最大限度减少钢轨接头，能够有效地减少钢轨接头区的线路病害。

采用跨区间无缝线路，可消除伸缩区的温度应力峰，增强线路防爬能力，改善无缝线路工作状态，安全可靠性得到提高，还可促进焊、铺、养技术全面提高。因此，它是一项综合性技术，首先要求轨道结构各部件可靠，减少失效报废率，要求钢轨胶接和焊接技术达到一定的技术水平，如对胶接接头要求其使用寿命不得短于 5 ~ 7 年，否则将增加折断修复的作业量。跨区间无缝线路的铺设技术要求规定相邻无缝线路单元轨节锁定轨温差不能超过 5℃，各段单元轨节的最高、最低锁定轨温差不能超过 10℃。跨区间无缝线路的养护维修应重视防止线路爬行，最大纵向位移量不得超过 20 mm，否则要求及时采取措施消

除。由此可见，推广应用跨区间无缝线路，能全面提高无缝线路技术水平，取得综合经济效益。

在全面推广跨区间无缝线路过程中，将会遇到一些新的技术难题，比如无砟轨道基础上的跨区间无缝线路、有砟及无砟桥上铺设无缝道岔、无缝交叉渡线及交分道岔的铺设、隧道洞口附近无缝道岔的铺设、长大坡道及反向坡道上超长无缝线路的铺设、（组合梁、拱桥、T 构等）新型桥梁及山区铁路超高墩桥上无缝线路的铺设、山区小半径铁路跨区间无缝线路的铺设、青藏线高寒气候环境和冻土地区跨区间无缝线路的铺设等，均需在实践中加以研究解决。除此以外，无缝线路纵向力测定、无缝线路动态稳定性研究、无缝线路质量状态评定、焊接质量的提高、一次铺设无缝线路施工作业水平和质量的提高等均需随着跨区间无缝线路的推广应用而不断地深化研究。

第三节　跨区间无缝线路关键技术

跨区间无缝线路的关键技术有：胶接绝缘接头、无缝道岔、桥上无缝道岔。

把绝缘接头胶接起来，是接头绝缘技术的进步和发展，它不但保证了接头的良好绝缘性能，而且增强了钢轨连接的整体强度，改善了接头的受力条件，从而更适用于高速与重载的运营条件，因此得到广泛应用。无缝线路的有绝缘轨道电路和无缝道岔的绝缘接头必须采用胶接绝缘接头。目前，国内外采用的胶接绝缘接头大体有两类：一类是以环氧树脂为主要胶接材料的需加热胶接的绝缘接头；另一类是以聚合树脂为主要胶接材料的常温胶接绝缘接头。胶接接头除应满足绝缘要求外，尚需达到一定的抗剪强度和疲劳强度，这是研制或改进胶接绝缘接头时需解决的关键技术问题。各国无缝线路的发展表明，只有在解决了胶接绝缘技术难题之后，铺设超长无缝线路的设想才能变为现实。国内目前已基本攻克了胶接绝缘接头技术难关，在现场使用的有胶接绝缘钢轨和胶接绝缘夹板接头两类，经过近十年的运营考核，还存在一些尚需解决的问题，如完善运营过程中电绝缘性能的检验方法和标准，研究预防螺孔裂纹的措施、道岔区胶接绝缘接头处采用分开式扣件时在雨季绝缘电阻的保证措施等。

无缝道岔是实现区间无缝线路与道岔可直接焊连的关键技术。从提速道岔开始，我国一直在进行无缝道岔结构型式的改进、电务转换设备对尖轨及心轨伸缩的适应性研究、无缝道岔设计理论与方法的优化研究、锰钢辙叉式无缝道岔与区间轨条的焊连技术开发、无缝道岔铺设与养护维修技术的积累工作，并取得了显著的成绩。但是在大号码道岔中，特别是在秦沈线 38 号道岔中出现了较为严重的道岔转换卡阻问题，反映出我国目前尚未完全掌握无缝道岔这项关键技术。本书将从无缝道岔结构优化、无缝道岔计算理论与设计方法等方面予以探讨。

　　桥上无缝道岔是在高速铁路、城市轨道交通、山区铁路上铺设跨区间无缝线路不可避免的技术难题。虽然德、法、日三国在对我国高速铁路设计咨询时提出应尽量避免将无缝道岔铺设在桥上，但因我国的地质、地形条件复杂，不可避免地要建造一些高架车站，这就必须将无缝道岔置于桥上。目前我国桥上铺设无缝道岔还处于理论研究阶段，台湾高速铁路虽有一组单开道岔铺设于桥梁上，但运营时间较短、全部采用的是德国技术。关于桥上铺设无缝道岔时梁跨结构型的选择、桥梁与道岔相对位置的布置等相关技术问题将在本书中进行一些探索性的研究。

第二章 无缝道岔结构与设计

　　道岔结构无缝化设计是跨区间无缝线路设计中的一项重要内容，通常需要在道岔研发阶段完成。而道岔布置、区间轨道选型、岔区内外焊接接头的设置、锁定轨温设计等内容则需在线路设计过程中完成。

　　电务配合设计是无缝道岔结构设计中非常重要的环节。电务系统一方面要保证正常的道岔转换与锁闭功能，另一方面又要适应道岔尖轨与心轨在无缝线路中的自由伸缩，保持尖轨与心轨在转换后的正常工作线型；工务系统一方面要为电务系统提供良好的工作环境与安装平台，另一方面还要在结构设计上与电务系统配合，克服尖轨及心轨在转换过程中的不足位移、尽可能缩减尖轨及心轨在无缝线路中的伸缩位移，避免超过电务系统的容许值而发生转换失效，俗称"卡阻"。

　　按道岔辙叉类型划分，无缝道岔可分为固定型辙叉式、可动心轨辙叉式两类。按道岔转辙器跟端结构划分，可分为无传力部件辙跟式、限位器辙跟式、间隔铁辙跟式三类。从无缝线路中取出无缝道岔（直侧股全部焊接）隔离体后，温度力在道岔中的传递途径如图 2.1 所示。从图中可以看出，岔后长短心轨温度力通过辙叉跟端结构传递至翼轨、导轨（即连接直曲尖轨的导向轨），又通过转辙器跟端结构传递至基本轨；导轨在伸缩过程中还要带动岔枕发生纵向位移，将部分温度力由导轨传向基本轨。可见，岔内传力结构设计是保证无缝道岔受力及变形合理、实现跨区间无缝线路的关键技术之一。

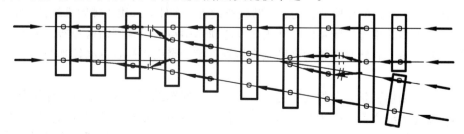

图 2.1　无缝道岔中温度力传递途径（箭头表示升温时温度力传递的方向）

第一节　国外高速铁路无缝道岔设计理念及结构

高速铁路要求轨道结构具有高平顺性和高稳定性，因而世界各国在 200 km/h 以上的所有线路上均采用跨区间无缝线路，以消除钢轨接头对高速行车的影响。除奥地利等国在时速 200 km 线路上采用少量固定辙叉式无缝道岔外，其他大多数情况为可动心轨式无缝道岔。

一、国外高速铁路无缝道岔设计理念

1. 系统化设计

电务与工务是两个相互影响、不可分割的一体化系统。道岔钢轨件与钢轨件、钢轨件与每一个零部件间的精密配合是保证高速道岔正常工作的关键技术之一。各部件的制造公差与装配误差直接影响着能否为高速列车提供高平顺性的轨道结构，可以说各国是将道岔视作高精密的机械设备而不是简单粗糙的工程结构物来看待的。岔枕是道岔中十分重要的基础设备，是影响工务及电务系统正常工作状态的另一关键，其设计与制造被视作与钢轨同等重要。

2. 高速道岔应具有与区间线路相同的行车舒适性

在保证高速行车安全性的前提下，高速道岔平面线形及结构设计中十分重视旅客列车在道岔中的运行舒适性，使之能尽量与区间线路相同。

3. 高速道岔应具有可靠的安全性

道岔是轨道结构中的薄弱环节，安全性相对较低，但到目前为止德、法、日三个具有高速铁路原创技术的国家从未在高速道岔中发生一起脱轨事故，这与高速道岔设计中采用了多项安全保证措施有关。国外高速道岔设计中采用的安全保证措施主要有以下几项：

（1）试验检算速度采用设计速度增加 10%，以保证道岔在设计速度（运营速度）时的安全。

（2）采用高可靠性的锁闭、密贴检查设备。除日本采用内锁闭系统外，德、法两国大多采用外锁闭系统。在尖轨及心轨牵引点间设置密贴检查器，进行尖轨与基本轨、心轨与翼轨的密贴状态检查，第一牵引点检查标准较其他牵引点更为严格。

（3）采用科学合理的无缝道岔技术。日本在车站咽喉区两端设置伸缩调节器，避免无缝道岔的受力与变形过大。德、法在道岔结构设计中以确保尖轨及心轨顺利转换为核心，通过心轨跟端结构加强、扣件扣压力保证、设置限位器等措施限制尖轨及心轨伸缩位移，优化转换系统的锁闭结构设计，使其在锁闭及解锁状态下均允许尖轨及心轨有一定范围的自由伸缩。

（4）强化可动部分等薄弱环节。除日本 38 号道岔尖轨采用焊接外，德法两国为了安全，长大尖轨均不焊接，以防止因焊接质量而导致尖轨折断等潜在问题出现，且在尖轨制造过程中不允许发生扭曲，以避免在尖轨中产生过大的残余应力。

4. 高速道岔应具有高平顺性及低维修工作量

无论从列车安全还是从降低养护维修工作量的角度看，高平顺性一直是贯穿于高速道岔设计、制造、组装、运输、铺设、养护等各个环节中的最为重要的指导思想。精心设计，控制不足位移及可动件部分的线形；采用十分严格的制造与组装公差；建立道岔定期打磨及机械化铺设维修体制。

5. 以完善的道岔动力学计算及试验分析为指导

除在平面线形合理设计、动态轨距优化、轨底坡合理设置等模拟方面采用了仿真软件外，在道岔结构设计、刚度设计和转换计算方面均采用了准静态轨道强度计算理论或有限元结构分析程序。部件性能和道岔整体动力性能都分别在室内和现场进行大量的试验，不断完善和优化。

二、国外高速铁路无缝道岔的结构

（一）德国的无缝道岔

德国在 20 世纪 80 年代中期开始研制高速道岔，道岔导曲线采用复合圆曲线组合线型和有砟道床。随着使用经验的积累以及研究、试验和道岔动力仿真分析的深入发展，逐渐发展了辊轮式尖轨转换减磨措施、加强固定式心轨跟端结构、缓—圆—缓平面线形、高弹性扣件等。初期所采用的低弹性垫板有砟道岔，道砟粉化严重，需要经常进行捣固，并在 5 年内更换了道砟。鉴于此，便研究开发了适应于有砟道床或无砟道床的高弹性橡胶垫板系统和长枕埋入式无砟轨道基础。德国铁路所采用的整体道床道岔运营 15 年来除打磨维修外，几乎没有其他的养护维修作业。因此，德国把完善整体道床道岔的技术作为高速道岔的发展方向。

德国 BWG 公司制造的高速无缝道岔的结构具有以下几个特点。

1. 心轨跟端结构

德国可动心轨式无缝道岔为长翼轨跟端强化结构，如图 2.2 所示。辙叉跟端下部为通长的大垫板，心轨—心轨、翼轨—心轨间长大间隔铁通过螺栓与大垫板连接，同时还有横向螺栓连接。这种结构可将区间线路传递至心轨上的所有纵向力传递给翼轨，有效地阻止了道岔的爬行。心轨前端为自由段，伸缩位移较小，因而在心轨第一牵引点处（俗称"心轨一动"）可采用翼轨轨腰开孔式转换结构，如图 2.3 所示，其允许伸缩位移为 10 mm。这种强有力结构还有利于保持心轨及翼轨在传递纵向力时的线形，不会发生扭转变形而造成方向不平顺；同时为心轨转换提供了可靠的固定端，有利于减缓转换过程中的不足位移。

图 2.2　德国道岔辙叉跟端结构

图 2.3　德国道岔心轨第一牵引点结构

2. 转辙器跟端结构

转辙器跟端（简称"辙跟"）采用安装在尖轨与基本轨轨腰上的限位器作为传力部件。限位器由子母块组合而成，两者间设置一定的间隙，当尖轨伸缩一定长度后，子母块才能贴靠，将纵向力由尖轨传递至基本轨，如图 2.4 所示。这种结构一方面可以释放部分作用于基本轨上的纵向力，保证无缝道岔的稳定性和强度；另一方面还可将尖轨伸缩位移控制在允许范围内。德国大号码高速道岔中常常设置多个限位器来控制尖轨伸缩位移在外锁闭结构的允许值范围内，如图 2.5 所示。

图 2.4　限位器结构

图 2.5　德国高速道岔中四个限位器的设置

3. 扣件结构

德国道岔大多采用 Vossloh 扣件，以保证扣件纵向阻力不低于线路阻力。单个扣件扣压力不低于 12 kN，轨下设置刚度较大的橡胶垫后，纵向阻力可保持在 8～10 kN/组间。刚度较低的弹性基板（为高弹性橡胶垫层与铁垫板硫化而成的一个整体结构）能抵抗钢轨爬行引起的纵向剪切变形，对扣件纵向阻力影响不大。道岔扣件结构如图 2.6 所示。

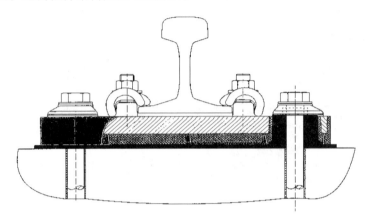

图 2.6　德国道岔扣件系统

在结构设计中尽可能缩短尖轨及心轨自由段长度，在尖轨跟端支距较小处，开发了专用窄型扣件，如图 2.7 所示。这样就可将尖轨固定端前移，减小其伸缩位移。

图 2.7　德国道岔所用的窄型扣件

4. 锁闭结构

电务转换锁闭及监测系统必须能适应无缝道岔尖轨及心轨的伸缩，无论是在锁闭状态还是在解锁状态，均不能在转换时发生卡阻，否则将导致道岔功能失效，影响线路的开通。由于尖轨及心轨为变截面结构，当它们发生纵向伸缩时，不仅会改变外锁闭结构的锁紧力，还会改变与横向连接杆的垂直连接状态。为此，德国 BWG 道岔公司将原来的燕尾式外锁闭发展为自动适应尖轨伸缩的辊轮式钩型外锁闭，即 HRS 钩型外锁闭。

　　HRS 型外锁闭结构原理如图 2.8 所示。锁闭时锁钩的合力通过尖轨断面中心使尖轨及外锁闭锁钩的受力状态较好，既可确保尖轨与基本轨的密贴，同时还具有尖轨防跳功能。尖轨转换采用滚动摩擦，这样可减少转换阻力，但制造精度要求较高。为了适应大号码道岔由于环境温度变化造成的尖轨伸缩，在设计外锁闭时特意增设了适应尖轨伸缩的外锁闭结构（适应范围是 ± 40 mm），并可根据道岔伸缩量的需要调整锁闭结构的尺寸来扩大适应量，确保大号码道岔的顺利转换。此结构原理新颖，结构性能好，如图 2.9 和图 2.10 所示。各转辙连杆也均考虑能适应尖轨的自由伸缩，采用如图 2.11 所示的销轴式安装方式。德国高速道岔采用多机多点牵引方式，各牵引点处均采用 HRS 型外锁闭装置（见图 2.12）能较好地适应尖轨的伸缩。

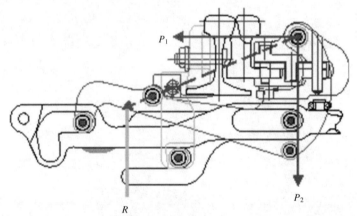

图 2.8　德国 HRS 钩型外锁闭结构原理图

图 2.9　德国道岔 HRS 外锁闭结构

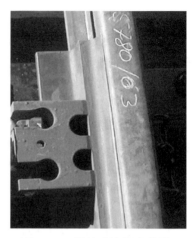

图 2.10　可适应尖轨伸缩的外锁闭结构　　　图 2.11　销轴式连杆安装孔

图 2.12　德国高速道岔多机多点牵引方式

　　德国道岔心轨外锁闭的锁闭结构方式与其尖轨锁闭结构方式相同。总体结构都是辊轮式钩型外锁闭结构，转换阻力小，制造精度高，维护工作量少，如图 2.13 所示，具有较强的适应道岔爬行能力。

　　德国高速道岔尖轨及心轨转换结构均安装在钢岔枕中，如图 2.14 所示。其优点是不占用有砟道岔岔枕空挡，有利于大机捣固作业；外锁闭结构设计合理，能满足尖轨及心轨的自由伸缩，不会发生钢岔枕与转辙连杆相碰、联电等问题。

图 2.13　德国辊轮式心轨外锁闭结构　　　　图 2.14　德国道岔用钢岔枕

（二）法国无缝道岔的结构

法国于 1975 年开始高速道岔的设计和制造，1981 年设计了第一代木岔枕高速道岔的线形（46 号和 65 号，圆曲线加单肢三次抛物线），实现直向 270 km/h 的行车速度。第二代道岔的改进主要是采用混凝土岔枕，并在 1990 年创造了 501 km/h 直向过岔的世界纪录，2007 年又打破了该项纪录。目前，法铁在巴黎至马赛的线路上普遍应用的是第三代道岔，直向行车速度达到 300 km/h。第四代道岔主要是在第三代的基础上采用了 NiCr 减磨镀层和可调辊轮，并计划推广应用至速度 330 km/h 以上的新线上。

法国高速科吉富公司（Cogifer）制造的高速无缝道岔结构具有以下几个特点。

1. 心轨跟端结构

法国可动心轨式无缝道岔为长翼轨跟端弹性结构，如图 2.15 所示，长短心轨采用 60D 钢轨拼接组合而成，短心轨始端在长心轨约 50 mm 断面处，可减小整个心轨的长度。两心轨间拼接段用哈克螺栓紧固，跟端为长间隔铁（＞2 000 mm）；

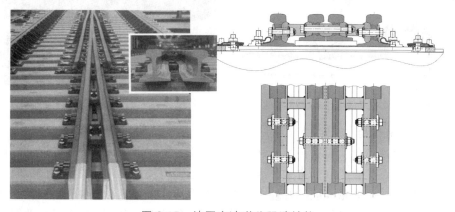

图 2.15　法国高速道岔跟端结构

心轨与翼轨每侧三块间隔铁，防松螺栓联结，不用胶结；弹性设计可保证各螺栓较均匀地承受纵向力。

2. 转辙器跟端结构

法国高速道岔早期曾在辙跟处设置过间隔铁、限位器等传力部件，但后来均取消了。其主要原因为：这些传力部件在从尖轨向基本轨传递纵向力的过程中，易引起尖轨与基本轨变形，造成方向不平顺；法国所采用的 VCC 外锁闭装置有较大的适应尖轨伸缩的能力，可允许尖轨自由伸缩 ± 45 mm，因此，不需要设置传力部件来限制尖轨跟端的伸缩位移。

3. 扣件结构

法国道岔扣件种类较多，如 Nabla，Vossloh，Pandrol 扣件等，分别如图 2.16、图 2.17、图 2.18 所示，但主要采用的是 Nabla 弹片式扣件，扣压力为 10 ~ 12 kN，可提供足够的扣件纵向阻力。在结构设计中也是尽可能缩短尖轨及心轨自由段长度，在尖轨跟端支距较小处，采用窄型 Nabla 扣件，如图 2.19 所示。

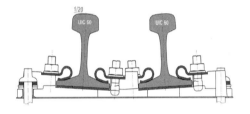

图 2.16　法国道岔 Nabla 扣件

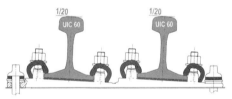

图 2.17　法国道岔 Vossloh 扣件

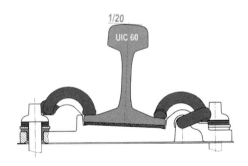

图 2.18　法国道岔 Pandrol 扣件

图 2.19　法国道岔用窄型扣件

4. 锁闭结构

法国高速道岔尖轨采用一机多点牵引。第一牵引点处为 VCC 拐肘型外锁（见图 2.20），尖轨为联动方式，斥离尖轨状态保持较好。该外锁闭适应尖轨的伸缩量较大，主要依靠联结螺栓上的两个碗形垫片来实现适应尖轨纵向伸缩和横向锁闭的功能。外锁闭设置在特殊的混凝土岔枕上，对工务的养护作业影响较小。法国可动心轨采用 VPM 外锁闭装置（见图 2.21），外锁闭装置不与心轨固定连接，心轨尖端经刨切后可在外锁闭装置 U 形托槽中自由伸缩，心轨的伸缩允许值为 ±10 mm。Paulve 型钢轨转换状态检查器采用的是铰接结构，同样可保证尖轨与心轨的自由伸缩，如图 2.22 所示。

图 2.20　VCC 尖轨外锁闭装置

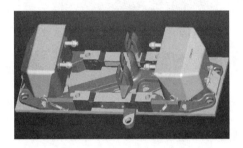

图 2.21　VPM 心轨外锁闭装置

图 2.22　心轨状态检查器

（三）日本无缝道岔的结构

日本于 1964 年开始研制 18 号高速道岔，1992 年成功研制了 38 号大号码道岔。日本道岔采用高锰钢整铸框架式翼轨，心轨也是长短心轨一体的高锰钢铸造结构，如图 2.23 所示，其稳定性较好；短心轨后部是滑动接头，为单肢弹性可弯心轨结构。两尖轨间采用连杆保持线型，设置内锁闭结构。采用刚性扣板，双层铁垫板实现无级调距，不设橡胶垫板，靠弹簧垫圈实现弹性扣压，铁垫板下设置塑料垫板，防止切割枕木。

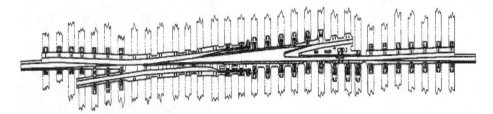

图 2.23　日本高速道岔辙叉结构

　　与其他国家通过与加强道岔结构将岔区钢轨与区间轨道焊连成无缝长轨条的设计思路不同，日本在车站咽喉区两端设置如图 2.24 所示的伸缩调节器，这样区间无缝线路的纵向力就不会传递至道岔中。因此，辙叉跟部未采用长翼轨结构，如图 2.25 所示，心轨相当于一根普通短轨，其伸缩位移较小。尖轨跟端采用的是间隔铁结构，可在一定程度上限制尖轨的伸缩位移。

　　　　图 2.24　伸缩调节器　　　　　　　　　图 2.25　短翼轨辙叉结构

（四）英国无缝道岔的结构

　　英国保富公司（Balfour Beatty）所制造的无缝道岔主要有固定型辙叉和可动心轨辙叉两种，在客货混运线路上有较好的应用经验，其最大设计轴重达 35 吨，最高运行速度达 250 km/h，曾出口到美国等国家。

　　固定型辙叉道岔又有高锰钢整铸式（见图 2.26）和普通钢轨拼接式（见图 2.27）两种。高锰钢固定型辙叉跟端与普通钢轨进行焊接，因锰钢辙叉与普通钢轨含碳量差异较大，普通焊接技术难于解决，奥地利、日本及中国开发了基于铬基介质的锰钢焊接技术，较好地解决了这一技术难题，如图 2.28 所示。

　　　　图 2.26　固定辙叉　　　　　　　　　　图 2.27　拼装辙叉

可动心轨辙叉结构与德国类似，采用合金钢整体式叉心结构，如图2.29所示，底部锻造转换凸缘与转辙连杆相接。为了较好地传递钢轨纵向力，英国的无缝道岔采用长翼轨结构，翼轨末端采用间隔铁将心轨两肢、长短心轨与翼轨分别联结起来。

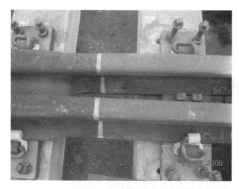 

图 2.28　高锰钢辙叉焊接接头　　　　　图 2.29　可动心轨辙叉

通常配套采用 Pandrol e 型或 Fast 扣件，扣压力与区间线路相同。尖轨跟端采用间隔铁结构（见图2.30）与轨腰全断面接触，采用四颗短螺栓联结，螺栓受剪后变形较小。为了保证单个间隔铁螺栓所受纵向力不至于过大而导致螺栓剪切变形，尖轨跟端范围内常常设置 4~5 对间隔铁来共同承受导曲线钢轨所传递的纵向力，如图2.31所示。无论道岔号码大小如何，英国认为传递至尖轨跟端的纵向力近似相等，均应设置相同数量的间隔铁。英国道岔跟端也有根据用户需求而设置限位器的设计，限位器结构与德国道岔相似，限位器数量与设置间隔铁时相同，目的均是为了保证在螺栓摩擦阻力的情况下能抵抗住钢轨纵向力，减缓尖轨的纵向伸缩。

图 2.30　间隔铁结构　　　　　　图 2.31　尖轨跟端的多孔间隔铁

英国无缝道岔锁闭结构为钩型外锁结构，如图 2.32 所示，其锁闭力强，但在锁紧状态下尖轨不易自由伸缩，因此需加强尖轨跟端传力结构，尽可能地控制尖轨自由伸缩长度。

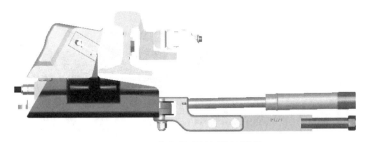

图 2.32　道岔钩型外锁闭结构

第二节　我国的无缝道岔结构

我国无缝线路的发展经历了普通无缝线路、区间超长无缝线路、跨区间无缝线路三个阶段。区间超长无缝线路的关键技术为胶结绝缘钢轨，跨区间无缝线路的关键技术则为无缝道岔。

随着我国铁路干线提速战略的实施，跨区间无缝线路及提速道岔技术得到了迅速发展。从 1996 年第一代提速道岔开始，我国在较短的时间里建立起了无缝道岔设计理论，通过加强结构及采用科学的维护技术，逐步解决了早期无缝道岔存在的一些问题，为我国六次提速改造线路全面推广应用跨区间无缝线路、新线一次铺设跨区间无缝线路、既有线轨道结构强化为跨区间准无缝线路提供了强有力的技术保障。我国无缝道岔结构的发展历程如下。

一、92 型道岔

1992 年定型设计的 9 号，12 号，18 号道岔（包括 50 kg/m 和 60 kg/m 钢轨单开道岔、复式交分道岔、交叉渡线等道岔型式）为我国铁路道岔的主型结构，统称 92 型道岔，是为适应铁路运量不断增长、过岔速度不断提高的需要在 75 型道岔基础上设计而成的。由于大幅度改善和加强了道岔平顺性与结构强度，直向过岔速度可达到 120 km/h。

92 型道岔尖轨采用矮型特种断面钢轨制造。尖轨的长度加长，取消了尖轨跟端的活接头。辙叉为高锰钢整铸式，对其化学成分、铸造工艺均进行了优化，增长了辙叉跟长，以便可采用全夹板联结，提高了接头强度。道岔侧股平面线型为半切线形，尖轨尖端加宽值大大减小，曲线半径增大为 350 m，增长了道岔后部的实际长度。扣件采用刚性扣板式扣件，护轨采用 H 形或槽形断面护轨。该道岔确定了我国道岔所采用的基本轨、尖轨、辙叉、护轨等主要钢轨件型式，但不是无缝道岔，岔内及道岔前后各钢轨接头还是采用普通夹板联结。

二、第一代提速道岔

1995 年底，为适应铁路提速的需要，铁道部组织提速道岔联合设计组，针对我国既有的繁忙干线 92 型 60 kg/m 钢轨 12 号单开道岔在设计、制造、养护中存在的问题，特别是为了适应跨区间无缝线路的铺设需要，在总结广深线 60 kg/m 钢轨 12 号可动心轨辙叉的设计和使用经验的基础上，优化了尖轨、心轨断面和线型设计，采用了混凝土岔枕和钢岔枕，改进了道岔加工工艺，提高了道岔制造精度，基本适应了提速到 140～160 km/h 的要求。随后又采用相同的设计原则和技术标准，研制了 60 kg/m 钢轨 18 号和 30 号可动心轨道岔。这两种提速道岔在保留与 92 型道岔中心和辙叉理论交点位置不变的前提下，将道岔侧股平面线形由半切线形改为切线型，增长了固定辙叉道岔直向护轨长度，减小了直向过岔时的冲击角，道岔全长范围内设置了 1∶40 轨底坡或轨顶坡；尖轨尖端没有构造加宽，轨距均为 1 435 mm，岔枕采用木岔枕（260 mm×160 mm）和混凝土岔枕（260 mm×220 mm）两种，并垂直于道岔直股布置，间距均为 600 mm，扣件采用与区间一样的Ⅱ型或Ⅲ型弹条扣件。

在道岔无缝化设计中，可动心轨道岔采用长翼轨结构，长短心轨末端与翼轨间采用三个双孔间隔铁及高强度螺栓联结（见图 2.33），区间温度力能通过间隔铁的摩擦阻力传递给长翼轨，并继续向道岔连接钢轨传递，使长心轨的位移得到有效控制。

尖轨跟端直侧股设置了一对限位器，如图 2.34 所示。设计中考虑容许尖轨与基本轨有一定的相对位移，部分释放由连接部分钢轨传递的温度力。当限位器处于极限位置时，可将剩余的温度力向外侧基本轨传递，尖轨的位移也得到有效控制。限位器子母块的活动间隙大小取决于温度力的大小、尖轨长度、尖轨尖端允许位移量等因素。该设计中将 12 号提速道岔限位器活动间隙取为 ±7 mm。

加大岔枕断面尺寸，并将转辙器岔枕的最短长度增加到 2.7 m，可提高道床的纵、横向阻力及岔枕的弯曲刚度。采用弹性分开式扣件，增大了对钢轨的防爬阻力和岔枕旋转阻矩，使岔枕与钢轨形成一个能较好抵御温度力的弹性框架。在铺设岔枕时要求枕底要捣实，砟盒内道砟要饱满并夯实，同时要确保岔枕端部道砟的堆积宽度与高度。

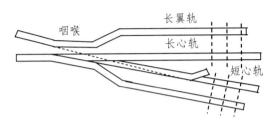

图 2.33　长翼轨可动心轨

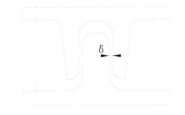

图 2.34　限位器

经过简单的无缝线路检算，尖轨及心轨尖端伸缩位移在容许值±15 mm 以内，基本轨工作应力在强度容许范围内，木岔枕道岔采用半焊方式（仅道岔及岔后直股钢轨接头焊接，岔区及岔后侧股钢轨接头不焊接）、混凝土岔枕道岔采用全焊方式（道岔直侧股钢轨接头均焊接，岔后直侧股钢轨接头也焊接）可满足升温 45℃ 时的稳定性要求，限位器子母块及联结螺栓强度均在容许范围内。

虽然该提速道岔通过了设计检算，但在实际应用过程中还是出现了一些病害。经过对病害成因的分析及整治，加深了设计者对无缝道岔的认识。所出现的主要病害及解决措施有：

（1）高温季节，心轨第一和第二牵引点处发生转换卡阻，导致线路直股或侧股线路不能正常开通。通过分析，其原因是由于心轨伸缩位移过大造成的。心轨牵引点处纵向位移是由自由伸缩位移和长心轨跟端处的爬行位移所组成，在极端情况下，若翼轨末端间隔铁螺栓松动，摩擦阻力为零，则长心轨与岔后区间长轨条连成一体，辙叉处于无缝线路伸缩区内，致使心轨伸缩位移超过电务转辙连杆及锁闭结构所能容许的纵向位移而发生故障。上海铁路局采用将长翼轨末端间隔铁与翼轨、心轨轨腰胶结的技术，大幅度提高了辙叉跟端抵抗纵向力的能力，心轨伸缩位移随之降低，12 号道岔心轨卡阻问题基本得以解决。

（2）心轨第一牵引点处转换凸缘的过渡圆弧常常爬上滑床台，导致心轨与翼轨顶面高差超限，心轨薄弱断面提前受力，工作应力增大。为解决心轨第一牵引点转辙连杆从翼轨上穿过的问题，我国采取了心轨设置转换凸缘技术，将长心轨尖端部分的 AT 轨加工扭转成 90°，形成与转辙连杆和表示杆相连的凸缘（见图 2.35），所有杆件从翼轨底下穿过，有效地解决了电务杆件连接的可靠性和转换空间不足的问题。

在无缝道岔中，若心轨伸缩位移较大，转换凸缘附近岔枕位置出现偏差，

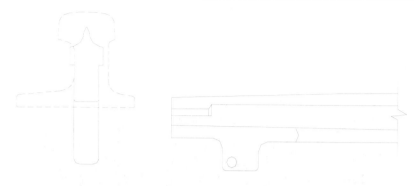

图 2.35　转换凸缘

则有可能发生凸缘过渡圆弧逐渐爬上滑床台的问题。解决该问题的措施有：控制心轨的伸缩位移；在设计转换凸缘与岔枕的相对位置及过渡圆弧大小时，预留出心轨伸缩空间；提高心轨一动处岔枕铺设精度。这种爬台现象在最近研制的无缝道岔中已极少出现了。

（3）低温季节，长翼轨末端间隔铁出现破损，导致辙叉跟端传力作用失效。通过分析，其原因是由于单个间隔铁承受的纵向力过大而超过间隔铁强度储备造成的。所采取的措施有：将间隔铁材质由球墨铸铁更换为铸钢，提高其容许强度；增加间隔铁数量，降低每个间隔铁所承受的纵向力。间隔铁破损现象仅在哈尔滨铁路局试铺无缝道岔初期出现过。

（4）尖轨跟端限位器发生变形，导致尖轨跟端附近基本轨及尖轨出现方向不平顺，影响列车过岔时的舒适性与安全性。通过分析，其原因是限位器所受纵向力过大所致。所采取的措施有：将道岔半焊方式改为全焊或道岔区全焊（道岔内直侧股钢轨接头均焊接，岔后仅直股钢轨接头焊接，岔后侧股钢轨接头不焊接）方式。对于半焊无缝道岔，因转辙器曲基本轨处于无缝线路的伸缩区，其伸缩方向与直尖轨相反而加大了相对位移量，使限位器传递的温度力增大；臂长较长的子块安装在基本轨上，臂长较短的母块安装在尖轨上，有利于减小限位器纵向力作用下尖轨的方向不平顺；在大号码道岔中设置多个限位器，可降低单个限位器的纵向力；采用两个双孔间隔铁代替限位器，避免因限位器变形而导致的方向不平顺；增大岔区扣件纵向阻力，减缓尖轨跟端的伸缩位移等。

此外，在德国还出现过道岔胀轨跑道的现象，如图 2.36 所示。长大尖轨、联动内锁闭尖轨在纵向力作用下的侧拱、尖轨跟端处基本轨焊接接头在冬季的折断等现象也曾发生过。这些均是以后无缝道岔结构设计应引起注意的问题。

图 2.36　德国无缝道岔胀轨跑道

三、秦沈客运专线道岔

秦沈客运专线是我国第一条时速为 250 km 的新建线，最高设计速度为 250 km/h，车站两端设置有 18 号站线道岔（侧向速度 80 km/h）与 38 号单渡线道岔（侧向通过速度 140 km/h）。38 号道岔转辙器及辙叉结构如图 2.37 和图 2.38 所示，在平面形式及结构上具有以下一些特征：

（1）平面型式。采用切线型尖轨，单肢弹性可弯心轨曲线辙叉。尖轨部分曲线半径为 3 300 m。

（2）转辙器结构。道岔各部分轨距均为 1 435 mm，采用藏尖式结构，藏尖深度为 3 mm，可防止车轮冲击尖轨尖端，在尖轨顶宽 3.3 mm 断面处斜切，尖轨总长为 37.63 m，尖轨及基本轨均采用 U75V（PD3）钢轨制造。设置 1∶40 轨底坡，铁垫板上铣出 1∶40 的坡度，尖轨设置 1∶40 的轨顶坡，尖轨跟端进行 1∶40 的扭转，以跟导曲线钢轨连接。为防止斥离尖轨在列车通过时跳动以及对电务设备的影响，加设了多对尖轨限位防跳结构。跟端设置两对限位器，限位量分别为 10 mm 和 7 mm。

（3）可动心轨辙叉。为适应跨区间无缝线路设计，采用了长翼轨结构。长短心轨前部采用组合式，长心轨跟端为弹性可弯结构，短心轨跟端为滑动端式结构。

长短心轨设置 1∶40 的轨顶坡，翼轨设置 1∶40 轨底坡。长心轨尖端部分的 AT 轨加工成转换凸缘，实现与电务杆的可靠联结。在心轨第一牵引点位置

图 2.37 38 号道岔转辙器

图 2.38 38 号道岔辙叉

附近，采用了钢轨热锻特种断面钢轨技术，如图 2.39 所示。为了解决跨区间无缝线路纵向力传递问题，在长心轨和短心轨的跟端分别设置了四块和三块间隔铁。道岔直股不设护轨，而侧股设置防磨护轨。翼轨轨腰内侧设置了单边间隔铁，长心轨上设置了防跳凸台，实现双重防跳。

图 2.39 特种断面翼轨

（4）轨道部件。采用Ⅲ型弹条扣件，轨下和铁垫板下分别设置 5 mm 和 10 mm 橡胶垫板。基本轨内侧采用弹片扣压，外侧采用Ⅲ型弹条扣件。

（5）转换系统。尖轨设 6 个牵引点，心轨设 3 个牵引点，每个牵引点设一套外锁闭。外锁闭及转换、表示杆均设在轨枕间。

在秦沈客运专线通车动力试验中，38 号道岔的直向最高试验速度为 260 km/h，侧向最高速度为 160 km/h，是当时我国道岔所实现的最高速度。

在 38 号道岔铺设以前，各提速干线上所铺设的无缝道岔均以 12 号为主。无缝道岔中所出现的一些问题经过整治后，也已基本上得以解决。但是，38 号道岔由于尖轨及心轨自由段较长，由伸缩位移所引起的卡阻现象十分严重，客运专线开通初期每月有 20 多起卡阻故障，如图 2.40 所示。故障的发生集中在：

① 气候温差变化大的情况下，如春秋季节、一天中突降暴雨时；
② 尖轨前三个牵引点；
③ 大多发生在斥离尖轨转向密贴时；
④ 心轨第三牵引点处也有少量卡阻。

通过分析，卡阻的原因主要是：因温度变化造成尖轨爬行，锁钩与尖轨同时移动，使锁钩与外锁闭杆不在同一直线（限位不够、滑动不畅），造成锁钩在锁闭铁导向槽内卡住（锁钩尾部活动间隙不足）而影响转换；由心轨爬行造成锁钩与锁闭铁整劲发生卡阻（解锁过程）；另外，由于长短心轨拼装后两外侧轨腰的尺寸误差大，造成锁钩长度不够，解锁时锁钩落不到底也会造成卡阻。

图 2.40　卡阻后钩锁被敲打变形

针对卡阻现象，采取了以下一些整治措施。在硬件上主要在以下三个方面对外锁闭结构进行了改进设计：

① 改进尖轨锁钩的限位性能，使外锁闭锁钩在尖轨发生爬行时能与外锁闭杆保持同一位置，减少憋劲；

② 增大锁钩与销轴的配合间隙，由 H11/D9 的孔轴配合公差改为预留 0.5 mm 的自由间隙（孔轴的公差不变），实际间隙由 0.080～0.302 mm 增大为 0.580～0.802 mm，使锁钩在销轴上活动更加顺畅；

③ 去掉锁闭铁的导向槽，使锁钩即使在发生爬行时也能在锁闭框内活动。

另外，在管理上每天做好尖轨温度变化的记录，利用行车间隙进行扳动转换及对道岔进行现场检查。

目前，38 号道岔外锁闭结构经过多次改进后，卡阻现象已大为减少。由此可见，优化外锁闭结构设计，提高其可靠性，增强外锁闭装置对道岔尖轨、心轨伸缩的适应能力，是大号码无缝道岔的一项关键技术。目前，在这项技术上我国与德、法高速道岔尚有一定的差距。

四、第二代提速道岔

为了满足铁路第六次提速对速度为 200 km/h 道岔的需要，国内两家主要道岔生产厂（中铁山桥集团有限公司（以下简称中铁山桥）和中铁宝桥股分有限公司（以下简称中铁宝桥））在秦沈客运专线道岔的基础上，又分别研制出两种速度为 200 km/h 的新型提速道岔（分别为 SC325 和 CZ2516）。

在第一代提速道岔的研制过程中因技术储备不足，采用了切削型翼轨，致使结构强度较低；又因无缝道岔设计理论不成熟，致使辙叉第一牵引点易发生卡阻，造成维修工作量较大；加之尖轨平面线型不适应客货混运条件，造成尖轨侧磨严重。秦沈客运专线道岔研制中优化了可动心轨辙叉翼轨结构，研制了模锻特种断面翼轨，解决了翼轨因轨底切削强度不足和不能使用钩型外锁闭的缺点。

在此基础上，两种新型提速道岔均采用了特种断面翼轨，并运用道岔动力学及强度分析理论对部分细部结构进行了加强。在 CZ2516 道岔中还采用了弹性滑床板及密贴检查器等新结构。在无缝道岔设计方面加强了翼轨跟端间隔铁结构，如图 2.41 和图 2.42 所示。长、短心轨末端均采用长度为 810 mm 的间隔铁，每块间隔铁增加 2 副高强度联结副，使翼轨与长心轨、叉跟尖轨的联结能更好地传递温度力，更好地适用于跨区间无缝线路。

每组道岔直曲尖轨跟端设有两对限位器（见图 2.43），同时增强限位器结

图 2.41　SC325 辙叉跟端

图 2.42　CZ2516 辙叉跟端

构，增厚限位器子块底板厚度，这有利于减小限位器变形，提高传递温度力的能力。根据现场对无缝道岔改造的经验，还同时设计了双间隔铁结构（见图2.44），这能更好地限制尖轨的伸缩位移（可根据用户需要予以选择）。

图 2.43　限位器尖轨跟端

图 2.44　间隔铁尖轨跟端

　　新一代 60 kg/m 钢轨 12 号提速道岔上道使用了四年多，目前尚未发现无缝道岔中常见的卡阻、限位器变形等病害。但在尖轨跟端处，道岔基本轨方向不平顺仍较难保持，这主要是由于尖轨跟端传力结构将部分温度力传递至基本轨上时引起基本轨发生扭转变形所致。

　　中国中铁股份有限公司在上述两种道岔的基础上，吸取 250 km/h、

350 km/h 客运专线道岔的技术成果，又开发了 GLC（06）01 速度为 200 km/h 的 12 号道岔、GLC（07）02 速度为 200 km/h 的 18 号道岔等新型道岔，可作为第二代提速道岔的升级换代产品。

五、250 km/h 客运专线道岔

铁道部在《中长期铁路网规划》中提出要求，到 2020 年建成速度 200 km/h 及其以上的、形成覆盖全国主要城市的快速客运网，其中新建客运专线 12 100 km，城际快速客运线 890 km。250 km/h 客运专线以客运为主，兼顾货运；350 km/h 客运专线为纯客运。

为实现高速道岔的自主创新，铁道部组织进行了 250 km/h 客运专线 18 号道岔的研制，如图 2.45 所示。在分析国外成熟高速铁路道岔的理论和实践并消化和吸收其先进成熟技术的基础上，总结了我国秦沈客运专线道岔以及提速道岔的经验和教训，重点围绕平面线形和尺寸、道岔整体和零部件结构、系统刚度、轨下基础 、扣件系统、转换设备、制造精度、组装铺设等关键技术进行了研究、试验，其主要结构特点如下：

图 2.45 客运专线 18 号道岔

（1）采用半径为 1 100 m 的相离式单圆曲线线型。道岔各部轨距均为 1 435 mm。转辙器为相离式半切线线形，侧股基本轨工作边设置为曲线。尖轨为跟端固定弹性可弯形式，采用 60D40 钢轨制造。为了防止车轮冲击，尖轨尖端设置 3 mm 藏尖式结构，以保证高速行车的安全性。转辙器设置三个牵引点，尖轨各牵引点采用无卡阻设计的新型外锁闭装置。牵引点间设置密贴检查器监

控尖轨状态。为了减小和防止尖轨在列车通过时跳动，还设置了多对尖轨限位防跳结构及防跳顶铁。

（2）扣件系统采用Ⅱ型弹条扣件。为使得道岔与区间刚度趋于一致，道岔各部位铁垫板下使用了刚度不同的橡胶垫板。同时滑床板基本轨内侧采用引进的弹性夹扣压，稳定、可靠，如图 2.46 所示。垫板和岔枕的联结采用可调距的弹性联结，平垫板采用硫化复合结构。为了减少尖轨的扳动力，在转辙器间隔设置了带辊轮的滑床板，如图 2.47 所示。

图 2.46   弹性夹系统   图 2.47   辊轮结构

（3）长、短心轨采用 60D40 制造，短心轨后端为滑动端，长、短心轨采用切底式高强度螺栓联结。可动心轨辙叉设置有两个牵引点，翼轨采用模锻翼轨与 60 kg/m 钢轨焊接的长翼轨。道岔侧股设置有护轨，防止车轮对长心轨曲股侧的磨耗，保证转换后长心轨与翼轨密贴。为了降低列车通过辙叉时心轨的垂直跳动，心轨前部设置了防跳卡铁，中部设置了防跳顶铁，后端在长、短心轨之间设置了单、双边扣板来扣压心轨轨肢。为了解决心轨第一牵引点位置转换空间不足的问题，对特种断面模锻翼轨的插入段部位进行了改进。心轨第一牵引点采用新结构提高了心轨转换受力点，解决了心轨扭转而影响 4 mm 不锁闭检查失效的问题，如图 2.48 和图 2.49 所示。

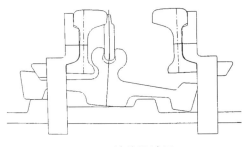 

图 2.48   锁钩设计图   图 2.49   新型锁钩

（4）无砟轨道岔枕采用埋入式长岔枕。岔枕结构为预应力混凝土加钢筋桁架的组合结构，如图 2.50 所示。其中，螺纹钢筋组成的钢筋桁架露出混凝土截面的下方，使岔枕能够与道床很好地结合成为一体。为了避免岔枕端角过于尖锐而引起此处道床应力集中造成裂纹的出现，将岔枕端角在竖向也做成了带圆弧的结构形式。对于转辙机区段的岔枕，为了满足安装需要，采用了特殊端面设计。由于岔枕在道床中的受力不对称，在受力薄弱一侧设计了岔枕侧面带预埋连接铁以增强其稳定性。预埋的套管采用钢套管与塑料套管组合的形式可在不更换岔枕的情况下便于现场更换损坏的塑料套管。

图 2.50 无砟道岔桁架式钢筋混凝土岔枕

（5）本次道岔研制提出了"道岔制造企业是集成供货主体，对道岔的制造、运输、铺设等各环节负总责"的新理念，制定了设计、制造、组装、运输、铺设等成套技术条件，使道岔制造与组装精度大幅度提高。有砟道岔在胶济线试铺，并通过了 250 km/h 直向高速试验；无砟道岔在遂渝线进行了试铺。目前已在上海、武汉、郑州铁路局铺设了近 60 组有砟道岔，实现了铁路第六次提速中有条件地段达到 250 km/h 的战略部署。开通运营一年多来，从未发生过转换卡阻现象，主要是由于该道岔的技术性能得到了全面提升。

翼轨跟端设有两块间隔铁（间隔铁采用全断面接触加长型间隔铁），并采用胶接形式（见图 2.51），使得传递纵向力的能力较以往道岔又有所提高，其结构相对于德、法高速道岔较为简单，技术较为成熟，使用效果较好。尖轨跟端设计了两个双孔间隔铁及双限位器两种结构。

为了彻底解决尖轨及心轨卡阻问题，对锁闭结构的无卡阻设计进行了大量的优化工作。尖轨的卡阻形式主要有以下三种：

① 尖轨伸缩影响造成斥离尖轨向密贴方向转换时的卡阻；
② 基本轨两侧锁闭框不方正造成锁闭杆卡阻；
③ 密贴位置锁钩在原锁闭铁导向槽憋劲造成不解锁的卡阻。

图 2.51　辙叉跟端结构

　　针对以上几种卡阻形式，在以后的设计中采取了以下一些改进措施：增大锁钩与销轴的配合间隙，使两者能自由滑动；锁闭铁去掉两侧导向槽，增大锁钩在锁闭框内的活动量，消除憋劲卡阻现象，如图 2.52 所示；锁闭框两内侧导向立面增加圆弧面（或者斜面），消除因锁闭框不方正造成的磨卡；在外锁闭活动部件之间采用减磨措施，增加辊轮或减磨材料，减小摩擦阻力，提高转换灵活性；采用减磨、防锈材料，可降低注油润滑次数，减低现场维护工作量；加长锁钩头部长度，确保锁钩在锁闭框内的导向；增加锁钩销孔减磨衬套，减小与销轴的摩擦阻力，同时减磨衬套可减小维护工作量（少加油），如图 2.53 所示；在锁钩头部滑动面增加辊轮，减小阻力。

图 2.52　锁闭铁改进前后结构图

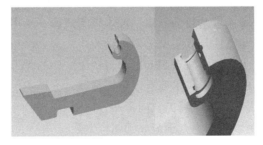

图 2.53　锁钩优化前后结构图

在锁闭框底部与锁闭杆摩擦面间增加 3 mm 厚的减磨垫（采用 SF2 材料），如图 2.54 所示，可以减小摩擦阻力。该材料无需加油，也可作为易损件定期更换。对每个零部件进行结构优化，减小零部件尺寸，从而减小外锁整体结构尺寸；增加防护罩，减小外部杂物对外锁闭的影响，也可延长现场对外锁闭的维护周期。

图 2.54　锁闭框优化前后

心轨卡阻形式主要有以下三种：

① 本轨两侧锁闭框不方正造成锁闭杆卡阻；

② 锁钩在原锁闭铁导向槽憋劲造成的卡阻；

③ 锁闭杆导向槽及导向销磨耗。由于心轨外锁闭杆较短，在转辙机拉入位置时，锁闭杆的外端受结构的限制易发生跳动，从而产生磨耗，影响转换。

针对以上几种卡阻形式，在以后的结构设计中所采取的改进措施有：锁闭铁去掉两侧导向槽，增大锁钩在锁闭框内的活动量，消除卡阻现象；锁闭框两内侧导向立面增加圆弧面（或者斜面），消除因锁闭框不方正造成的卡阻；在外锁闭活动部件之间采用减磨措施（增加辊轮或减磨材料），减小摩擦阻力，提高转换灵活性；采用减磨、防锈材料，可降低注油润滑次数，减低现场维护工作量。

在心轨第一牵引点处设计新型锁钩结构，翼轨在原有尺寸上对内侧翼轨轨底边进行刨切，留出锁钩牵引作用点提升空间（心轨牵引转换点提高 100 mm 以上），使心轨在转换、锁闭时的扭转变形大大减小，解决了 4 mm 不锁闭检查失效的问题。因新型锁钩对心轨第一牵引点的伸缩不起限制作用，故一般不会再发生卡阻问题。

为了验证锁闭结构适应于尖轨自由伸缩的无卡阻设计，在中铁宝桥厂内组装道岔上进行了卡阻试验，即在尖轨跟端采用挤压楔形铁方式推动尖轨前移（见图 2.55），测量尖轨尖端伸缩位移（见 2.56）；进行尖轨转换试验，测试尖轨锁闭结构及密贴检查器对尖轨伸缩的适应性。

图 2.55　楔型铁加载　　　　　　　图 2.56　尖轨尖端位移测试

　　试验结果表明：当尖轨伸缩位移小于 30 mm 时，尖轨能自由转换，不会发生卡阻；当尖轨伸缩位移大于 30 mm 时，尖轨线型较差，轨距、尖轨与基本轨密贴不能满足要求；锁闭框螺栓限制锁钩移动，如图 2.57 所示；密贴检查器导杆将引起尖轨卡阻，如图 2.58 所示。但是，在侧向 160 km/h 和 220 km/h 高速道岔中，尖轨伸缩位移可能会达到 40~50 mm，所以该锁闭结构应用于大号码道岔中时还需作进一步改进。

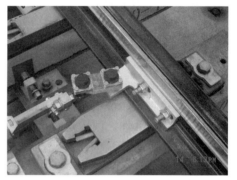

图 2.57　锁闭框螺栓过长　　　　　图 2.58　密贴检查器导杆严重变形

六、350 km/h 客运专线道岔

　　在总结国内自主研发速度为 250 km/h 的 60 kg/m 钢轨 18 号道岔设计、制造、铺设和现场试验研究成果的基础上，铁道部于 2007 年组织开展了 350 km/h 客运专线无砟轨道 18 号道岔及侧向允许通过速度 160 km/h 的 42 号道岔的研制工作。

　　350 km/h 客运专线道岔为无砟轨道基础，仅运行高速列车，对直向高速行车时的平稳性与舒适性有较高的要求，因此优化岔区轮轨关系设计、合理设置及匹配岔区轨道刚度、克服转换不足位移是有待解决的几项关键技术。而在侧向高速行车的大号码道岔中，还要解决双肢弹性可弯心轨结构设计、适应于长大尖轨自由伸缩的新型外锁闭结构设计、长大尖轨多点牵引时同步转换等关键技术。

350 km/h 客运专线 18 号道岔与 250 km/h 客运专线 18 号道岔的平面线形、道岔全长、前长 a 值、后长 b 值、岔枕及牵引点布置等均相同，不同之处主要体现在以下几个方面：

（1）第二代提速道岔中所采用的热锻成型特种断面翼轨，虽然较大幅度地提高了翼轨的强度，但在列车荷载的长期作用下，会在热处理范围内出现表面不均匀磨耗现象（见图 2.59），影响列车高速运行时的平稳性与舒适性。350 km/h 客运专线道岔采用了如图 2.60 所示的轧制特种断面翼轨，进一步提高了翼轨强度，其设计、制造较为简单，不需热加工和焊接，材质较为均匀，有利于翼轨顶面的均匀磨耗。

图 2.59　热锻成形翼轨表面不均匀磨耗

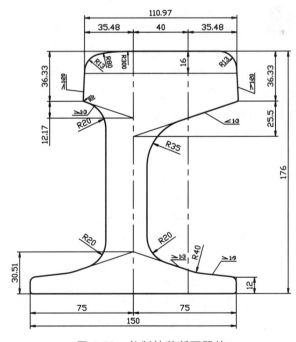

图 2.60　轧制特种断面翼轨

（2）为改善列车运行条件，减缓列车通过辙叉时的横向不平顺，该道岔心轨采用了水平藏尖结构，即保证心轨尖端有一定的宽度，将尖端水平藏入翼轨内 9 mm，如图 2.61 所示。法国高速道岔中辙叉也采用的是类似的结构。

图 2.61　水平藏尖心轨结构

（3）扣件系统刚度组成遵循"上硬下软"的设计原则，即轨下弹性垫层刚度较大，铁垫板下弹性垫层刚度较小。钢轨与铁垫板间设有刚度≥300 kN/mm 的 5 mm 缓冲垫层，铁垫板下设弹性较好的弹性垫层，平均刚度约为 25 kN/mm，道岔区各部位刚度根据各部位的轨道整体刚度均匀一致的原则确定，这是国内首次在道岔中采用如此低的扣件系统刚度。设计中采用了以下新技术：板下垫层的胶料配方采用炭黑原位接枝改性技术，用非极性的原位接枝改性剂对极性白炭黑进行表面接枝改性，能在满足刚度要求的前提下有效降低胶料硬度，并 300% 地提高 定伸应力，大幅降低压缩永久变形；橡胶垫层采用分块设计，通过调整分块的位置和大小，可调整垫层刚度，同时垫层刚度采用分级设置，端部刚度大，可有效防止钢轨过大倾翻，如图 2.62 所示；所有垫层均与铁垫层硫化在一起，可提高扣件系统的整体性与稳定性，如图 2.63 所示。

（4）根据第二代提速道岔及 250 km/h 客运专线道岔使用经验来看，采用长间隔铁胶结的翼轨跟端结构虽然可以满足跨区间无缝线路传递纵向力的要求，但对于侧股不焊接的道岔，在温度力的作用下，心轨容易出现方向不平顺。该道岔在心轨跟端的长心轨与叉跟尖轨之间增加了两个大间隔铁，以保证心轨与叉跟尖轨的可靠连接，如图 2.64 所示。

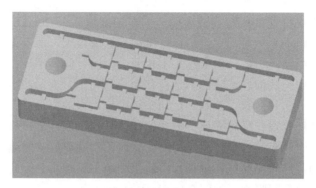

图 2.62　分块设计

图 2.63　硫化垫板

图 2.64　辙叉跟端心轨间间隔铁

（5）第六次提速的运行实践表明，列车速度提高至 200 km/h 及以上后，道岔方向及轨距不平顺对动车组的运行平稳性影响很大。由于无缝道岔尖轨跟端传力部件承受纵向力后，会引起基本轨及尖轨的方向不平顺；还由于尖轨及心轨转换过程中无法彻底消除的不足位移和货物列车对道岔产生较大的横向冲击作用，导致道岔几何状态较难满足动车组平稳运行的要求，因此各铁路局均采取了增设拉杆等强化措施来保持提速道岔的方向平顺性，如图 2.65 所示。理论分析表明，尖轨跟端不设传力部件时，方向不平顺要好于间隔铁结构，更好于限位器结构，且间隔铁结构越长，尖轨跟端不平顺越小，因此，该道岔尖轨跟端采用了加长型间隔铁，如图 2.66 所示。

图 2.65　道岔强化措施

图 2.66　辙跟大间隔铁

同时，为满足 42 号道岔长大尖轨自由伸缩及 18 号道岔尖轨跟端取消传力部件的要求，借鉴德国 HRS 外锁闭结构设计技术，研制了自调式外锁闭结构，如图 2.67 所示，主要由适应伸缩结构、锁闭杆、锁钩连接夹板、锁钩、尖轨连接铁、锁闭框、锁闭铁等组成，其基本原理是由尖轨带动锁钩内部的连接夹板转动，而锁钩不动，仍保持与锁闭杆的方正状态，可避免因锁钩与锁闭杆蹩劲而卡阻，如图 2.68 所示。

图 2.67　自调式外锁闭结构

图 2.68　尖轨处于伸缩状态

在 42 号道岔中进行了该新型锁闭装置的伸缩卡阻试验。随着尖轨的伸长，刨切段与基本轨的开口量逐渐增加，当伸长 50 mm 以上时，尖端的开口量达到 1.0 mm，其余部分的开口量达到 1.5 mm。尖轨的伸长对整体线形影响不大，轨距及支距变化较小。尖轨伸长 52 mm 时，第 1 牵引点处表示杆的杆架距岔枕侧面的距离只有 6 mm，尖轨不宜再继续伸长，如图 2.69 所示。可见，该自调式新型外锁闭结构可容许尖轨伸缩 50 mm 以上。密贴检查器经过结构优化设计，也可适应尖轨 50 mm 以上的伸缩位移，如图 2.70 所示。

图 2.69　尖轨伸缩试验

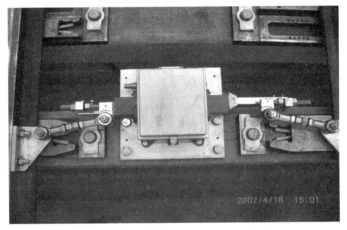

图 2.70　适应尖轨伸缩的密贴检查器

　　在 42 号道岔中还进行了心轨伸缩卡阻试验。当心轨尖端伸长量为 28 mm 时，第 1 牵引点处表示杆的杆架距岔枕侧面的距离只有 2 mm，心轨不宜再继续伸长，此时转辙机、外锁闭结构状态良好，心轨线形及轨距变化很小，说明该外锁闭结构可容许心轨伸缩 25 mm 以上。

　　350 km/h 客运专线 18 号道岔是我国首组直向高速道岔，42 号道岔是我国首组侧向高速道岔，有关无缝道岔的所有研究成果均在其结构设计中得到了应用，即将上道试铺并接受运营考核。若能彻底解决大号码无缝道岔的伸缩卡阻及变形等问题，必将推动我国跨区间无缝线路技术迈上一个新的台阶。

七、92 改进型道岔

随着各干线列车提速，92 型 60 kg/m 木枕道岔因其设计标准低，结构强度不足，已影响了列车通过速度和旅客舒适度，不能适应铁路运输发展的需要。2000 年，铁道部组织中铁山桥对 92 型 12 号系列道岔（包括单开道岔、交叉渡线、交分道岔）、中铁宝桥对 92 型 9 号系列道岔进行改进。

图 2.71 所示为 92 改进型 60 kg/m 钢轨 12 号单开道岔，其主要结构特点为：

① 道岔全长、前长 a 值、后长 b 值与原 92 型道岔相同，道岔平面线形采用曲线半径为 350 m 的相离式（曲尖轨尖端处切线相离基本轨 11.95 mm）圆曲线，可以满足现场整组换铺要求；

② 道岔木枕改为Ⅲ型混凝土岔枕，所有岔枕均垂直于直股布置，道岔前后设置Ⅲ型过渡枕；

③ 道岔轨距 1 435 mm，尖轨局部范围内侧股有构造加宽；

④ 道岔刚性扣件改为弹条Ⅱ型扣件，弹条螺栓采用防松结构，轨下及铁垫板下均设弹性缓冲垫层；

⑤ 采用高锰钢整铸辙叉并采用高致密铸造工艺，可根据用户需求进行表面爆炸硬化处理；

⑥ 辙叉两侧设置分开式 H 型护轨，直向护轨增长至 6.9 m，减小缓冲段冲击角，提高旅行舒适度；

⑦ 岔内钢轨接头设计成普通接头与焊接接头两种形式，可根据道岔是否铺设于跨区间无缝线路选用无缝道岔（现场也可在普通道岔尖轨跟端增设一至两块间隔铁改造成无缝道岔或冻结无缝道岔，如图 2.72 所示）；

⑧ 电务转换采用联动内锁方式，如图 2.73 所示。

图 2.71　92 改进型 12 号道岔

图 2.72　尖轨跟端结构

图 2.73　联动内锁

由于跨区间无缝线路的优越性十分突出，除了提速线路全部采用该技术外，各铁路局将普通线路也逐步改造成焊接式跨区间无缝线路或冻结式跨区间准无缝线路。92 改进型无缝道岔与提速、高速无缝道岔的差别有以下几点：

（1）92 改进型无缝道岔为高锰钢整铸辙叉，无缝道岔温度力的传递途径是由岔后长短心轨将温度力传递至固定辙叉，再由固定辙叉传递至两里轨（曲导轨与直尖轨），最后通过尖轨跟端传力部件传递至直曲基本轨。

由于高锰钢固定辙叉的含碳量很高（1.2% 左右），在焊接过程中会从奥氏体中分析出碳化物分布于晶界，导致高锰钢机械性能下降，而且焊接过程中所产生的焊接应力也会引发热裂纹，即在常温下其可焊性是很差的，这种物理特性决定了碳钢与高锰钢不能直接进行焊接。辙叉前后与普通钢轨的接头联结需采用特种焊接技术（哈克或施必牢高强度技术冻结）或使用合金钢组合辙叉以满足普通焊接要求（现场大多数采用的是施必牢冻结接头）。

德国奥氏体锰钢与碳素钢间的焊接是使用一种由奥氏体材料制成的连接件来实现的，奥地利也采用一种用铌或钛稳定化处理的低碳奥氏体钢作为过渡块来实现。中铁宝桥股份有限公司从瑞士 Shllater 公司引进的 GAAS-100/580 辙叉对焊机、中铁山桥集团有限公司自主研发的辙叉焊机均可在厂内实现高锰钢辙叉与普通钢轨的焊接，因此在出厂时，辙叉前后均焊有一段普通钢轨。

（2）92 改进型无缝道岔采用的是联动内锁方式，其尖轨尖端的容许伸缩位移较小（约为 15 mm），同时对两尖轨的伸缩相对位移也有较严格的限制，否则将导致卡阻或尖轨侧拱。因此，要求尖轨跟端传力部件能尽可能地限制尖轨的伸缩位移（采用间隔铁结构的效果要好于限位器结构），而道岔直侧股均应焊接，道岔侧股后端也应尽可能地焊接，以确保两尖轨纵向相对位移尽可能一致。

（3）92改进型道岔应用于普通线路站场中会受过去站场设计的限制，如道岔间的相对距离较小（一般为6.25 m至12.5 m），个别地段两道岔直接对接，道岔群间的相互影响较大，因此需加强对道岔前后无缝线路的防爬锁定。

除了单开道岔，92改进型交叉渡线、交分道岔也均可改造成无缝道岔，并在现场进行了铺设。图2.74所示为冻结无缝交叉渡线与铰接长岔枕结构，适用于无缝交分道岔4根尖轨同时伸缩的钩型外锁闭结构，如图2.75所示。

图2.74　冻结无缝交叉渡线与铰接长岔枕结构

图2.75　无缝交分道岔钩型外锁闭结构

八、合金钢辙叉式道岔

为了实现辙叉与普通钢轨的焊接，我国近几年开发了高强度、高韧性奥贝氏体合金钢制做叉心，这种叉心与U75V翼轨及长短心轨拼接后形成的组合辙叉可以提高辙叉的使用寿命。而全断面间隔铁与心轨及翼轨通过哈克联结装置或施必牢防松螺栓冻结又加强了辙叉的整体性，并减少了养护维修工作量，如图 2.76 所示。因这种辙叉可直接与区间轨道焊接，也便于更换，且较锰钢辙叉减少了前后的厂制焊接接头，故在无缝道岔方面具有较突出的优势，目前已上道使用了近万组。

图 2.76　合金钢组合辙叉

第三节　无缝道岔结构设计

从我国无缝道岔结构的发展历程来看，长翼轨式可动心轨提速道岔、92 改进型固定型（高锰钢整铸式与合金钢组合式）道岔是我国无缝道岔的两种主要形式。随着对无缝道岔受力变形规律的了解逐渐加深，以及对无缝道岔所出现的病害的原因分析与整治，使道岔设计人员认识到工务与电务是两个不可分割的一体化系统。一方面要优化道岔转换、锁闭、监测结构，使之能适应尖轨与心轨的伸缩；另一方面要优化道岔传力结构的设计，增强辙叉与尖轨跟端间隔铁、限位器传递纵向力的作用，尽可能地缩减尖轨及心轨自由段长度，从而减缓尖轨及心轨的伸缩位移，并能保持道岔几何形位。

无缝道岔结构设计中应予以重点考虑的问题：间隔铁及限位器均是通过高强螺栓将钢轨件组合在一起，其螺栓扭矩对摩擦阻力有着直接的影响；同时间隔铁与限位器的数量、大小对道岔钢轨碎弯等方向不平顺的影响也十分突出；另外扣件纵向阻力在道岔纵向力的传递中也起着十分重要的作用。下面对无缝道岔结构设计进行简单分析与介绍。

一、无缝道岔各部位螺纹联结副紧固扭矩

目前我国无缝道岔各部位的联结螺栓可分为扣件系统联结螺栓、长翼轨末端间隔铁联结螺栓、尖轨跟端间隔铁或限位器联结螺栓、可动心轨联结螺栓、合金钢组合辙叉联结螺栓、顶铁或防跳卡铁联结螺栓及钢轨接头鱼尾板联结螺栓等。

（一）联结螺栓规格

不同部位的联结螺栓有不同的规格和技术要求。在无缝道岔中通过螺纹联结副组合的部件可分为两大类：一类是紧固部件，一类是传力部件。大多数情况下是这两类部件的组合，即既是紧固部件又是传力部件。

1. 扣件系统（Ⅱ型弹条）联结螺栓

该系统联结螺栓包括Ⅱ型弹条用T型螺栓及岔枕螺栓。

T型螺栓规格为M24，强度等级为5.8S，螺母强度等级为5H。T型螺栓的作用是将钢轨、轨下胶垫及垫板三者紧固在一起，并在钢轨与垫板之间形成一定的纵向摩擦阻力。

岔枕螺栓规格为ϕ30 mm。岔枕螺栓的作用是将垫板、板下胶垫及岔枕三者紧固在一起，并在垫板与岔枕之间形成一定的摩擦阻力。该摩擦阻力具有双向功能：在横向该摩擦阻力用于平衡作用在钢轨头部的部分车轮横向力；在纵向该摩擦阻力与T型螺栓形成的扣件纵向阻力串联组合，形成扣件系统的纵向阻力，以抗衡钢轨的纵向温度力。按普通无缝线路的要求，在岔区两钢轨位置扣件系统的纵向摩擦阻力应大于对应的岔枕道床纵向阻力，才能满足无缝道岔对扣件系统的纵向阻力要求。如果道岔扣件采用Ⅲ型弹条，其扣压力可在11 kN以上，因此扣件系统纵向阻力大于Ⅱ型弹条。

2. 长翼轨末端间隔铁联结螺栓

该结构为温度力传力部件。目前我国可动心轨无缝道岔在心轨与长翼轨末端设置3~4个间隔铁，每个间隔铁与钢轨之间用两个高强度螺栓联结。螺栓规格为M27，强度等级为10.9S，螺母强度等级为10H。

该传力结构要求在心轨与长翼轨之间形成足够的纵向摩擦阻力，以防止长心轨与翼轨之间在温度力作用下出现相对错动，才能把心轨尖端的伸缩位移控制在转换结构容许的范围之内。

3. 尖轨跟端间隔铁或限位器联结螺栓

该结构为温度力传力部件。目前我国无缝道岔在尖轨跟部一般设置一个3~4孔的间隔铁或1~2个限位器。联结螺栓规格为M27，强度等级为10.9S，螺母强度等级为10H。

按无缝道岔纵向温度力的传递规律，作用于长心轨末端的纵向温度力通过

翼轨在向尖轨跟端传递过程中，导曲线部分只可分担约 35% ~ 50% 的纵向温度力（由无缝道岔温度力计算理论分析所得），剩余的纵向温度力需由尖轨跟部结构承受。因此，要求尖轨跟部结构（无论是间隔铁或限位器）在尖轨与基本轨之间形成一定的纵向摩擦阻力，才能将尖轨尖端的伸缩位移控制在转换结构允许的范围之内。

4. 可动心轨联结螺栓

该部位联结螺栓应保证长心轨与短心轨之间具有良好的整体性，保证在横向力和竖向力作用下不发生相对错动。联结螺栓规格为 M27，强度等级为 10.9S，螺母强度等级为 10H。

5. 合金钢组合辙叉联结螺栓

在无缝道岔中，合金钢组合辙叉既是紧固部件也是传力部件。联结螺栓规格为 M27，强度等级为 10.9S，螺母强度等级为 10H（或螺栓强度等级为 12.9S，螺母强度等级为 12H）。

联结螺栓将合金钢叉心、叉后轨、翼轨及间隔铁联结成一个整体，在竖向力和横向力作用下，各部件之间不发生相对错动。同时在单侧心轨、翼轨及间隔铁（不含咽喉间隔铁）三者之间应形成足够的纵向摩擦阻力，以保证在温度力作用下，各部件不出现相对错动，并通过翼轨和导曲线钢轨将温度力传递至尖轨跟部。

6. 顶铁和防跳卡铁螺栓

这两种部件的主要功能是限制两钢轨之间的横向相对位移，不承受纵向力和竖向力（防跳卡铁后部要顶紧钢轨的上下颌，螺栓才能不承受竖向力）。因此，对联结螺栓只要求将顶铁和防跳卡铁安装牢固即可。联结螺栓规格为 M24，强度等级为 5.8S，螺母强度等级为 5H。

7. 钢轨接头鱼尾板联结螺栓

在无缝道岔中，钢轨接头均要求焊接或冻结，为此鱼尾板联结螺栓可按线路钢轨冻结接头规定的扭矩标准执行。目前，鱼尾板联结螺栓有 M27-10.9S 和 M24-12.9S 两种规格，紧固扭矩均为 1 100 ~ 1 300 N·m。

（二）联结螺栓紧固扭矩

紧固扭矩计算公式为

$$T = T_1 + T_2 = KFD \tag{2.1}$$

式中　T —— 紧固扭矩（N·m）；

T_1 —— 螺纹扭矩（N·m）；

T_2 —— 螺母支承面扭矩（N·m）；

K —— 扭矩系数，该值与螺纹精度、摩擦表面及润滑状态有关。一般

$K = 0.12 \sim 0.3$，计算时可取 0.2，高强度螺栓扭矩系数为 $0.11 \sim 0.15$，计算时可取 0.15；

F —— 预紧力（kN）；

D —— 螺纹外径（mm）。

根据 GB/T3098.1—2000 规定的各种规格及性能等级螺纹的保证荷载（相当于预紧力），可由紧固扭矩计算公式算得不出现屈服的最大紧固扭矩如表 2.1 所示。螺纹实用紧固扭矩应在小于不出现屈服的最大紧固扭矩的前提下，根据螺纹所在部位和技术要求选择确定。

表 2.1　螺栓容许紧固扭矩与实用紧固扭矩

螺纹规格	强度等级	保证荷载（kN）	不出现屈服的最大紧固扭矩（N·m）	实用紧固扭矩（N·m）	备　注
M27	10.9S	381	1 543	900 ~ 1 200	$K = 0.15$
M27	12.9S	445	1 802	1 100 ~ 1 200	$K = 0.15$
M24	5.8S	134	643	200 ~ 500	$K = 0.20$

道岔设计中参考表 2.2 中的紧固扭矩值基本上可满足道岔结构强度的要求，但仍需结合具体的道岔结构予以检算。

表 2.2　道岔各部位紧固螺栓扭矩

序号	紧固部位	螺纹规格	强度等级		紧固扭矩 N·m	备　注
			螺栓	螺母		
1	Ⅱ型弹条 T型螺栓	M24	5.8S	5H	120 ~ 150	普通螺母
					300 ~ 380	防松螺母
2	岔枕螺栓	M30	—	—	200 ~ 250	—
3	长翼轨末端间隔铁 尖轨跟端间隔铁或限位器 可动心轨	M27	10.9S	10H	900 ~ 1 100	防松螺母
4	合金钢组合辙叉	M27	10.9S	10H	930 ~ 1 000	防松螺母
			12.9S	12H	1 100 ~ 1 200	
5	顶铁、防跳卡铁	M24	5.8S	5H	300 ~ 380	防松螺母
6	钢轨接头夹板	M27	10.9S	10H	1 100 ~ 1 300	—
		M24	12.9S	12H		

（三）联结螺栓紧固扭矩检算

下面以 60 kg/m 钢轨 12 号新型提速道岔及 60 kg/m 钢轨 12 号合金钢辙叉为例，采用简化方法检算各部位联结螺栓紧固扭矩是否满足跨区间无缝线路的铺设要求。

1. 设计参数

由区间传向长心轨跟部的温度力（按最大轨温变化幅度 50 ~ 55℃ 考虑），约为 1 000 kN；车轮作用于钢轨头部的横向力按 50 kN 计（单个扣件节点上）；钢轨与间隔铁之间的摩擦系数按 0.25 计；道岔扣件为双层弹性系统，钢轨与轨下胶垫及垫板与板下胶垫之间的摩擦系数按 0.5 计；普通螺栓扭矩系数按 0.20 计，高强螺栓扭矩按 0.15 计；高强螺栓容许剪应力按 264 MPa 计。各螺栓扭矩按表 2.2 设计。

2. 扣件系统联结螺栓紧固扭矩检算

按 II 型弹条标准，T 型螺栓紧固扭矩为 120 ~ 150 N·m，此时螺栓预紧力为 25.0 ~ 31.3 kN，单个 II 型弹条的扣压力可达到 10 kN 左右，一组扣件的扣压力为 20 kN，此时钢轨与轨下胶垫之间的纵向摩擦阻力为 10 kN 左右。

岔枕螺栓的紧固扭矩为 200 ~ 250 N·m，对应的岔枕螺栓预紧力为 33.3 ~ 41.7 kN，两根岔枕螺栓可在垫板与胶垫之间形成 33.3 ~ 41.7 kN 的摩擦阻力。

在横向，该摩擦阻力尚小于作用于车轮作用于钢轨的横向力，因此该结构中岔枕螺栓也要承受一定的横向力，即螺栓的受力状态不是单纯的受拉，而是拉弯结合。加大岔枕螺栓紧固扭矩可以增大摩擦阻力，但紧固扭矩过大，会引起板下胶垫的过渡压缩，影响道岔的整体刚度。为了改善岔枕螺栓的受力状态，目前已采用缓冲圈技术。缓冲圈的主要功能一是缓冲横向力对岔枕螺栓的冲击，二是降低横向力的作用高度。

由于垫板与板下胶垫已被岔枕螺栓紧固，因此扣件系统纵向阻力基本上由铁垫板上层扣件纵向阻力控制（为 10 kN），基本上可满足无缝道岔对扣件系统的阻力要求。

3. 长翼轨末端间隔铁联结螺栓紧固扭矩检算

长翼轨末端按四个双孔间隔铁布置，8 根 M27 高强螺栓，1 000 N·m 的紧固扭矩。此时每个螺栓的预紧力为 246.9 kN，可提供的纵向摩擦阻力为 61.7 kN，则整个传力结构可提供的纵向摩擦阻力为 493.8 kN，小于 1 000 kN 的纵向温度力，因此，心轨跟端会发生纵向移动。

由检算可知，仅靠间隔铁的摩擦阻力，无法平衡钢轨纵向温度力，需将剩余的温度力交由螺栓的抗剪强度来承担。此时每根螺栓需承担的剪切力为 63.3 kN，对应的剪应力为 110.5 MPa。尽管螺栓剪应力在容许范围内，但螺栓的受力状态不佳。在近期设计中，已将间隔铁与长心轨、长翼轨胶结，靠间隔铁的摩擦阻力和胶结阻力共同承担纵向温度力，以改善螺栓受力状态。因此，目前线路上可动心轨辙叉长翼轨末端间隔铁有不胶结和胶结两种，后者的螺栓紧固扭矩可适当减小。

4. 尖轨跟部间隔铁或限位器联结螺栓紧固扭矩检算

对于 60 kg/m 钢轨 12 号可动心轨辙叉提速道岔，尖轨跟部至长翼轨末端间隔铁之间的岔枕根数为 40 根，每根岔枕上的扣件系统纵向阻力为 10 kN，则该部分岔枕可抗衡纵向温度力为 400 kN；对于 60 kg/m 钢轨 12 号固定辙叉提速道岔，尖轨跟端至辙叉咽喉间隔铁之间的岔枕根数为 29 根，则该部分岔枕可抗衡的纵向温度力为 290 kN。检算时取两者平均值，即导曲线部分可抗衡的纵向温度力为 350 kN，还有约 650 kN 的温度力将传递至尖轨跟端。

尖轨跟部若设置两个双孔间隔铁，4 根 M27 高强度螺栓，1 000 N·m 的紧固扭矩，此时每个螺栓的预紧力为 246.9 kN，可提供的纵向摩擦阻力为 61.7 kN，则整个传力结构可提供的纵向摩擦阻力为 246.8 kN，该值小于 650 kN 的纵向温度力。由此可见，仅靠间隔铁摩擦阻力无法平衡传递至尖轨跟部的纵向力，需将剩余的温度力交由螺栓的剪切强度来承担，此时每个螺栓需承担的剪切力为 100.8 kN，对应的剪应力为 176.1 MPa，在容许范围内。当然，该间隔铁也可采用胶结技术，提高结构的纵向阻力，改善螺栓的受力状态，但受基本轨焊缝强度及无缝线路胀轨稳定性的限制，尖轨跟端传力结构设计中还不能将全部纵向力传递至基本轨，故应考虑综合因素后优化设计。

尖轨跟部若设一个限位器，2 根 M27 高强度螺栓，则产生 1 000 N·m 的紧固扭矩。限位器子母块有 7 mm 间隙，该间隙可释放约 150 kN 的温度力，尖轨跟端结构还需承受 500 kN 的温度力。此时每个螺栓的预紧力为 246.9 kN，可提供的纵向摩擦阻力为 61.7 kN，则整个传力结构可提供的纵向摩擦阻力为 123.4 kN，小于 500 kN。剩余的温度力需由螺栓抗剪强度来承担，此时每个螺栓需承担的剪切力为 126.6 kN，对应的剪应力为 221.0 MPa，虽在容许范围内，若列车振动导致螺栓扭矩降低，将有可能导致剪应力超限，限位器变形，钢轨出现碎弯，导致方向不平顺。若采用两个限位器，螺栓剪应力可降低，受力状态可改善，但需要在养护维修中予以重点关注，调整好两限位器子母块间隙，确保两者同步承载。

5. 可动心轨联结螺栓紧固扭矩检算

60 kg/m 钢轨 12 号可动心轨提速道岔长短心轨之间有 12 根 M27 横向联结螺栓，按 800 N·m 紧固扭矩检算，此时每根螺栓的预紧力为 1 97.5 kN，长短心轨间总计有 2 370.4 kN 的横向约束,可以保证在横向力和竖向力同时作用下不会发生相对错动。

6. 合金钢组合辙叉联结螺栓紧固扭矩检算

该结构既是紧固部件,又是传力部件,采用 M27 高强度螺栓,紧固扭矩取 1 000 N·m 设计。目前国内合金钢辙叉横向紧固螺栓的总数在 10～13 根之间不等,单侧长心轨与翼轨之间的联结螺栓为 6～8 根。

10～13 根高强度螺栓作为紧固件,可为整个组合辙叉提供的横向预紧力为 2 469.0～3 209.9 kN,其紧固力是足够的,可以保证在竖向力和横向力同时作用下各部位不会发生相对错动。

单侧长心轨与翼轨之间用 6～8 根紧固螺栓所能提供的纵向摩擦阻力为 370.4～493.8 kN,该值远小于 1 000 kN,每根螺栓需承受的剪切力为 104.9～63.3 kN,对应的剪应力为 183.2～110.6 MPa,显然采用 6 根螺栓时剪应力偏高。

若改用 M27-12.9S 高强度螺栓,紧固扭矩采用 1 200 N·m,则每根螺栓的预紧力为 296.3 kN,总的纵向摩擦阻力可提高到 444.4～592.6 kN,每个螺栓承担的剪切力可下降到 92.6～50.9 kN,对应的剪应力可减小到 161.7～88.9 MPa。

由以上检算可知,合金钢组合辙叉长心轨与翼轨之间采用 6～8 根联结螺栓显得偏少,应将螺栓强度等级提高到 12.9 S。

7. 顶铁和防跳卡铁联结螺栓紧固扭矩检算

顶铁和防跳卡铁螺栓规格为 M24-5.8S,紧固扭矩 300 N·m,此时紧固力为 62.5 kN,两根联结螺栓可形成的摩擦阻力为 31.3 kN。对于不承受竖向力和纵向力的部件,该扭矩可满足安装牢固的要求。

螺栓扭矩检算是无缝道岔结构设计中的一项重要内容,对扣件、各种传力部件的选型、数量、组装扭矩设计起着十分重要的指导作用。

二、无缝道岔跟端结构对方向不平顺的影响

1. 辙叉跟端结构

无缝道岔中翼轨和长、短心轨间设置有数个间隔铁来传递纵向温度力,但由于心轨和翼轨温度力不在同一轴线上,若间隔铁设置不当易引起心轨、翼轨的弯曲,会造成方向不平顺。

可采用有限元法模拟温度力在心轨向翼轨传递的过程中轨道方向不平顺的变化。长短心轨间不设置间隔铁,翼轨与心轨间设置四块间隔铁,间隔铁厚度为 52 mm,各间隔铁长度为 0.2 m,在心轨末端作用有 1 000 kN 温度力时,钢轨及间隔铁的变形如图 2.77 所示。

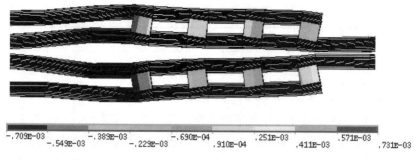

图 2.77　4 块长 0.2 m 的间隔铁对轨道方向不平顺的影响

　　由于心轨与翼轨温度力的偏心，引起了心轨较大的方向不平顺。在跟端设置四块长度为 0.2 m 的间隔铁时，在 1.6 m 长度范围内的方向不平顺达 1.16 mm。在间隔铁数量不变的情况下，增大间隔铁的长度，可减小心轨的方向不平顺（如表 2.3 所示），但减小的幅度不大，在间隔铁长度为 0.5 m 时，方向不平顺仍达 0.86 mm，尚不能满足 250 km/h 及其以上高速行车时对轨道的高平顺性要求。因其波长较短，在现场将这种方向不平顺称为轨道的碎弯。在间隔铁长度不变但增加其数量时，心轨方向不平顺会随之减小。

表 2.3　间隔铁长度对心轨横向位移的影响

间隔铁类型	4 块 0.2 m	4 块 0.3 m	4 块 0.4 m	4 块 0.5 m
心轨横向位移（mm）	0.52	0.48	0.44	0.39
	− 0.64	− 0.60	− 0.54	− 0.47

　　图 2.78 显示了 2 块长达 0.9 m 间隔铁代替原来 4 块 0.3 m 间隔铁时的变形图。计算表明，将分开的间隔铁连成一个整体，对于减小心轨的方向不平顺基本上没有什么改善（见表 2.4），即使间隔铁长度增大到 2.1 m，由温度力引起的心轨方向不平顺仍达 1.02 mm 之多。

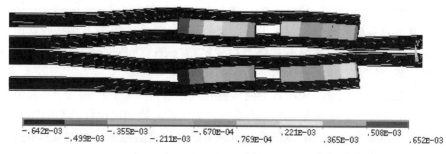

图 2.78　2 块长 0.9 m 间隔铁对轨道方向不平顺的影响

表 2.4　间隔铁长度对心轨横向位移的影响

间隔铁类型	2 块 0.9 m	1 块 0.9 m	1 块 1.8 m	1 块 2.1 m
心轨横向位移（mm）	0.45	1.08	0.93	0.43
	0.61	− 1.41	− 0.87	− 0.59

　　为保证心轨在温度力作用下的横向位移小于一定限值，较为有效的措施就是在长、短心轨之间设置间隔铁。图 2.79 所示为翼轨与心轨间有 4 块 0.3 m 间隔铁、长、短心轨间有 2 块 0.9 m 间隔铁时的变形图，心轨方向不平顺已被控制在 0.1 mm 以内。由此表明，只要在长、短心轨间设置有间隔铁，对减缓心轨不平顺均是有利的（见表 2.5）。由此可见，德、法两国高速道岔采用强有力的跟端结构不仅能控制心轨伸缩位移，还对保持其高平顺性十分有利。

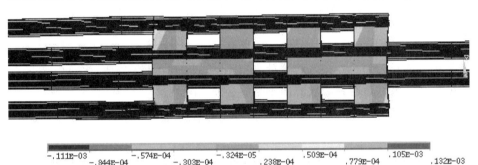

-.111E-03　　　 -.574E-04　　　 -.324E-05　　　 .509E-04　　　 .105E-03
　　 -.844E-04　　　 -.303E-04　　　 .238E-04　　　 .779E-04　　　 .132E-03

图 2.79　心轨间设置 2 块 0.9 m 长的间隔铁时的心轨变形图

表 2.5　长、短心轨间设置间隔铁的影响

长、短心轨间的间隔铁类型	4 块 0.3 m	3 块 0.3 m	2 块 0.9 m	2 块 0.6 m	2 块 0.3 m	1 块 0.9 m
心轨横向位移（mm）	0.04	0.03	0.03	0.04	0.04	0.04
	− 0.06	− 0.03	− 0.05	− 0.05	− 0.06	− 0.05

　　对于双肢弹性可弯心轨在无缝道岔的施工过程中，若直、侧股焊接时机不同就意味着施工锁定轨温不一致，这将导致直、侧股承受不均衡的温度力作用，计算表明会加大心轨的横向不平顺。

　　总之，在长、短心轨间设置间隔铁有利于减缓两心轨的相互错动及方向不平顺。若想进一步降低由于不均衡温度力引起的心轨横向位移，则需将两心轨、两翼轨均相互联结，采取类似德国高速道岔的跟端结构，即在跟端下部设置更大的间隔铁将跟端各钢轨与间隔铁连成一个整体。

2. 尖轨跟端结构

尖轨跟端同样会因为两钢轨温度力轴线不一致而导致钢轨出现碎弯。图 2.80 所示为尖轨跟端设置双孔 0.2 m 间隔铁或限位器的变形图（无缝道岔轨温变化幅度 55℃）。计算表明，当间隔铁长度增加时，轨道方向不平顺随之降低，见表 2.6。此外，间隔铁前端设置一定数量的扣件也可降低轨道方向不平顺。

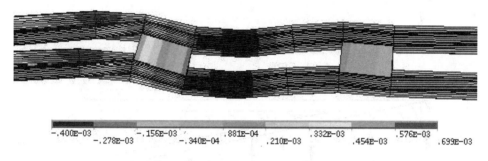

-.400E-03   -.156E-03   .881E-04   .332E-03   .576E-03
   -.278E-03   -.340E-04   .210E-03   .454E-03   .699E-03

图 2.80   尖轨跟端设有 2 块 0.2 m 间隔铁时的尖轨变形图

表 2.6   间隔铁设置对钢轨方向不平顺的影响

尖轨跟端 间隔铁类型	2 块 0.2 m	2 块 0.4 m	2 块 0.6 m	3 块 0.2 m	3 块 0.4 m	1 块 1.2 m
基本轨横向位移 （mm）	0.51	0.51	0.42	0.53	0.51	0.40
	−0.33	−0.38	−0.37	−0.18	−0.24	−0.27

三、尖轨与心轨自由段长度对转换的影响

在无缝道岔中，尖轨与心轨自由段越短，其尖端的伸缩位移就越小。但尖轨越短，跟端安装扣件的空间就越小，有时需采用如图 2.7 所示的窄型扣件才能实现，我国目前也正在研制这种道岔专用的窄型扣件。

1. 道岔转换计算理论

尖轨与心轨可动段越短，最后一个牵引点所需的转换力就越大，同时尖轨轮缘槽也就越小，有时还需在尖轨竖切点后增加一个牵引点才能满足转换力与最小轮缘槽的要求。由此可见，进行优化设计应从缩减尖轨、心轨自由段长度和满足转换要求两方面综合考虑。

弹性可弯尖轨、单肢弹性可弯心轨扳动力计算模型如图 2.81 和图 2.82 所示，在双肢弹性可弯心轨扳动力计算时将侧股跟端结构考虑成与直股一致。

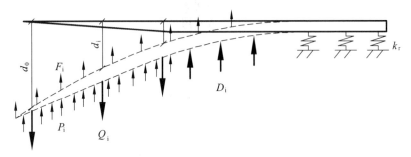

图 2.81　弹性可弯尖轨扳动力计算模型

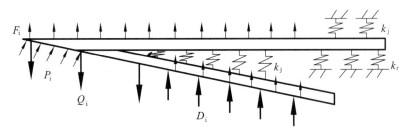

图 2.82　单肢弹性可弯心轨扳动力计算模型

模型中所采用的基本假定为:

（1）尖轨与心轨均为截面线性变化的欧拉梁，只在水平面内发生横向弯曲变形，暂不考虑轴向力的影响。尖轨及短心轨整断面前横向抗弯刚度为线性变化，整断面后至跟端为等截面的 AT 轨，跟端后为等截面的普通钢轨。跟端后钢轨支点处的横向位移将受到扣件的横向作用力。

（2）考虑分动外锁闭的多机多点牵引方式。各扳动力视为作用于枕跨中央的集中力；尖轨上各牵引点的扳动力为直曲尖轨在该点处扳动力之和；各牵引点处动程为已知值。可以考虑尖轨和心轨的扳动过程，如可以考虑非密贴尖轨各牵引点先解锁，先动作，运动一段时间后，密贴尖轨再动作；也可以考虑各牵引点的同时动作和非同时动作，非同时动作时后动牵引点将空走一段距离。

（3）考虑滑床台的摩擦力。摩擦力视为作用于滑床台上的集中力，其作用方向总是与尖轨与心轨的运动方向相反，其大小与该枕跨处钢轨重量成正比。

（4）考虑尖轨与心轨由反位至正位时的反弹力。尖轨与心轨由正位至反位时，钢轨中将储存弯曲变形能；当尖轨与心轨由反位向正位运动时，弯曲变形能逐渐释放，转化为反弹力，作用于钢轨各节点上。

（5）考虑尖轨与心轨与基本轨、翼轨间的密贴力，以及顶铁的顶铁力。当尖轨与心轨由斥离状态扳动至密贴状态时，基本轨与翼轨的轨头、各顶铁将阻止尖轨与心轨的进一步扳动，产生密贴力和顶铁力。假定顶铁及轨头密贴区域为刚度较大的横向弹簧，当发生接触时，该弹簧即产生顶铁力和密贴力。

（6）考虑可动心轨中间隔铁的作用力。将间隔铁视为刚度较大的横向弹簧，联结于长短可动心轨间、心轨与翼轨末端。

采用有限单元法可求解满足各牵引点位移所需的转换力。将钢轨按半个枕跨长划分为梁单元，节点位移为线位移和转角。对于等截面梁单元，单元刚度矩阵为

$$[k_1]^e = \frac{EI}{L^3} \begin{bmatrix} 12 & 6L & -12 & 6L \\ 6L & 4L^2 & -6L & 2L^2 \\ -12 & -6L & 12 & -6L \\ 6L & 2L^2 & -6L & 4L^2 \end{bmatrix} \quad (2.2)$$

式中　E——钢轨弹性模量；

　　　I——钢轨截面绕垂直轴的惯性矩；

　　　L——为单元长。

对于变截面钢轨，设其惯性矩为

$$I_r = I_0 + Ax = I_0 + (I_1 - I_0)x/L \quad (2.3)$$

式中　I_0——钢轨梁单元左端截面惯性矩；

　　　I_1——梁单元右端截面惯性矩；

　　　A——梁单元截面惯性矩变化率；

　　　x——距梁单元左端距离。

因此，该梁单元可视为由惯性矩为 I_0 的等截面梁和惯性矩与 x 成正比的变截面梁组成，前者单元刚度矩阵按式（2.2）计算，后者单元刚度矩阵为

$$[k_2]^e = \frac{EA}{L^2} \begin{bmatrix} 6 & 2L & -6 & 4L \\ 2L & L^2 & -2L & L^2 \\ -6 & -2L & 6 & -4L \\ 4L & L^2 & -4L & 3L^2 \end{bmatrix} \quad (2.4)$$

采用变分形式的最小势能原理来建立求解扳动力的力学平衡方程。在所有满足边界条件的协调位移中，满足平衡条件的位移将使系统的总势能成为极值，即

$$\delta U + \delta V = 0 \quad (2.5)$$

式中　δU，δV——系统总应变能及总势能的一阶变分。

在导出各项能量的变分表达式后，即可形成系统的刚度矩阵及荷载列阵。

系统总应变能的一阶变分为

$$\delta U = \sum_{i=1}^{N} \{\delta u\}^{eT}([k_1]^e + [k_2]^e)\{u\}^e + \sum_{i=1}^{N_r} \delta y_{ri} k_r y_{ri} + \sum_{i=1}^{N_{yj}} \delta y_{ri} k_j y_{ri} +$$

$$\sum_{i=1}^{N_{xj}} (\delta y_{cri} - \delta y_{dri}) k_j (y_{cri} - y_{dri}) \qquad (2.6)$$

式中　$\{u\}^e$——梁单元位移列阵；

　　　N——钢轨梁单元数；

　　　y_r——钢轨节点横向位移；

　　　N_r——尖轨或心轨跟端后扣件支点数；

　　　k_r——扣件横向支承刚度；

　　　N_{xj}，N_{yj}——可动心轨中两心轨间及翼轨与心轨间间隔铁数；

　　　k_j——间隔铁联结刚度。

当尖轨或心轨由反位扳向正位时，系统中已储存的总应变能为 $-\delta U_0$（负号表示在正反位时钢轨位移方向相反）。按式（2.6）进行计算，梁单元的位移列阵采用由正位扳向反位时的计算值 $\{u_0\}^e$。

扳动力 Q_i、滑床台摩擦力 F_i、顶铁力 D_i 及密贴力 P_i 的位势一阶变分为

$$\delta V = -\sum_{i=1}^{N_Q} Q_i \delta y_{ri} + \sum_{i=1}^{N_F} F_i \delta y_{ri} + \sum_{i=1}^{N_D} D_i \delta y_{ri} + \sum_{i=1}^{N_P} P_i \delta y_{ri} \qquad (2.7)$$

式中　N_Q——牵引点数；

　　　N_F——滑床台摩擦力数（设某滑床台左端钢轨单元的总重为 T_i，右端钢轨单元的总重为 T_{i+1}，则滑床台摩擦力为 $F_i = \mu(T_i + T_{i+1})$，μ 为摩擦系数）；

　　　N_D——顶铁数（当钢轨与顶铁不贴靠时，顶铁力为零，当两者贴靠时，将顶铁视为刚度为 k_D 的弹簧，顶铁力 $D_i = k_d \Delta y_D$，Δy_D 为顶铁处钢轨压缩位移）；

　　　N_P——密贴区钢轨节点数（密贴力的计算方法与顶铁力相似）。

计算扳动力时，将其视为未知变量，并在系统力学平衡方程组中补充相应的位移协调条件

$$\sum_{i=1}^{N_Q} \delta Q_i (y_{ri} - d_i) = 0 \qquad (2.8)$$

式中　d_i——各牵引点处动程。

由式（2.6）和式（2.7）可导出系统的力学平衡方程组

$$[K]\{u\} = \{P\} \qquad\qquad （2.9）$$

在求解式（2.9）时，迭代判断密贴力、顶铁力是否为零，并重新组建刚度矩阵$[K]$、荷载列阵$\{P\}$，直到所求得的扳动力满足要求为止。

2. 设计算例

以 60 kg/m 钢轨 12 号可动心轨提速道岔（CZ2516）为例，尖轨设两个牵引点，间距 5.4 m，第二牵引点在尖轨刨切起点处，滑床台摩擦系数取为 0.25。表 2.7 显示了尖轨自由段长度对转换力、不足位移及最小轮缘槽的影响。

表 2.7　尖轨自由段长度对转换力、不足位移及最小轮缘槽的影响

尖轨自由段长度（m）	9.08	10.28	11.48	12.68	13.88	15.08
第一牵引点转换力（N）	855	839	760	784	669	692
第二牵引点转换力（N）	10 409	7 046	5 559	5 190	5 348	5 668
尖轨第二牵引点后不足位移（mm）	0.3	0.3	0.4	0.9	1.7	2.9
尖轨最小轮缘槽宽（mm）	73.4	84.1	92.3	98.9	104.4	109.0
尖轨在轨温变化 50℃ 时自由伸缩位移（mm）	5.4	6.1	6.8	7.5	8.2	8.9

计算表明，尖轨越短，自由伸缩位移越小，这对减少尖轨发生卡阻是十分有利的，同时也可减少转换时的不足位移，有利于保持道岔轨距。但是，尖轨长度缩短，会增大转换力，甚至会超过转辙机的额定功率 6 kN，同时也会减小尖轨轮缘槽宽度。因第二牵引点转换动程随着尖轨自由段增长而增加，尖轨长度增加到一定程度时，转换力也会增加。采用图 2.47 所示的辊轮式滑床板可减小转换时的摩擦系数，有利于减小转换力和不足位移。可见无缝道岔中尖轨及心轨自由段长度宜结合牵引点布置、转换分析、转换设备容许位移、跟端扣件选型、滑床台结构等因素综合分析后确定。

第四节　跨区间无缝线路设计

在研制无缝道岔结构时，已经完成了传力部件、联结螺栓扭矩、尖轨和心轨自由段长度、转换锁闭设备及其容许伸缩位移等设计，在最新的道岔铺设图

中还注明了容许的升温和降温幅度。但在跨区间无缝线路设计中还需进行锁定轨温设计与检算、爬行观测桩布置等工作。

（一）无缝道岔锁定轨温设计

单组无缝道岔应视为一个单元轨节，与相邻单元轨节的设计锁定轨温应尽量一致，这样才便于现场对无缝线路锁定轨温进行管理。

施工锁定轨温范围为设计锁定轨温的±3℃～±5℃，在无缝道岔检算项目不能通过时，就需采用较严格的施工锁定轨温范围。

通常无缝道岔与相邻单元轨节的铺设锁定轨温差不得大于5℃。整个跨区间无缝线路中各单元轨节的最高与最低铺设锁定轨温差不得大于10℃。

（二）无缝道岔设计检算

无缝道岔轨温变化幅度、道岔号码、辙叉型式、辙跟型式、道岔群的联结方式、焊接型式、扣件纵向阻力、道床纵向阻力、限位器阻力、间隔铁阻力、线路爬行、铺设锁定轨温差、岔枕抗弯刚度等均是影响无缝道岔受力与变形的因素，需在考虑这些最不利因素组合的情况下进行无缝道岔各设计项目的检算工作。

若无缝道岔与相邻线路或相邻道岔间存在铺设轨温差，在升温或者是降温情况下，将有更大的温度力由相邻线路或道岔传递至无缝道岔上，导致基本轨附加温度力、尖轨和心轨的伸缩位移、限位器及间隔铁的受力增大。铺设轨温差越大、两道岔顺接或对接、道岔号码越小、辙叉为固定辙叉、道床纵向阻力越小，温差对无缝道岔受力及变形的影响越大。因此，在设计检算中按存在5℃的铺设锁定轨温差的不利情况进行计算。

限位器子母块间隙越小，在同样的轨温变化幅度下，限位器所提供的阻力就越大，同时基本轨附加纵向力也就越大；而在轨温反向变化时，尖轨伸缩位移也就越大。虽然在铺设无缝道岔时规定子母块严格居中，但在实际操作过程中较难实现，同时在应用一段时间后，子母块间隙也会发生变化。为安全计，可将子母块最大安装误差（一般为1～1.5mm）作为最不利情况来计算基本轨附加纵向力。

对接道岔会增加基本轨附加温度力，但对钢轨伸缩位移及限位器、间隔铁受力影响较小；顺接道岔对左侧道岔基本轨受力、心轨跟端伸缩位移及限位器、间隔铁受力不利，但对右侧道岔反而比较有利；渡线道岔对钢轨及传力部件受力、钢轨伸缩位移影响较小。同向对接与异向对接、同向顺接与异向顺接在全焊情况下其影响规律相同，只是受影响的基本轨不同而已。总之，顺接道岔影响较大，对接道岔次之，渡线道岔最小。道岔号码越小，两道岔间距越小，对接、顺接联结形式对无缝道岔的受力及变形影响就越大。当道床纵向阻力较小时，不同的联结形式对无缝道岔的受力及变形影响十分严重。因此，当两道岔间距小于 25 m 时，应按道岔群进行计算。

无缝道岔设计的检算项目包括钢轨伸缩位移、传力部件强度、钢轨强度及无缝线路稳定性检算等。若无缝道岔某项检算项目不能通过时，需采取措施进行结构加强、增加道床纵横向阻力或优化设计与施工锁定轨温等。本书第三章将详细介绍无缝道岔的计算理论与检算方法。

（三）爬行观测桩布置

为了掌握运营中无缝线路钢轨是否发生了不正常位移，判断无缝线路在长期养护维修中是否锁定牢固，以及在各种施工作业中是否改变了原锁定轨温，应定期对无缝线路钢轨进行位移观测。通过对位移观测数据的分析，判定无缝线路的锁定状态，如发现有不正常位移，应及时采取措施予以整治。

迄今为止，对位移的观测，一般都采用设置位移观测桩来测量位移量的方法。在无缝线路的伸缩区、固定区设有不同对数的防爬观测桩。这些观测桩把长钢轨分成几个固定的观测区段，并进行定期观测。一般每月对无缝线路地段防爬观测桩观测一次，高温季节每月二次。各领工区应在同一日期进行观测，以防止跨工区的长钢轨因不是同时观测而造成观测结果不统一，造成计算结果不准确。

另外，道岔区设置爬行观测桩也是为了控制无缝道岔的锁定轨温，确保无缝道岔不发生胀轨跑道，尖轨与可动心轨尖端伸缩位移不超限、转换不卡阻。但是，由于无缝道岔的长度有限，道岔中各钢轨会产生不均匀的温度力与位移，列车在道岔区内的运行工况可能与区间线路不一样等，从而引起无缝道岔内锁定轨温的变化和影响与区间线路有所不同，因此爬行观测桩的布置方式有其特殊性。

1. 钢轨爬行与锁定轨温的变化关系

爬行是线路病害之一，尤其是无缝线路的不均匀爬行，会改变无缝线路纵向力的分布，从而相应地改变原锁定轨温的状态。

观测线路爬行状况一般是通过设置的观测桩，就是在钢轨铺设锁定后作上标记，然后每隔一定时间进行观测。对于复线线路，以列车运行方向为准，顺列车运行方向的爬行为正，反之为负。如果各观测桩的爬行量及爬行方向都一样，说明各点的纵向力没有变化。如果在固定区各观测点爬行量不一样，则说明纵向力已重新分布，各处的锁定轨温不一样。当不考虑线路阻力时，锁定轨温改变值可用下式计算，即

$$\Delta t = \frac{\Delta L}{\alpha L} \tag{2.10}$$

式中 ΔL —— 两观测桩爬行量之差（mm）；

α——钢轨线膨胀系数；

L——两观测桩之间的距离（m）。

用以上数值和单位换算代入，得

$$\Delta t = 84.7 \frac{\Delta L}{L} \tag{2.11}$$

两桩间爬行量差 ΔL 一般规定为顺列车运行方向，用前方桩的爬行量减去后方桩的爬行量。如果 ΔL 为正，说明这两观测桩范围内钢轨平均比原来拉长了，增加了纵向拉力，也就是说实际锁定轨温比原来锁定轨温提高了；反之 ΔL 为负，增加了纵向压力，说明实际锁定轨温比原锁定轨温降低了。

通过前面的分析可知：钢轨的爬行量与轨温的变化无直接关系，无论在哪种轨温条件下，钢轨的位移均为定值。实际锁定轨温也与轨温的变化无直接关系，完全是由于钢轨的爬行引起的。参与实际锁定轨温计算的观测桩完全位于无缝线路固定区，轨温的变化不至于引起钢轨位移的改变。

因此，道岔区内的观测桩也应位于无缝线路的固定区（钢轨的位移不致因轨温变化而改变），也即观测桩应位于道岔区钢轨附加温度力影响范围之外。通过理论分析，当升温幅度为 55℃ 时，提速 12 号道岔基本轨存在附加温度力的范围为尖轨跟端前 40 m 至最后一根长岔枕后 40 m 左右。可见，观测桩宜布置在道岔前后 25 m 处。若布置在道岔范围内，钢轨的位移将由爬行、附加温度力两者共同引起，计算出的锁定轨温并不是实际的锁定轨温（该数值还会随着轨温的变化而变化），这样在高温时进行了应力放散，低温时将会引起更为严重的位移，也要进行放散，不易清楚掌握道岔的实际锁定轨温。所以，把观侧桩布置在道岔范围内显然是不科学的。爬行观测桩的设置应主要用于观测钢轨的爬行量，以计算因爬行而引起的实际锁定轨温变化。

观测桩若布置在道岔前后 25 m 处，对于 12 号道岔，两观测桩的间距约为 93 m；若两组道岔对接，这将共用一个观测桩，该观测桩宜设置在两组道岔中间，两观测桩间距约为 75 m。

2. 观测误差的影响

观测误差大小与观测方法、观测手段等因素有关。准直仪的观测误差为 1 mm，两观测桩的累计误差为 2 mm。为了控制因观测误差而造成过大的实际锁定轨温误差，宜增大观测桩的间距。测标法的检测误差通常可以控制在 4℃ 左右，参照此，将观测桩法的检测误差也控制在 4℃ 左右，则最小桩距应为

$$L = \frac{\Delta L}{\alpha \Delta t} = \frac{84.7 \times 2}{4} = 42.35 \ (\text{m}) \tag{2.12}$$

　　因此，观测桩的设置宜保证桩距大于 45 m，否则将会由于桩距过短造成检测误差过大而失去了指导养护维修的参考价值。

　　3. 列车制动地段

　　经验表明，列车进站停车时因需要减速，而在进站道岔前将会频繁制动，进站道岔因承受过大的制动力而产生较严重的爬行，实际锁定轨温也将产生较大的变化。为了更好地控制锁定轨温的变化，在进站道岔前列车频繁制动地段宜设置观测桩。

　　总之，在无缝道岔的观测桩布置中注意以下几个问题：

　　（1）观测桩是用于观测钢轨由于爬行而造成的不均匀位移来确定由于爬行而引起的实际锁定轨温变化的，因此观测桩宜布置在道岔前后 25 m 处，钢轨位移不受轨温变化、附加温度力等因素的影响。在两组道岔对接时，共用观测桩宜布置在两道岔中间。

　　（2）受观测误差的影响，观测桩间距宜大于 45 m。

　　（3）为便于掌握道岔的爬行状况，在进站道岔前列车频繁制动地段宜布置一观测桩。

　　（4）在限位器、长心轨跟端处还应布置观测桩，用以观测基本轨、尖轨跟端、长心轨跟端的位移，同时测试轨温。此处所测得的轨温不参与实际锁定轨温变化的计算，但应与理论值进行比较，注意钢轨位移的突变及与理论计算的差异。若差异过大，实际锁定轨温可能已发生变化，要引起注意。

第三章　无缝道岔计算理论

　　无缝道岔除完成普通道岔的转向和跨越功能外，还要传递两端线路数以百吨计的温度力。道岔里侧轨线两端的受力状况是不同的，其一端承受巨大的温度力，而另一端近似为自由端（尖轨或可动心轨），相当于普通无缝线路的伸缩区。为了控制尖轨或可动心轨的位移以保证转换要求，通常在尖轨及心轨跟端设置相应的传力部件，与岔枕等部件一起使里侧轨的温度力向基本轨传递，致使基本轨承受附加温度力。因此，无缝道岔内各轨条间存在极为复杂的承力、传力和位移关系。而且由于长轨条在列车制动与启动较多的线路区段、长大坡道或变坡点附近容易产生不均匀爬行的现象（这种爬行一般会受到道岔的阻碍作用），导致道岔的受力变形规律更为复杂。

　　如何认识并掌握无缝道岔中钢轨受力与变形的复杂关系是无缝道岔设计、铺设和养护的难点。由于我国跨区间无缝线路起步较晚，无缝道岔这项关键技术还有待于进一步完善和成熟，所以，在应用中曾遇到了一些问题，如间隔铁破裂、长心轨爬行、转换卡阻、尖轨在冬季侧拱、联结螺栓受剪变形过大等，这反映了目前对无缝道岔中钢轨受力与变形机理还未完全弄清，致使结构设计、养护维修规程不尽完善。为了使无缝道岔里侧钢轨的伸缩位移、外侧钢轨的附加温度力、传力部件的受力均在容许范围内，确保无缝道岔的正常使用，必须发展无缝道岔计算理论。

第一节　无缝道岔计算理论的发展

　　目前，在欧洲已有部分国家铺设了不少无缝道岔。他们在铺设与焊接工艺上积累了许多成熟经验，并发展了一些无缝道岔计算理论，如国际铁道联盟委托欧洲铁道研究所研究了纵向列车荷载下无缝线路的爬行机理，建立了无缝道岔有限元分析模型等。但这些无缝道岔的年轨温差一般未超过90℃。日本虽在20世纪80年代末基于"两轨相互作用"原理分析了无缝道岔的受力变形，但未提出令人信服的计算理论与计算方程，除一组12号道岔外，至今尚未焊连无缝道岔。

　　国内近几年不少学者与专家提出了数种无缝道岔计算理论，比较有代表性的有：范俊杰教授基于非线性分析和力图叠加原理，建立了无缝道岔的当量阻力系数法计算理论；卢耀荣研究员运用"两轨相互作用原理"，建立了无缝道岔纵向力和位移的非线性阻力计算方法；陈秀方教授基于广义变分法原理，提出了一套无缝道岔的计算理论。此外，还有一些简易算法，如许实儒教授建立的固定辙叉无缝道岔超静定结构二次松弛法；田时超教授级高工建立的可动心轨无缝道岔隔离体计算法等。

　　以上这些计算理论均是对无缝道岔受力与变形的一种近似模拟仿真，对无缝道岔的设计及养护维修提供了很好的指导作用。但这些理论都不同程度地存在着不足之处，如所考虑的影响因素不够全面，无法有效地仿真无缝道岔在各种使用条件下的受力与变形；部分计算假定与实际情况有一定的出入；设计参数的取值准则及试验研究还不够完善；无缝道岔检算项目、岔前稳定性检算方法、部分检算指标还未统一等。下面将对以上各种主要的无缝道岔计算理论作简单介绍和分析比较，以推动各理论不断完善。

一、国外无缝道岔计算理论

　　德国于 1950 年开始尝试将道岔与无缝线路焊接在一起，并于 1982 年发表了有关无缝道岔理论计算方面的论文，提出基本轨温度力峰值约为固定区温度力的 $1.2 \sim \sqrt{2}$ 倍。而法国在无缝道岔设计中该值采用 1.4。20 世纪 90 年代，欧洲铁路联盟基于有限单元法建立了比较完善的无缝道岔计算理论。

　　日本于 1980 年开始研究用 16Cr-16Mn 焊条的强制成型电弧焊接锰钢辙叉与普通钢轨，并在 1985—1986 年，改进了压屈试验装置，将两端固定总长为 60 m 的道岔轨道通过电流加热进行试验，测出了道岔与无缝线路焊接成一体时所产生的纵向力分布。日本基于两轨相互作用原理进行计算，认为在尖轨跟端附近出现纵向力峰值，该峰值与固定区温度力的比值采用 1.35 较为合理。

　　日本线路构造研究室柳川秀明、三浦重等提出了无缝道岔的二轨相互作用计算方法，该方法主要通过对基本轨和导轨间传输力 F 的计算，即

$$F = k(\delta_3 - \delta_1) \tag{3.1}$$

式中　　k——约束弹性模量；

$$\delta_3 = \frac{P_t^2 - F^2}{2EAr}$$——导轨纵向位移量；

$\delta_1 = \dfrac{F^2}{8EAr}$ ——基本轨压缩或拉伸变形量；

A——钢轨截面积；

r——轨道纵向阻力。

因计算 F，δ_3，δ_1 共有三个未知变量，运用所列三个平衡条件，通过试算能够求解。求得 F 后，再按基本轨上的拉压变形量相等及轨道阻力为 r 将 F 分配。

该方法对于无砟道岔是适用的，但在有砟道岔中导轨位移施加的纵向力不会全部传至基本轨（导轨位移首先通过岔枕将纵向力传递至道床，道床承受纵向力，只当道床纵向阻力不足以与导轨纵向力平衡时，导轨带动岔枕位移，才通过扣件将部分纵向力传递至基本轨上），所以该方法对两轨纵向力的处理不严密。此外，该方法中所采用的阻力函数为

$$r = r_0 \frac{y}{y+a} \tag{3.2}$$

当轨道位移量 $y=0$ 时，$r=0$，用这一阻力函数计算基本轨附加纵向力和位移量不收敛，计算所得纵向力分布图与实测结果相比有明显差异。

二、当量阻力系数法[8～11]

（一）当量阻力系数法基本原理

当量阻力系数法是先计算无缝道岔里轨的伸缩位移，其基本计算思路是：里轨两端承受的温度力不同，其中部分温度力将通过道岔部件传递给基本轨，另一部分则在克服了各种阻力之后转化为里轨的伸缩位移，然后基于非线性分析和力图叠加原理，计算基本轨的附加温度力。两者在计算中均要用到各种阻力参数。

1. 无缝道岔计算参数

（1）辙跟阻力。辙跟结构是道岔尖轨与基本轨间的重要传力部件，一般有螺栓间隔铁结构和限位器结构。辙跟阻力具有双重作用，既可以阻止尖轨伸缩，也可传递温度力给道岔基本轨。螺栓间隔铁结构的摩擦阻力是通过拧紧辙跟联结螺栓来实现的，可根据螺栓扭矩、直径、螺栓数来计算该摩擦阻力 P_m。

限位器辙跟结构在我国提速道岔中被普遍采用。其计算假定为：在限位器子母块贴靠以前，辙跟不限制钢轨伸缩，辙跟摩擦阻力 $P_m = 0$；当子母块贴靠后，将完全阻止道岔里股钢轨伸缩，里轨被锁定。

当可动心轨辙叉具有长翼轨时，长翼轨与可动心轨后面的钢轨之间也有螺栓间隔铁相连，其摩擦阻力为 P_N。在巨大的温度力作用下，单靠间隔铁的摩擦阻

力是无法保证翼轨与心轨之间不产生相对位移的，因此连接翼轨间隔铁的高强度螺栓要承受剪力。通常螺孔与螺杆之间的间隙为 3 mm，可把螺栓被剪弯的矢度为 2 mm 时的抗剪力作为高强度螺栓抗剪弯力的限值（该值经试验确定）。

（2）道床纵向阻力。为计算与使用方便，在无缝道岔计算中采用单位岔枕长的道床纵向阻力作为计算参数。因道床纵向阻力离散性较大，与道床材质、饱满程度、密实与脏污状态、道床尺寸等诸多因素有关，所以取岔枕位移 2 mm 时的单位枕长道床纵向阻力作为计算值 r_0（该值为常量）。木岔枕 r_0 取 21 N/cm，混凝土岔枕 r_0 取 32 N/cm。

在无缝道岔计算中，里外轨温度力及位移需分开计算，因而必须确定各轨线的单位道床纵向阻力 p_0。根据各轨线下岔枕的分段长度，按下式计算 p_0：

四轨线岔枕：

里侧轨线　　　$p_0 = \dfrac{r_0}{2a}(l - b)$

外侧轨线　　　$p_0 = \dfrac{r_0}{2a}(L - l + b)$

二轨线岔枕：

$$p_0 = \frac{r_0 L}{2a} \tag{3.3}$$

式中　　L——岔枕长度；

　　　　a——岔枕间距；

　　　　l——道岔最外侧两股钢轨中心间距；

　　　　b——道岔相邻里外侧钢轨间距。

（3）岔枕换算阻力。当无缝道岔直侧股均与无缝线路长轨条焊连时，道岔基本轨处于无缝线路固定区，基本轨无伸缩位移。若钢轨扣件足够强，基本轨相当于岔枕的支点，而道岔里股钢轨（尖轨及其连接轨）由于一端承受温度力（钢轨相当于无缝线路伸缩区钢轨），要产生伸缩位移，从而通过扣件带动岔枕发生弯曲变形，如图 3.1 所示。引起岔枕弯曲变形的力 ΔP_t 与岔枕里股钢轨处的弯曲矢度 f 之间的关系为

$$f = \frac{\Delta P_t}{6EJ}(3lb^2 - 4b^3)$$

$$\Delta P_t = \frac{6EJ}{3lb^2 - 4b^3}f = K_1 f \tag{3.4}$$

式中　　EJ——岔枕横向抗弯刚度；

　　　　K_1——直侧股均焊连时，岔枕横向水平当量刚度。

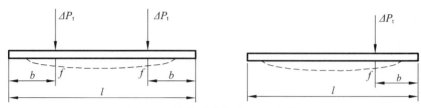

图 3.1　岔枕受力与变形示意图

若无缝道岔只在直股与无缝线路长轨条焊连,则四股钢轨岔枕受力如图 3.1 中右端所示,ΔP_t 与岔枕里股钢轨处的弯曲矢度 f 之间的关系为

$$f = \frac{\Delta P_t}{3EJl}(lb - b^2)^2$$

$$\Delta P_t = \frac{3EJl}{(lb - b^2)^2} f = K_2 f \qquad (3.5)$$

式中　K_2——仅直股焊连时,岔枕横向水平当量刚度。

岔枕弯曲刚度既可阻止里轨自由伸缩,又能把部分温度力传递给基本轨,因而岔枕刚度也可理解为是一种道岔钢轨之间的联结阻力。全焊情况下,通过岔枕传递到基本轨上的附加温度力即为 ΔP_t;半焊情况下,传递至直、侧基本轨上的附加温度力为:

侧股　　　　　$\Delta P_{t1} = \dfrac{b}{l}\Delta P_t$

直股　　　　　$\Delta P_{t2} = \dfrac{l-b}{l}\Delta P_t$ $\left.\rule{0pt}{36pt}\right\}$ $\qquad (3.6)$

将 ΔP_t 作为道岔里轨位移阻力时,可得到由于岔枕的弯曲刚度而形成的单位换算阻力 p_a,该阻力与里轨伸缩位移相关,即

$$p_a = \frac{\Delta P_t}{a} \qquad (3.7)$$

(4)扣件阻矩换算阻力。无缝道岔的里股钢轨一端承受温度力作用时,该钢轨与基本轨间产生相对位移,扣件阻矩将参与阻止这种相对位移而形成扣件换算阻力。该阻力也是里轨与基本轨间的联结阻力,既阻止里轨自由伸缩,也传递温度力给基本轨。扣件阻矩 M 与相应作用力 $\Delta P_t'$ 间的关系为

$$\Delta P_t' = \frac{2M}{b} \qquad (3.8)$$

根据试验结果,扣件阻矩 M 取为定值,对弹条Ⅰ型扣件,M 取值 650 N·m;对弹条Ⅱ、Ⅲ型扣件,M 取值 1 020 N·m。同样,可得到单位轨长扣件阻矩换算阻力为

$$p_b = \frac{\Delta P_t'}{a} = \frac{2M}{ab} \tag{3.9}$$

（5）扣件推移阻力。钢轨沿垫层滑动致使扣件纵向阻力达到极限时的值称为扣件的推移阻力，用 P_c 表示。表 3.1 中的数值是根据测试所得到的。

表 3.1　扣件推移阻力

扭矩（N·m） ＼ 扣件类型	弹条 I 型扣件	弹条 II 型扣件	弹条 III 型扣件
80	9.0	9.3	16.0
150	12.0	15.0	

钢轨单位当量纵向阻力 p 由道床纵向阻力、岔枕弯曲刚度换算阻力、扣件阻矩换算阻力组成，并随岔枕位置的不同而不同。当 p 大于扣件单位推移阻力 $p_c = P_c/a$ 时，则道岔里股钢轨将沿轨下垫板滑移，这时应取 $p = p_c$ 进行计算，在计算每个岔枕上的 p 值时均应作上述检验。

2. 无缝道岔里轨伸缩位移的计算

根据道岔结构，无缝道岔里轨归纳为连续型轨条和非连续型轨条两种类型。连续型轨条是指从辙跟至岔后钢轨可视为一根连续钢轨，如固定辙叉道岔，长翼轨与心轨采用胶接联结时的可动心轨道岔（长翼轨与心轨采用高强度螺栓联结，是 3 mm 螺栓孔隙已完全被克服后的可动心轨道岔）。连续型轨条末端温度力与区间线路相同，前端即为辙跟阻力。

非连续型轨条是指在翼轨处断开，辙跟至翼轨末端视为一根短轨条，心轨至岔后视为连续型轨条，如短翼轨可动心轨道岔，长翼轨与心轨采用高强度螺栓联结（螺栓孔隙未被克服）的可动心轨道岔。两种类型的轨条伸缩位移计算方法有所差别。

（1）连续型轨条伸缩位移计算。由于里轨单位当量纵向阻力 p 不仅随岔枕位置的不同而变化，而且还随里轨伸缩位移 f 的变化而变化。计算中假设岔枕间隔 a 范围内的 p 值为常量，这样里轨温度力图将呈折线形。先假定里轨伸缩范围为 x，共 n 个枕跨，第 n 个枕跨末端温度力为 P_t，采用叠代法从第 n 个枕跨计算至第一个枕跨。

由位移平衡条件，第 n 个枕跨的伸缩位移 f_n 为

$$f_n = \frac{\Omega_n}{EA} = \frac{a^2 p_n}{2EA} \tag{3.10}$$

式中　　Ω_n——温度力图上第 n 个枕跨释放掉的面积；

E —— 钢轨弹性模量；

A —— 钢轨截面积。

由于 p_n 中也包含有 f_n，因而可求得 f_n 为

$$f_n = \frac{ar_0(l_n - b_n)/2 + 2Ma/b_n}{2EA - K_{1n}a} \tag{3.11}$$

对于半焊情况，式中 K_{1n} 更换为 K_{2n}，将 f_n 回代至 p_n 中，若 $p_n > p_c$，则令 $p_n = p_c$，代入式（3.10）中重新计算 f_n，则第 n 枕跨端部温度力为

$$P'_n = P_t - P_n = P_t - ap_n \tag{3.12}$$

然后计算第 $n-1$ 个枕跨的 f_{n-1}，p_{n-1}，P_{n-1}，由位移协调关系有

$$f_{n-1} = f_n + \frac{\Omega_{n-1}}{EA} = f_n + \frac{(P_n + P_n + ap_{n-1})a}{2EA} \tag{3.13}$$

同样，p_{n-1} 中含有 f_{n-1}，可求得 f_{n-1}，继而得到 p_{n-1} 和 P_{n-1}。依次计算至第一枕跨的 f_1，p_1，P_1，由辙跟（或限位器）距第一个枕的距离为 a'，可得到该处温度力 P_0 为

$$P_0 = P_1 + p_1 a' \tag{3.14}$$

若 $\left| P_t - P_0 - P_m \right| \le \dfrac{P_c}{2}$，即可停止试算；否则增大或减小 x，确保满足辙跟阻力条件。

当辙跟为限位器时，按 $P_m = 0$ 进行计算。当辙跟处钢轨伸缩位移超过限位器子母块间隙时，按该处伸缩位移等于限位器子母块间隙进行控制。固定辙叉半焊道岔里轨各点位移按承受 $P_t/2$ 温度力计算。

（2）非连续型轨条伸缩位移的计算。非连续型轨条中翼轨至岔后钢轨的受力情况及伸缩位移计算方法与连续型轨条相同，只是计算参数不同。此处主要介绍辙跟至翼轨这段轨条如何计算。

当道岔轨温升降时，短轨也要伸缩，但它两端的伸缩方向不同，且温度力图也会随轨温变化幅度的增加而由曲边梯形变成曲边三角形。同样，短轨范围内的单位当量位移阻力也不是常数。为便于计算，也需要把每个岔枕的单位当量位移阻力作为岔枕间隔范围内的常量阻力分段进行计算。

设短轨长度共有 H 个枕跨，辙跟端部伸缩范围为 M 个枕跨，翼轨末端伸缩范围为 N 个枕跨，M 与 N 之和不大于 H。采用试算法进行计算，首先采用连续型轨条伸缩位移计算理论，计算出 M 和 N 值，若 $M + N \le H$，则短轨条温度力图呈曲边梯形。

若 $M+N>H$，则短轨条温度力图呈曲边三角形，此时需要求出曲边三角形顶点位置 G，即短轨条两端不同伸缩位移的分界点以及 G 点温度力的大小。设该点伸缩位移为零，其温度力及位置为未知量，先按扣件推移阻力梯度求出 G 点的大致位置，然后再进行试算。试算中，先假定 G 点位置，再从 P_t 开始逐渐降低 G 点温度力，直至达到短轨条两端最大阻力。若满足短轨条两端阻力条件，即为计算结果；否则改变 G 点位置，重新试算，直到满足短轨条端部阻力条件为止。

在长翼轨可动心轨道岔中，当翼轨末端和翼轨之后的道岔里轨的伸缩之和达到了间隔铁螺栓允许的活动空隙时，道岔里轨变成连续型里轨，此时，可按连续型轨条计算之后的伸缩量与前面算得的伸缩量叠加便可得到里轨最终的伸缩位移。

3. 无缝道岔基本轨附加温度力的计算

当轨温升降时，道岔里轨承受的温度力将通过道岔的有关部件部分地传递给基本轨，成为基本轨的附加温度力。温度力由里轨传到基本轨的途径及规律如下：

（1）附加温度力的传递途径。辙跟是尖轨与基本轨联结的主要部件，道岔里轨的部分温度力将通过辙跟传递给基本轨。对于螺栓间隔铁辙跟结构，基本轨与尖轨跟之间将产生摩擦阻力 P_m，里轨以集中力的形式将其传递给基本轨，成为基本轨附加温度力的一部分。对于限位器辙跟结构，当轨温升降幅度较小时里轨伸缩位移不大，限位器子母块未贴靠，辙跟不传递温度力。当轨温升降幅度较大时，限位器子母块接触，这时辙跟将会把里轨增长的温度力全部传递给基本轨，所传递的温度力为

$$P'_m = EA\alpha\Delta t' \qquad\qquad （3.15）$$

式中　　$\Delta t'$——限位器子母块接触后轨温变化幅度。

岔枕是道岔里轨与基本轨之间又一主要联结部件，只有四轨线岔枕才能把部分温度力由里轨传递到基本轨，其传递的主要途径是通过岔枕弯曲刚度来实现。所传递的温度力大小参见图 3.1 中的 ΔP_t。

当道岔里轨与基本轨之间产生相对位移时，道岔钢轨扣件将通过其阻矩把里股钢轨的部分温度力传递给基本轨，所传递的温度力大小可由式（3.8）算出。二轨线上也有通过扣件阻矩所传递的温度力，只是其数值较小，一般可忽略不计。

（2）基本轨附加温度力的计算。里轨通过辙跟、岔枕、扣件逐点把温度力传递给基本轨，而基本轨在承受这些附加温度力的同时还要产生位移或有位移

趋势，这时道床纵向阻力也将发挥作用，通过岔枕把阻力 Q 也作用在基本轨上，其大小为 p_0a 。

在辙跟或限位器相对的基本轨上，只作用有辙跟摩擦阻力或限位器作用力，因此辙跟点上的附加温度力为：

$$\left.\begin{array}{ll}\text{间隔铁辙跟结构}\quad & \Delta P_0 = P_m \\ \text{限位器辙跟结构}\quad & \Delta P_0 = 0\ \text{或}\ \Delta P_0 = P'_m \end{array}\right\} \tag{3.16}$$

基本轨的岔枕点上作用有岔枕弯曲刚度、扣件阻矩所传递的温度力，还承受有道床纵向阻力，因此岔枕点上附加温度力为：

$$\left.\begin{array}{ll}\text{四轨线岔枕}\quad & \Delta P_i = \Delta P_t + \Delta P'_t - Q \\ \text{二轨线岔枕}\quad & \Delta P_i = \Delta P'_t - Q \end{array}\right\} \tag{3.17}$$

计算中需要注意：所传递的温度力及道床纵向阻力的方向；各岔枕点上的最大附加温度力不得超过扣件推移阻力 $P_c - Q$ 。

（3）基本轨附加温度力的分布。由道岔里轨传到基本轨上的附加温度力都是以集中力的形式作用在辙跟及岔枕点上的。根据不同的情况，所引起的基本轨附加温度力也不同。

只有一个集中纵向力作用在基本轨上时，其附加温度力形成拉压面积相等的形状，如图 3.2（a）所示，附加温度力大小为 $P/2$ ，三角形的坡度为基本轨单位道床纵向阻力。

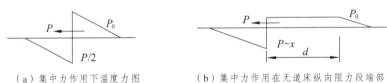

（a）集中力作用下温度力图　　　　　（b）集中力作用在无道床纵向阻力段端部

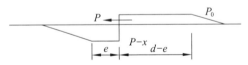

（c）集中力作用在无道床纵向阻力段中部

图 3.2　集中力的三种不同的作用形式

当道岔基本轨上有一段钢轨无道床纵向阻力作用时，集中纵向力作用在基本轨上，其温度力分布如图 3.2（b）所示，图中 d 为无道床纵向阻力作用的轨长，此时 P 分配至拉压区的比例不相等。由拉压力图形面积相等的原则，可求得作用在拉力区的数值 x 为

$$x = \frac{P^2}{2(p_0 d + P)} \tag{3.18}$$

若用岔枕间隔 a 表示长度，则 $d = n$，其中 n 为无道床纵向阻力作用的枕跨数。当集中纵向力 P 作用在 d 段中部时，其纵向力分布如图 3.2（c）所示，作用力前段长度为 $e = ia$，后段长度为 $d - e$，i 为作用力前段无道床纵向阻力枕跨数。同样，由拉压区面积相等的原则，可得

$$x = \frac{P^2 + 2p_0 Pia}{2p_0 na + 2P} \tag{3.19}$$

式（3.19）中已考虑了道床纵向阻力的作用，因此，无缝道岔中附加温度力传递的最大作用范围为辙跟到最末一根四轨线岔枕处，该范围内的钢轨可视为无道床纵向阻力的钢轨。

将辙跟及各岔枕点上所引起的附加温度力逐点计算并采用图 3.3 所示方法叠加，即可得到基本轨附加温度力的分布。

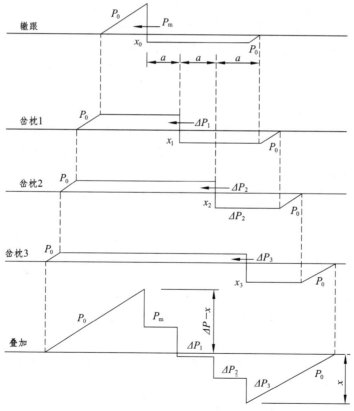

图 3.3 $n = 3$ 时基本轨附加温度力计算过程

图 3.3 中，各附加温度力采用下式进行计算，即

$$\left.\begin{array}{l}
\Delta P = P_m + \displaystyle\sum_{i=1}^{n} \Delta P_i \\[4mm]
X = -\left(x_0 + \displaystyle\sum_{i=1}^{n} x_i\right) \\[4mm]
x_0 = \dfrac{P_m^2}{2(nap_0 + P_m)} \\[4mm]
x_i = \dfrac{\Delta P_i^2 + 2\Delta P_i\left(ip_0 a + \displaystyle\sum_{k=0}^{i-1}\Delta P_k - \displaystyle\sum_{k=0}^{i-1} x_k\right)}{2\left(nap_0 + \displaystyle\sum_{k=0}^{i}\Delta P_k\right)} \\[6mm]
\Delta P_0 = P_m
\end{array}\right\} \qquad (3.20)$$

从图 3.3 中可见，固定区基本轨附加温度力仍遵循着拉压区面积相等这一原则。若某岔枕点附加温度力与辙跟或第一点附加温度力方向相反，则取负号。若基本轨上各传力点传力方向相同，则叠加后的极值点在传力范围的始、终点。根据图 3.3 中叠加后的基本轨附加温度力图形，可计算基本轨伸缩位移。

（二）计算理论分析

1. 当量阻力系数法的特点

（1）当量阻力系数法的计算思路和计算方法清晰、简化，抓住了无缝道岔受力、传力及变形的主要特征，引入当量阻力概念表征各种影响因素，可采用无缝线路的基本原理进行计算。

（2）分别计算里轨及基本轨的温度力和变形，两钢轨间作用力传递机理明显，易于理解，计算较简单。

（3）对道床、扣件、限位器、间隔铁阻力特性及计算参数等进行了较多的研究，提出了扣件推移阻力、传力部件阻力的双重特性等，对弄清无缝道岔的受力及变形规律十分有益。

（4）考虑了全焊与半焊、不同的道岔辙跟及辙叉结构型式、两道岔对接与单组道岔、不同的升温幅度及不同的阻力情况等对无缝道岔受力及变形规律的影响。

该理论曾指导过多组无缝道岔的铺设，为更为完善的无缝道岔计算理论的建立提供了许多有益的参考。

2. 当量阻力系数法计算理论的完善

（1）里轨通过岔枕弯曲所传递的作用力偏大。本计算理论认为，当里轨位移为 f 时，岔枕在该处所受的作用力为 $\Delta P_t = Kf$，受扣件推移阻力的限制，该作用力与扣件阻矩、道床纵向阻力之和不会超过扣件极限阻力 R_c 。而岔枕弯曲后传递至基本轨上的作用力为 $\Delta P = \Delta P_t + \Delta P'_t - Q \leqslant R_c - Q$ 。这样岔枕在里轨及外轨处所受的作用力是不平衡的。这是由于里轨通过岔枕弯曲所传递的作用力计算方法造成的，所以宜采用下列计算方法，即

里轨所受作用力为：$(p_0 + p_a + p_b)a \leqslant R_c$ ；

岔枕在里轨处所受道床纵向阻力为：$p_0 a$ 。

里轨通过岔枕弯曲所传递的作用力为 $\Delta P' = (p_a + p_b)a \leqslant R_c - p_0 a$ ，即里轨传递给基本轨的作用力不超过扣件极限阻力减去里轨下的道床纵向阻力，而本计算理论未考虑里轨下的道床纵向阻力。

岔枕在外轨处所受道床纵向阻力为：$Q = p'_0 a$ ；

外轨所受作用力为：$\Delta P' - Q \leqslant R_c - Q$ 。

里轨通过岔枕弯曲所传递的实际作用力要小于不考虑里轨下道床纵向阻力时所传递的纵向力。当里轨所受作用力为扣件推移阻力时，外轨所受作用力应为

$$\Delta P = R_c - Q - Q' \tag{3.21}$$

式中　　Q'——里轨处道床纵向阻力，计算中应注意里外轨伸缩位移及道床纵向阻力方向。

由此可见，只有基于岔枕受力平衡的原则，才能得到正确的里轨通过岔枕传递至基本轨上的作用力，该作用力中包含了岔枕的弯曲作用（K）、岔枕的偏转位移（Q 及 Q'），才能符合实际情况。

（2）限位器子母块可变形，也可随尖轨及基本轨纵向移动。本计算理论认为，当限位器子母块未贴靠前，限位器不传递作用力。设限位器子母块开始贴靠的轨温变化幅度为 Δt_x ，当轨温变化继续增大至 Δt 时，限位器所承受的作用力为

$$P_x = (\Delta t - \Delta t_x)EA\alpha \tag{3.22}$$

该假定与实际情况有一定差异：

当里轨产生伸缩位移带动限位器子块移动时，基本轨由于受到里轨所传递的温度力作用，在辙跟处也将产生伸缩位移并带动限位器母块移动，因此限位器开始承受作用力的标准应为限位器子母块的相对位移达到限位值。本计算理论中所采用的计算假定将导致里轨伸缩位移计算值偏小，限位器作用力偏大，相应地导致基本轨附加温度力增大，基本轨伸缩位移增大。

此外，限位器阻力试验表明，其刚度并非无穷大，阻力与子母块的相对位

移大致成比例关系，这样子母块的相对位移将有可能大于限位值。间隔铁阻力试验也表明，其阻力与所联结的两钢轨相对位移也大致成比例关系，若按常阻力计算，当轨温变化幅度较小时，里轨伸缩位移计算值偏小，反之则偏大。

（3）可动心轨道岔中间隔铁螺栓孔隙被克服后，仍不是连续型轨条。本计算理论认为，当轨温变化幅度为 Δt_j 时，可动心轨道岔心轨跟端与导轨末端的相对位移为间隔铁螺栓孔隙（3 mm），若轨温变化继续增大至 Δt 时，心轨与导轨成为一根连续型轨条，按类似于固定辙叉的连续型轨条进行计算。实际情况是，当间隔铁螺栓孔隙被克服后，即使间隔铁阻力刚度无穷大，心轨跟端与导轨末端仍存在 3 mm 的位移差，只是温度力是连续变化的。此时可采用迭代法求解间隔铁阻力，其控制条件是心轨跟端与导轨末端的相对位移为 3 mm。以 60 kg/m 钢轨 12 号可动心轨提速道岔全焊为例，两种计算理论的差异如图3.4、图 3.5 和图 3.6 所示。

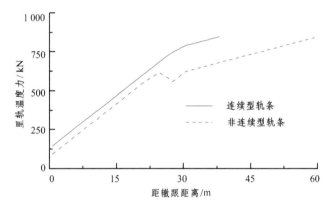

图 3.4　两种类型轨条里轨温度力比较

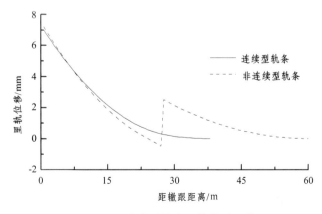

图 3.5　两种类型轨条里轨位移比较

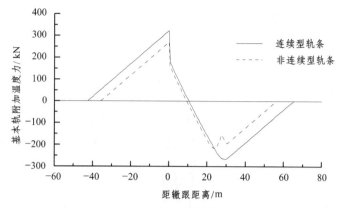

图 3.6　两种类型轨条基本轨附加温度力比较

由此可见，采用连续型轨条计算间隔铁螺栓孔隙后的受力与变形，将导致间隔铁、限位器螺栓受力和基本轨附加温度力偏大，心轨尖端位移计算值偏小。

（4）由于道床纵向阻力的塑性特性，力图叠加法原理并非在任何情况下均适用。在求解基本轨附加温度力时，本计算理论采用的是力图叠加法原理。由于道床纵向阻力的塑性特性，力图叠加法只有当各岔枕传递给基本轨的作用力方向相同时才适用，若其中存在反向作用力，将导致基本轨正负面积不相等，计算结果存在偏差，这种偏差将随着反向作用力的增大而增大。

此外在半焊情况下，本计算理论忽略了侧股里轨温度力及伸缩位移对基本轨附加温度力的影响，认为侧股短轨会发生反向伸缩位移，因而传递至基本轨上的温度力也是反向的，忽略侧股短轨及岔枕偏转的影响，计算结果是偏于安全的。在半焊情况下的固定辙叉无缝道岔计算中，当量阻力系数法认为：里轨温度力通过固定辙叉向尖轨跟端传递时，仅有 $P/2$ 传递至直导轨上，而另 $P/2$ 传递至曲导轨上，并忽略其影响，各计算结果均较同号码的可动心轨道岔偏低，而实际情况是固定辙叉的断面积较 2 倍钢轨断面积略大，其温度力应为 2P。

3. 当量阻力系数法计算功能的深化研究

当量阻力系数法可用于求解单组道岔、两道岔对接时（同向对接或全焊情况下两道岔异向对接）无缝道岔的受力与变形，而对道岔群中的另外两种联结形式，即两道岔顺接（同向或异向）、渡线道岔以及半焊情况下两道岔异向顺接时无缝道岔的受力与变形就不能采用现有的计算理论求解。需要研究在新的计算条件下，即基本轨一端为伸缩区，另一端为固定区时基本轨的受力与变形，此情况下也不能采用基本轨拉压面积相等、力图叠加法求解。

当道岔区内直侧股全焊接，而道岔后侧股线路为普通线路时，采用现有的当量阻力系数法也不能求解，同前述的情况一样，需研究一端为伸缩区的基本轨温度力计算方法。

三、基于非线性阻力的两轨相互作用法[16~20]

（一）基于非线性阻力的两轨相互作用法计算原理

道岔与无缝线路直接连接，随着轨温的变化，导轨将克服阻力而伸缩。由于导轨与基本轨通过螺栓、间隔铁或岔枕、扣件等联结件组成一平衡体系，因而导轨的伸缩通过联结件和岔枕对基本轨施加纵向力使基本轨产生位移，导致道岔区钢轨纵向力的变化，最终达到力的平衡状态。在这一力学平衡体系中，导轨需要克服的阻力包括线路纵向阻力、导轨与基本轨间的相互作用力、限位器、间隔铁及辙叉阻力等。基本轨所承受的外力包括线路纵向阻力、导轨与基本轨间的相互作用力以及限位器、间隔铁阻力等。

1. 计算假定

尖轨自由伸缩，计算中不考虑尖轨对整个道岔区钢轨纵向力分布的影响。

由于辙叉角较小（ 60 kg/m 钢轨 12 号固定型单开道岔辙叉角仅为 4°45′49″），故可认为导轨与长轨条平行，在此假设前提下，整个道岔区为一对称结构，在全焊情况下可按半个道岔区结构进行计算。

无缝道岔从锁定轨温开始一次升温或降温。计算基本轨的纵向力，暂不考虑其内在温度力，待计算得出结果后再与温度力叠加。

导轨伸缩对岔枕施加纵向力，基本轨及其联结件对岔枕起非线性约束作用，岔枕产生微量弯曲并相对基本轨产生转角很小（经计算其值不超过 10^{-4} rad ），故基本轨受力计算忽略微小转角所产生扣件阻矩的影响。

导轨、长轨条和基本轨的扣件及轨枕在道床中的纵向阻力为位移的非线性函数，在计算模型上以约束弹簧表示。

2. 可动心轨道岔计算原理

（1）计算模型。以铺设在超长无缝线路上的可动心轨道岔为例，图 3.7 为示意图。图中，a_1—a_3 和 a_2—a_4 分别为直、曲基本轨，o_1 和 o_2 为联结尖轨与基本轨的限位器，1—3 和 2—4 为长轨条，3—5 和 4—6 为翼轨和长、短心轨，两者之间用间隔铁锁定，假设无相对位移，5—7 和 6—8 为导轨，7—9 和 8—10 为尖轨。

道岔导轨与基本轨两轨相互作用时的计算模型如图 3.8 所示，升温与降温情况相似。设导轨、基本轨及岔枕的位移分别为 λ，δ 及 Δ。图中 P_t 为温度力，Q 为限位器阻力，r_1，r_3 分别为导轨和心轨、翼轨阻力，r_2，r_4 分别为基本轨

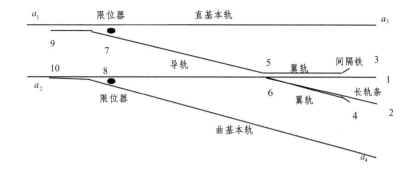

图 3.7　可动心轨道岔示意图

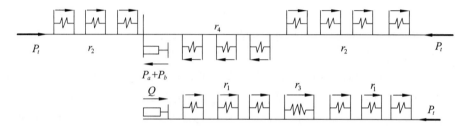

图 3.8　导轨与基本轨两轨相互作用时的计算模型

阻力及导轨通过岔枕、扣件对基本轨施加的纵向力。

（2）平衡方程。若可动心轨辙叉的翼轨加长并与心轨跟端用间隔铁锁定而不产生相对位移，则计算道岔导轨和基本轨纵向力和位移量的未知量各只有 2 个，运用以下四个平衡方程恰能求解。

作用于导轨上力的平衡方程为

$$r_1 \sum_{i=1}^{3} x_i + r_3 \sum_{i=3}^{5} x_i + r_1 \sum_{i=5}^{7} x_i + Q - P_t = 0 \tag{3.23}$$

限位器力的平衡条件为

$$H[\alpha(\lambda - \delta)]^n - Q = 0 \tag{3.24}$$

式中　　H，α——限位器阻力系数；

　　　　n——限位器阻力指数。

基本轨力的平衡条件为

$$r_2 \sum_{i=a_1}^{o_1} x_i - P_a - P_b - r_4 \sum_{i=o_1}^{k_1} x_i + r_2 \sum_{i=k_1}^{a_3} x_i = 0 \tag{3.25}$$

式中　　P_a，P_b——导轨通过间隔铁分别作用在间隔铁前和间隔铁后基本轨上的
纵向力。

P_a，P_b满足下式，即

$$P_a + P_b - Q = 0 \qquad （3.26）$$

基本轨受力平衡，必须满足作用于基本轨上的纵向力所产生的拉伸变形和
压缩变形相等，即

$$\sum \delta_i = 0 \qquad （3.27）$$

轨温变化时导轨伸缩，并通过岔枕对基本轨传递纵向力。由于此纵向力的
传递必须具备两个条件，即导轨的扣件纵向力大于岔枕在道床中的纵向阻力，
则导轨在岔枕上位移的同时带动岔枕在道床上位移，并且岔枕纵向位移量 Δ 大
于基本轨纵向位移量 δ，因而此纵向力仅限于一定长度范围内存在。此范围的
距离为 l_k（从限位器的中心至导轨和基本轨的 k 截面之间的距离），故在基本轨
k 截面处，其位移量 δ_k 与岔枕位移量 Δ_k 相等，作用在基本轨上的纵向阻力为零。
而超出 l_k 范围，基本轨位移量 δ 大于岔枕位移量 Δ，则作用于基本轨上的纵向
阻力改变方向。

因岔枕位移量与导轨位移量间存在以下关系

$$\Delta = \beta\lambda \qquad （\beta = 0.7 \sim 0.9，混凝土岔枕地段取 \beta = 0.8） \qquad （3.28）$$

基本轨与导轨位移相容平衡方程为

$$\delta_k = \beta\lambda_k \qquad （3.29）$$

若可动心轨辙叉的翼轨与心轨跟端未锁定，则两者有相对位移。而翼轨与
心轨的相对位移量未知，对应基本轨截面纵向力未知，相应未知量增加 2 个，
补充翼轨与心轨力的平衡方程及基本轨与心轨或长轨条位移相容方程可获得 6
个未知量的解。

（3）计算参数。将非线性阻力拟合成下式

$$r_i(x) = \omega(s - e^{-cy^\mu}) \qquad （3.30）$$

式中　　ω，s，c，μ——导轨或基本轨阻力系数，可根据实测资料回归分析计
算求得；

y——导轨或基本轨位移量。

（4）求解方法。采用的是龙格-库塔法求解微分方程组。取计算步长为 h，

钢轨弹性模量为 E ，钢轨截面积为 A ，用数值计算可求得离散结点上的纵向力 $P(x)$ 和位移量 $y(x)$ 。

把计算出的导轨和基本轨纵向力 $p(x)$ 、位移量 $y(x)$ 代入平衡方程中，可求出满足平衡条件的未知量。但有可能 k 的位置恰在座标原点或不存在，这意味着导轨仅通过限位器将纵向力传递至基本轨,而通过岔枕所传递的纵向力为零,故平衡方程（3.29）将改为

$$r_2 \sum_{i=a_1}^{o_1} x_i - P_a - P_b + r_2 \sum_{i=o_1}^{a_3} x_i = 0 \tag{3.31}$$

对于道岔群的纵向力和位移量的计算，上述原理和方法仍然适用，只不过需适当变更边界条件。

3. 固定辙叉道岔计算原理

（1）计算模型。全焊固定辙叉无缝道岔纵向力及位移量的计算模型如图 3.9 所示。侧股为普通线路时固定辙叉无缝道岔计算模型如图 3.10 所示。

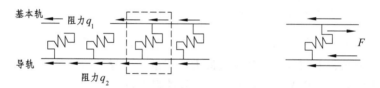

图 3.9　固定辙叉无缝道岔（侧股为无缝线路）计算模型

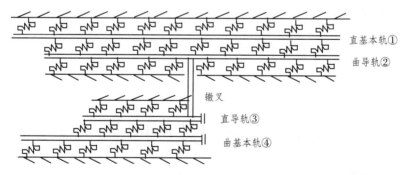

图 3.10　固定辙叉无缝道岔（侧股为普通线路）计算模型

（2）钢轨纵向力与位移的函数关系。取钢轨计算范围内的微分长度 Δx （见图 3.11），分析导轨、基本轨纵向力和位移的函数关系为

$$\Delta P_x = q\Delta x$$

即微分方程为

$$P_x = \int_0^x q \, \mathrm{d}x \tag{3.32}$$

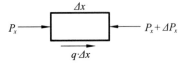

图 3.11　钢轨单元所受作用力

式中　ΔP_x——沿轨道长度钢轨纵向力增量；

　　　q——在轨道某一长度范围内作用的单位长度纵向阻力；

　　　x——座标原点至计算截面之间的距离；

　　　P_x——x 处钢轨纵向力。

轨道在 Δx 长度范围内的变形量为

$$\left. \begin{aligned} \Delta y &= \frac{P_x \Delta x}{EA} \\ y_x &= \int_0^x \frac{P_x}{EA} \, \mathrm{d}x \end{aligned} \right\} \tag{3.33}$$

（3）侧向为无缝线路的固定辙叉道岔计算方法。计算基本轨和导轨纵向力及位移量分布，未知量为：基本轨最大位移量 f_0、导轨最大位移量 f_1、基本轨及导轨纵向阻力作用范围 l_0 和 l_1 以及间隔铁阻力 Q。

根据基本轨、导轨力的平衡关系及位移条件，可建立以下方程：

基本轨位移量

$$f_0 = \frac{1}{EA} \int_0^{l_0/2} \left[\int_0^x q_1 \mathrm{d}x \right] \mathrm{d}x \tag{3.34}$$

导轨位移量

$$f_1 = \frac{1}{EA} \left\{ \int_0^{l_1} \left[\int_0^x q_2 \mathrm{d}x \right] \mathrm{d}x + \int_0^l \left[\int_0^x F \mathrm{d}x \right] \mathrm{d}x + Q_z \left(l + \frac{l_2}{2} \right) \right\} \tag{3.35}$$

间隔铁力的平衡条件

$$H[a(f_1 - f_0)]^n - Q = 0 \tag{3.36}$$

导轨力的平衡条件

$$\int_0^{l_1} q_2 \mathrm{d}x + \int_0^l F \mathrm{d}x + Q + Q_z - P_t = 0 \tag{3.37}$$

基本轨力的平衡条件

$$\int_0^{l_0} q_1 dx - Q - \int_0^l F dx = 0 \tag{3.38}$$

式中　　q_1——基本轨纵向阻力；

$\quad\quad\quad q_2$——导轨纵向阻力；

$\quad\quad\quad Q_z$——辙叉阻力；

$\quad\quad\quad F$——导轨与基本轨间的相互作用力；

$\quad\quad\quad P_t$——钢轨温度力；

$\quad\quad\quad l$——辙叉至尖轨跟端的距离；

$\quad\quad\quad l_2$——辙叉长度；

$\quad\quad\quad H$，a，n——间隔铁阻力系数。

（4）侧向为普通线路的固定辙叉道岔计算方法。计算侧股为普通线路的固定辙叉道岔基本轨和导轨纵向力及位移量分布，未知量共 10 个，其中包括：尖轨跟端基本轨①及②的位移量 f_{01}，f_{02}，导轨③及④的最大位移量 f_1，f_2，基本轨①和②及导轨③和④的纵向阻力作用范围 l_{01}，l_{02} 及 l_1，l_4，直侧股间隔铁阻力 Q、Q'。

根据基本轨和导轨力的平衡关系及位移条件，可建立以下方程：

基本轨位移量

$$f_{01} = \frac{1}{EA} \int_0^{l_{01}/2} \left[\int_0^x q_1 dx \right] dx \tag{3.39}$$

$$f_{02} = \frac{1}{EA} \left\{ \int_0^{l_{02}} \left[\int_0^x q_2 dx \right] dx + \int_0^l \left[\int_0^x F dx \right] dx + Q'\left(l + \frac{l_2}{2} \right) \right\} \tag{3.40}$$

导轨位移量

$$f_1 = \frac{1}{EA} \left\{ \int_0^{l_1} \left[\int_0^x q_2 dx \right] dx + \int_0^l \left[\int_0^x F dx \right] dx + (Q_z + F_1)\left(l + \frac{l_2}{2} \right) \right\} \tag{3.41}$$

$$f_2 = \frac{1}{EA} \left\{ P_t l_4 - Q' l_4 + \int_0^{l_4} \left[\int_0^x F dx \right] dx - \int_0^{l_4} \left[\int_0^x q_2 dx \right] dx \right\} \tag{3.42}$$

间隔铁力的平衡条件

$$H[a(f_1 - f_{01})]^n - Q = 0 \tag{3.43}$$

$$H[a(f_2 - f_{02})]^n - Q' = 0 \tag{3.44}$$

导轨力的平衡条件

$$\int_0^{l_3} q_2 \mathrm{d}x + \int_0^l F\mathrm{d}x + Q + Q_z + F_1 - P_t - P_0 = 0 \tag{3.45}$$

$$\int_0^{l_4} q_2 \mathrm{d}x + \int_0^{l_4} F\mathrm{d}x + Q' - \int_0^{l-l_4}(q_2 + F)\mathrm{d}x - F_1 = 0 \tag{3.46}$$

基本轨力的平衡条件

$$\int_0^{l_{01}} q_1 \mathrm{d}x - Q - \int_0^l F\mathrm{d}x = 0 \tag{3.47}$$

$$\int_0^{l_{02}} q_2 \mathrm{d}x + Q' + \int_0^l F\mathrm{d}x + P_0 - P_t = 0 \tag{3.48}$$

式中　　q_1——基本轨①纵向阻力；

　　　　q_2——基本轨②及导轨纵向阻力；

　　　　P_0——接头阻力。

（二）计算理论分析

1. 基于非线性阻力的两轨相互作用法的特点

考虑了基本轨与导轨间的两轨相互作用，抓住了无缝道岔受力及温度力传递的主要特点，并采用与桥上无缝线路中梁轨相互作用的类似计算原理，进行无缝道岔受力与变形计算，易于理解。

采用非线性阻力比采用常阻力更符合实际情况，且基本轨与导轨可以采用不同的线路阻力进行计算，可指导现场对无缝道岔中不同部位加强捣固。考虑了辙叉部位线路阻力与其他钢轨下线路阻力不同的情况。

考虑了道岔区直侧股全焊而道岔后侧股为普通线路这种焊接情况的计算方法。

考虑了全焊与半焊、不同的道岔辙跟及辙叉结构形式、两道岔对接与单组道岔、不同的升温幅度及不同的阻力情况等对无缝道岔受力及变形规律的影响。

对线路阻力、限位器、间隔铁阻力特性及计算参数等进行了较多的研究，对弄清无缝道岔的受力及变形规律十分有益。

该理论也曾指导过多组无缝道岔的铺设，为更为完善的无缝道岔计算理论的建立提供了许多有益的参考。

2. 基于非线性阻力的两轨相互作用法计算理论有待完善之处

（1）线路阻力的定义及参数取值有待于完善。

在无缝线路中一般要求扣件纵向阻力大于道床纵向阻力，因此线路阻力也即是道床纵向阻力。若在无缝道岔计算中，线路阻力也指的是道床纵向阻力，则暗示着扣件纵向阻力大于每股钢轨下的道床纵向阻力。根据无缝道岔中里轨伸缩的特点，在尖轨跟端附近的岔枕，由于里股钢轨下扣件纵向阻力与基本轨下阻力方向相反，里轨扣件纵向阻力可能会达到其极限阻力，因此影响里轨伸缩的阻力主要是扣件纵向阻力而不是岔枕阻力。因此，两轨相互作用法忽略了扣件纵向阻力的影响，将有可能导致里轨伸缩位移偏差。

本方法中以每股钢轨下线路阻力作为计算参数，但道岔中岔枕大多为四轨线，因此要单独测出每根钢轨的线路阻力是比较困难的。目前一般是采用先测出每根岔枕的阻力然后再分配至各钢轨上的办法确定各钢轨下道床纵向阻力。这种方法认为导轨位移量大于轨下岔枕位移量，为修正扣件极限阻力的影响，采用下列方法：基本轨与导轨相等点处，认为基本轨位移仅为导轨位移的 0.7～0.9 倍；对混凝土岔枕，取为 0.8。这只是一种相对简化的计算方法。

由于道岔中各岔枕长度不一样，因而道床纵向阻力也不一样，分配至各钢轨上的道床纵向阻力也应不同（这已被实践所证实），而两轨相互作用法中所采用的线路阻力未考虑岔枕长度变化的影响，只与钢轨位移有关，这与实际情况有差异。

以二次代数式表示的线路阻力中未考虑大位移的影响。当钢轨位移较大时，线路阻力将会降低，这与实际情况有所差异。可见，若采用二次代数式表示线路阻力，应规定其极限阻力限值，即钢轨位移大于某一数值时线路阻力不再发生变化或采用其他的拟合线形。

由于固定辙叉联结着两股钢轨，因此其线路阻力应作为两股钢轨的共同阻力，即在全焊情况下采用一股钢轨进行计算时应只考虑辙叉阻力的一半进行计算，否则该处线路阻力的变化梯度将过大。

（2）两轨相互作用力的取值方法有待完善。

本方法应用于可动心轨道岔计算时采用指数函数型导轨作用力，此作用力只与两轨相对位移大小有关系，而与岔枕位置无关，是通过测定岔枕的道床纵向阻力和扣件纵向阻力，然后按照相对位移量计算得到导轨通过岔枕、扣件对基本轨施加的纵向力。而应用于固定辙叉无缝道岔计算时采用的是与岔枕位置有关的线性阻力，是按照虚功原理，应用有限单元法所求得的两轨作用力与两轨间距、两轨位移差间的关系。两种方法的两轨相互作用力差别较大。

可动心轨无缝道岔计算中两轨相互作用力只作用在基本轨上，且在两轨相互作用的范围内，认为基本轨只承受两轨相互作用力，未再考虑基本轨下线路阻力是不够的，虽然此处两轨相互作用力中应包含有线路阻力，叠加线路阻力后即为修正后的两轨相互作用力。而导轨上未考虑两轨相互作用力的影响，在两轨相互作用的范围内只考虑了轨下线路阻力的影响，且该阻力大小与导轨上其他区域相同，同样存在不合理之处。固定辙叉无缝道岔计算中两轨相互作用力同时作用在基本轨和导轨上，大小相等，方向相反而且同时作用有轨下线路阻力。

两轨相互作用力应该同时作用于基本轨与导轨上，但其大小是很难通过数值计算和测试得到的。当量阻力系数法中岔枕弯曲所传递的作用力即为两轨相互作用力，它与两轨的伸缩位移及道床纵向阻力、扣件纵向阻力均有关系。在有限单元法中避开了直接采用两轨相互作用力进行计算。

可动心轨无缝道岔计算中认为：两轨相互作用范围是随轨温变化而变化的，并且这种变化只在辙跟至两轨位移相等点处，而在两轨位移相等点以后，则不是两轨相互作用范围，这同样与实际情况有偏差。固定辙叉无缝道岔计算中认为基本轨与导轨的相互作用范围为尖轨跟端至辙叉叉心的长度，辙叉叉心及其以后的长轨条范围内不存在两轨相互作用力。事实上，在辙叉及以后的长岔枕上，由于四轨线的作用，仍然存在两轨相互作用力，只是这种相互作用力相对较小。若忽略此范围内的两轨相互作用力，对计算结果也有一定影响。

按照有限单元法和当量阻力系数法的计算，从辙跟至四轨线最后一根长岔枕止，只要基本轨与里轨存在伸缩位移差，均会有两轨相互作用力通过岔枕及扣件传递。

（3）未知变量及平衡方程有待于完善。

无缝道岔中两轨相互作用计算方法是由桥上无缝线路梁轨相互作用原理变化而来的，但在未知量的确定及平衡方程的建立上还存在着一些不足之处。

当基本轨位于固定区时，若所受纵向力保持平衡，不一定能确保附加纵向力拉压面积相等。在可动心轨无缝道岔计算中所采用的未知变量有 4 个：基本轨伸缩附加力的作用范围（即为尖轨跟端前线路阻力作用长度、两轨相互作用长度、道岔后端线路阻力作用长度之和）、间隔铁阻力、两轨相互作用长度、心轨后端线路阻力作用长度。由此所建立的平衡方程为导轨纵向力平衡、间隔铁阻力平衡、基本轨纵向力平衡、两轨位移相等点位移协调，见式（3.23）~式（3.29）。而由两轨相互作用原理可知，未知变量应为 5 个，即基本轨附加力作用范围中存在两个未知变量，若只采用 4 个未知变量，满足上述平衡方程的解为无穷多组，无法满足在基本轨纵向力平衡的条件下拉压面积能相等。故应补充基本轨拉压面积相等，采用 5 个未知量求解。

固定辙叉无缝道岔计算中也采用了类似的求解方法，所不同的是将两轨相互作用范围（即从辙跟至辙叉叉心的距离）看作为常量，采用 3 个未知变量来求解（为便于计算，增加了辙跟处基本轨及导轨位移两个变量，这两个变量不是独立的，可以通过基本轨及导轨纵向阻力作用范围求出）。同样，还隐含补充了一个协调条件，即辙跟前纵向阻力作用范围与辙跟后纵向阻力作用范围相等，见式（3.34）和式（3.35），也未采用基本轨拉压面积相等这一条件，因而计算结果也存在着一定的偏差。

　　长翼轨可动心轨道岔中，若翼轨与心轨采用间隔铁联结，存在有两轨相对位移差。本方法认为长翼轨可动心轨道岔中翼轨末端的间隔铁是被锁定的，因而可以采用与固定辙叉无缝道岔相同的未知量及平衡方程求解。实践表明，翼轨与心轨间并非是完全锁定的，常常会产生相对位移。因此，还应补充翼轨与心轨联结处间隔铁阻力、翼轨末端位移这两个未知变量，并补充相应的间隔铁作用力平衡条件、心轨纵向力平衡条件，同时把原里轨作用力平衡条件改为导轨纵向力平衡条件。在此情况下，根据翼轨末端处间隔铁阻力的不同，有可能会出现导轨与基本轨、心轨与基本轨均存在两轨位移相等点，或只存在心轨与基本轨一个两轨位移相等点，或不存在任何两轨位移相等点的情况。

　　导轨与基本轨间不一定存在有两轨位移相等点。在长翼轨可动心轨道岔上，当翼轨末端与心轨相联结的间隔铁阻力较大，而心轨下线路阻力较小时，有可能会出现整根导轨上的位移均大于对应的基本轨位移，即没有两轨位移相等点，此时在导轨上两轨相互作用的范围为从辙跟至翼轨末端。

　　心轨与基本轨间也不一定存在有两轨位移相等点。可动心轨无缝道岔上，里轨与基本轨的相互作用力是通过四轨线岔枕传递的，同样当心轨下线路阻力较小时，在四轨线范围内可能不会出现两轨位移相等点，此时心轨与基本轨的相互作用范围为从翼轨末至最后一根长岔枕。

　　两轨相互作用法采用的是龙格-库塔法求解微分方程组而得到计算结果的，所以对于基本轨拉压面积相等这种非线性方程（式中含有未知量与未知量的微分乘积一项）是无法求解的，因此在建立平衡方程时未考虑该项。对于无缝道岔中这种非线性（部分积分长度为变量）的方程组，建议可采用蒙特卡洛法求解。

　　3. 基于非线性阻力的两轨相互作用法计算功能的深化研究

　　两轨相互作用法可用于求解单组道岔、两道岔对接（同向对接或全焊情况下两道岔异向对接）时无缝道岔的受力与变形，在现有计算方法进一步完善的基础上，也可用于求解两道岔顺接及渡线道岔等联结型。

　　两轨相互作用法可用于计算全焊、道岔区全焊这两种焊接情况，若进一步完善，也可用于计算半焊无缝道岔。

四、基于线性阻力的两轨相互作用法[21～23]

（一）基于线性阻力的两轨相互作用法计算原理

1. 固定辙叉单开道岔

　　固定辙叉单开道岔钢轨的纵向力分布及位移分析的力学模型如图 3.12 所示。图中，AB 为基本轨，CD 为导轨及长轨条，C 点为尖轨跟端，因尖轨可以自由伸缩，故计算模型中不考虑尖轨的影响。P_t 为最大温度力，R_x 为尖轨跟端间隔铁的阻力，N 为道岔区岔枕的根数，S 为轨枕的平均间距，r_1，r_2，r_3 及 x_1，x_2，x_3 分别为长轨条及基本轨的道床分布阻力和钢轨温度附加力波及的范围。

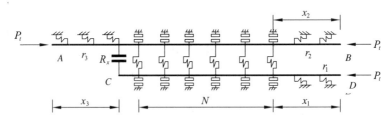

图 3.12　固定辙叉单开道岔钢轨纵向力分布及位移分析的力学模型

　　计算中，假设扣件的扣结阻力大于道床纵向阻力，且道岔区每根轨枕的道床纵向阻力与其长度成正比。若轨枕正常长度为 L_0，每根轨枕道床纵向阻力为 R_0，则一根长度为 L 的岔枕道床纵向阻力为 $R_j = LR_0/L_0$。道岔区第 i 根枕处一股基本轨或导轨下的道床纵向阻力以 $R_j(i)$ 和 $R_d(i)$ 表示，通过轨枕传递的力以 $F(i)$ 表示（包含了扣件阻矩 M 的作用），则第 i 根岔枕在导轨扣结点的变形刚度为

$$K(i) = \frac{6E_m I_m}{b(i)^2[3L(i) - 4b(i)]} \qquad (3.49)$$

式中　$E_m I_m$ ——轨枕对垂直轴的抗弯刚度；

　　　　$L(i)$ ——道岔区第 i 根岔枕两基本轨间的距离；

　　　　$b(i)$ ——导轨与相邻基本轨间的距离。

　　未知变量为 x_1，x_2，x_3 所建立的平衡方程为：

基本轨力的平衡方程

$$r_2 x_2 + r_3 x_3 + \sum_{i=1}^{N} R_j(i) - \sum_{i=1}^{N} F(i) - R_x = 0 \qquad (3.50)$$

导轨力的平衡方程

$$r_1 x_1 + \sum_{i=1}^{N} R_d(i) + \sum_{i=1}^{N} F(i) + R_x - P_t = 0 \qquad (3.51)$$

基本轨的变形协调方程（基本轨伸缩变形代数和为零）

$$\frac{\sum S_i}{E_g A_g} = 0 \qquad (3.52)$$

式中　$\sum S_i$ ——表示第 i 根岔枕枕跨间距内基本轨温度附加力图面积；

　　　E_g ——表示钢轨的弹性模量；

　　　A_g ——表示钢轨的截面积。

2. 可动心轨单开道岔

可动心轨单开道岔钢轨的纵向力分布及位移分析的力学模型如图 3.13 所示。图中，AB 为基本轨，CD 为导轨及翼轨，DE 为长轨条，C 点为尖轨跟端，R_1 为翼轨与长轨条的扣件纵向阻力，R_2 为尖轨跟端间隔铁的阻力，N_1 为 CD 段轨下岔枕的根数，N_2 为 D 点后四轨线岔枕的根数。其他符号同前。

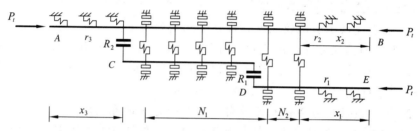

图 3.13　可动心轨单开道岔钢轨纵向力分布及位移分析的力学模型

未知变量为 x_1，x_2，x_3 及导轨与翼轨某一端点位移所建立的平衡方程为：

基本轨力的平衡方程

$$r_2 x_2 + r_3 x_3 + \sum_{i=1}^{N_1+N_2} R_j(i) - \sum_{i=1}^{N_1+N_2} F(i) - R_2 = 0 \tag{3.53}$$

长轨条力的平衡方程

$$r_1 x_1 + \sum_{i=1}^{N_2} R_c(i) + \sum_{i=1}^{N_2} F(i) + R_1 - P_t = 0 \tag{3.54}$$

导轨及翼轨力的平衡方程

$$R_2 - R_1 + \sum_{i=1}^{N_{11}} R_d(i) - \sum_{i=N_{11}}^{N_1} R_d(i) + \sum_{i=1}^{N_1} F(i) = 0 \tag{3.55}$$

式中　N_{11} ——导轨及翼轨伸缩中心位置，由道床纵向阻力及扣件纵向阻力确定。

基本轨的变形协调方程（基本轨伸缩变形代数和为零）

$$\frac{\sum S_i}{E_g A_g} = 0 \tag{3.56}$$

若尖轨跟端为限位器结构，当子母块不贴靠时，该作用力为零；当子母块贴靠后，补充该作用力未知量，并补充位移协调条件，即

$$\delta = y_{dx} - y_{jx} \tag{3.57}$$

式中　　δ——锁定轨温时子母块间隙；

　　　　y_{dx}——辙跟处尖轨伸缩位移；

　　　　y_{jx}——辙跟处基本轨伸缩位移。

采用牛顿-拉斐逊方法求解上述非线性方程组。

（二）计算理论分析与讨论

1. 基于线性阻力两轨相互作用计算理论的特点

线性阻力两轨相互作用法除具有前述非线性阻力两轨相互作用法的特点之外，还具有采用线性阻力计算简单的特点。还考虑了基本轨附加力拉压面积相等这一条件。

2. 基于线性阻力两轨相互作用计算理论有待完善之处

以岔枕弯曲刚度值计算两轨相互作用力，不考虑扣件极限阻力，导致里轨向基本轨传递的作用力增大，因而计算所得基本轨附加力偏大，而里轨伸缩位移偏小。

将辙跟间隔铁及翼轨末端间隔铁阻力视为常值，与实际间隔铁阻力有偏差，特别是在轨温变化幅度不大的情况下，实际间隔铁阻力值可能较计算中取值小得多，因而计算结果偏差更大。

辙跟若为限位器结构，其阻力刚度并非无穷大，其子母块可发生一定的相对位移及变形。

采用线性阻力进行计算，其结果与非线性阻力有一定偏差。固定辙叉下线路阻力与其他部位阻力可能有所差别。

两轨相互作用的范围在温度变化幅度不大的情况下可能只有里轨的一部分。

3. 基于线性阻力两轨相互作用计算理论功能的深化研究

该理论用于两道岔相互联结、道岔半焊及道岔区全焊等形式的计算时，还有待于建立起相应的钢轨纵向力及位移计算方法。

五、广义变分法[25~29]

（一）计算模型及基本原理

由势能驻值原理，无缝道岔结构体系处于平衡状态时，其势能的一阶变分等于零。设体系的总势能为 Π，即有

$$\delta \varPi = 0 \tag{3.58}$$

无缝道岔结构体系的总能量 $\varPi$ 由四部分组成，即

$$\varPi = U_1 + U_2 + U_3 + U_4 \tag{3.59}$$

式中 U_1——岔枕弯曲形变位能（$U_1 = -\sum \int_0^l \dfrac{M^2}{2E_s I} \mathrm{d}u$，岔枕为支承于弹性地基上的有限长梁，所受作用力为两导轨及两基本轨通过扣件传递的纵向力，M 为其弯矩分布，可由文克尔地基梁理论求解，l 为其长度，$E_s I$ 为其抗弯截面模量，求和表示每根岔枕位能之和）；

U_2——基本轨及导轨的轴力作用应变能（$U_2 = \int_0^L \dfrac{N^2}{2EA} \mathrm{d}x$，其中 N 为钢轨轴向力，基本轨以附加纵向力表示，因而应变能为负，导轨以温度力表示，应变能为正；E 为钢轨弹性模量，A 为钢轨截面积，L 为钢轨长度）；

U_3——道床纵向阻力耗散功（$U_3 = -\sum k \int_0^l \dfrac{u^2}{2} \mathrm{d}x$，其中 k 为道床的刚度，u 为岔枕纵向位移）；

U_4——扣件纵向阻力耗散功 [（$U_4 = -\sum \int_0^\delta p_k \mathrm{d}\delta$），其中 δ 为钢轨与轨枕在扣件处的纵向相对位移，p_k 为扣件纵向阻力，表示为 $p_k = a_1 \delta^z$（由试验结果取 $a_1 = 225$，$z = 1/3$）]。

根据结构分析的能量变分原理，为了求解以上能量变分问题，可以在假定钢轨纵向位移函数的基础上，由上述能量表达式及结构的边界条件与变形协调条件得到命题的解答。基于试验结果，可以拟定钢轨纵向力的形函数；又根据其位移和纵向力的微分关系可得到钢轨的位移函数，如图 3.14 所示。

图 3.14 中，（a）、（b）表示可动心轨无缝道岔直侧股全焊情况下基本轨纵向附加力及其纵向位移曲线，（c）、（d）是导轨温度力函数及导轨位移曲线。钢轨位移的数学表达式为：

基本轨 $O \sim O''$ 段（O 为坐标原点）

$$\lambda = f_1 \left[1 + \cos \left(\frac{\pi(x - \eta_1)}{l_1} \right) \right] + f_0 \tag{3.60}$$

基本轨 $O'' \sim O'''$ 段（O'' 为坐标原点）

$$\lambda = f_2 \left[1 + \cos \left(\frac{\pi(x - \eta_2)}{l_2} \right) \right] \tag{3.61}$$

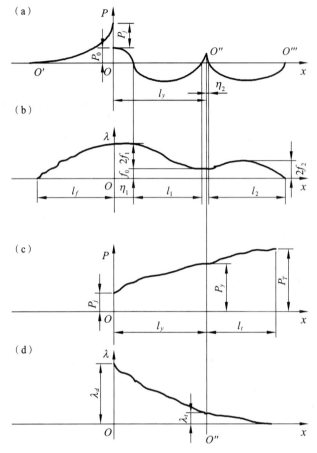

图 3.14　钢轨纵向力及位移函数图

基本轨 $O' \sim O$ 段（O' 为坐标原点）

$$\lambda = \frac{P_0 + P_j}{EA}\left[x - \frac{2l_f}{\pi}\sin\frac{\pi x}{2l_f}\right] \tag{3.62}$$

导轨 $O'' \sim O'''$ 段（O'' 为坐标原点）

$$\left.\begin{array}{l} \lambda = \dfrac{P_t - P_y}{EA}(l_t - x) - \dfrac{2(P_t - P_y)l_t}{EA\pi}\cos\dfrac{\pi x}{2l_t} \\[3mm] \lambda_t = \dfrac{P_t - P_y}{EA}\left(l_t - \dfrac{2l_t}{\pi}\right) \end{array}\right\} \tag{3.63}$$

导轨 $O \sim O''$ 段（O 为坐标原点）

$$\left.\begin{array}{l} \lambda = \lambda_t + \dfrac{P_t - P_j}{EA}(l_y - x) - \dfrac{2(P_y - P_j)l_y}{EA\pi}\cos\dfrac{\pi x}{2l_y} \\[4mm] \lambda_d = \lambda_t + \dfrac{(P_t - P_j)l_y}{EA} - \dfrac{2(P_y - P_j)l_y}{EA\pi} \end{array}\right\} \qquad (3.64)$$

该结构体系中的边界条件及变形协调条件为：

① 辙跟处基本轨位移协调条件

$$f_1\left[1 + \cos\left(\dfrac{\pi\eta_1}{l_1}\right)\right] + f_0 - \dfrac{P_0 + P_j}{EA}\left(l_f - \dfrac{2l_f}{\pi}\right) = 0 \qquad (3.65)$$

② 翼轨与心轨连接的间隔铁处基本轨温度力协调条件

$$\phi_1 = -EAf_1\dfrac{\pi}{l_1}\sin\dfrac{\pi(l_y - \eta_1)}{l_1} + EAf_2\dfrac{\pi}{l_2}\sin\dfrac{\pi\eta_2}{l_2} = 0 \qquad (3.66)$$

③ 翼轨与心轨连接的间隔铁处基本轨位移协调条件

$$\phi_2 = f_1\left[1 + \cos\left(\dfrac{\pi(l_y - \eta_1)}{l_1}\right)\right] + f_0 - f_2\left[1 + \cos\dfrac{\pi\eta_2}{l_2}\right] = 0 \qquad (3.67)$$

④ 限位器处基本轨、导轨位移协调方程

$$\lambda_d - \Delta_1 - \Delta_2 - \lambda_0 = 0 \qquad (3.68)$$

式中　　λ_d——限位器处导轨位移；

　　　　Δ_1——限位器间隙；

　　　　Δ_2——连接翼轨与心轨的间隔铁结构间隙，

　　　　λ_0——限位器处基本轨纵向位移。

该结构体系中，共有 11 个未知变量：f_0，f_1，f_2，η_1，η_2，l_1，l_2，l_f，l_t，P_j，P_y，利用式（3.65）、式（3.68）可以消去 P_j，P_y，剩下式（3.66）、式（3.67）两个约束方程。设泛函为

$$\Pi^* = \Pi + \sum_{i=1}^{2}\varpi_i\phi_i \qquad (3.69)$$

式中　　ϖ_i——拉格朗日乘子。

由广义变分原理，可得 11 个非线性平衡方程组：

$$\dfrac{\partial\Pi^*}{\partial f_0} = 0\ ;\quad \dfrac{\partial\Pi^*}{\partial f_1} = 0\ ;\quad \dfrac{\partial\Pi^*}{\partial f_2} = 0\ ;\quad \dfrac{\partial\Pi^*}{\partial\eta_1} = 0\ ;\quad \dfrac{\partial\Pi^*}{\partial\eta_2} = 0\ ;$$

$$\frac{\partial \Pi^*}{\partial l_1} = 0 \; ; \quad \frac{\partial \Pi^*}{\partial l_2} = 0 \; ; \quad \frac{\partial \Pi^*}{\partial l_f} = 0 \; ; \quad \frac{\partial \Pi^*}{\partial l_t} = 0 \; ; \quad \phi_1 = 0 \; ; \quad \phi_2 = 0 \qquad (3.70)$$

采用 Monte Carlo 法可求出以上 11 个未知量的解答。

对于直股焊接而侧股不焊接的无缝道岔，运用以上原理可得出相应的解答。

固定辙叉无缝道岔计算的广义变分法的基本原理与前述相同，所不同的是在导轨上考虑了扣件纵向阻力滑移段长度，并设为一个未知变量，在该段范围内，扣件纵向阻力为常量。该方法还可用于无缝道岔群的计算，在两道岔对接时，基本轨辙跟前附加温度力范围为定值，而两道岔对处的温度力为未知变量。

（二）计算理论分析

1. 广义变分法的计算特点

广义变分法是一种通用性很强的计算方法，无缝线路稳定性计算公式的推导即采用的是该方法，其基本计算原理是不容置疑的。

本方法计算功能较强，可用于分析可动心轨道岔、固定辙叉道岔、道岔全焊与半焊、道岔群的受力与变形，只需要假定出不同的温度力及位移函数形式即可。

本方法考虑了限位器、间隔铁等部件的传力作用，以弹性地基梁理论计算了岔枕的受力与变形。

以钢轨温度力分布与位移分布的微积分关系为基础，在考虑了受力与变形的协调条件后，可自动满足基本轨附加温度力拉压面积相等这一条件。

本方法曾指导过京秦线等无缝道岔的铺设及养护维修。

2. 广义变分法在计算理论上有待完善之处

（1）钢轨、岔枕及扣件三者的受力变形关系，因受钢轨温度力及变形曲线的假设限制而不能形成一个平衡体系。

钢轨温度力及变形曲线的假定应考虑以下两种工况：

① 当扣件达到极限阻力时，钢轨温度力梯度（单位枕距）与扣件纵向阻力相等并呈线性变化，而不是呈曲线变化，这样才能保证作用于岔枕上的纵向力为常值，使各部件受力及变形处于平衡状态。

② 当扣件未达到极限阻力时，假定钢轨变形函数为 $f(x)$，钢轨温度力函数为 $EAf'(x)$，作用于岔枕上的纵向力为 $s = EAf''(x)x_0$（ x_0 为枕间距），由有限长弹性地基梁理论得到钢轨对应点处岔枕的变形函数 $p(s)$，可建立扣件受力平衡方程求解钢轨变形函数

$$EAf''(x)x_0 = a_1[f(x) - p(s)]^z \qquad (3.71)$$

要找到基本轨及导轨下的扣件受力均满足式（3.71）的函数是较为困难的。

该计算理论中所采用的钢轨温度力及变形曲线假定未保证整个道岔体系中的总能量与实际情况一致。

本方法用于固定辙叉无缝道岔计算时，虽然考虑了极限阻力范围，但未考虑极限阻力与非极限阻力交界处的扣件受力平衡方程。

由前面的分析可看出，该计算理论中钢轨温度力及变形函数的选择对计算结果有较大影响。为了使广义变分法得到进一步完善，建议选取多种函数形式进行比较，以确定与实际情况最为接近的函数形式。

（2）应考虑限位器阻力与间隔铁阻力的非线性特性。本方法中限位器及间隔铁阻力特性为刚性，所联结的两钢轨在克服螺栓孔间隙后不会产生相对位移，若考虑其非线性特性，则其位移协调条件应为作用力与相对位移及刚度间的关系。

3. 广义变分法计算功能的深化研究

对于无缝道岔与前后线路存在铺设轨温差的情况，本计算理论还有待于深化。

对于道岔区全焊而岔后侧股线路不焊接的情况，在假定侧股钢轨的线型函数后，也可较方便地予以计算。总的来看，本计算方法功能较强，可用于分析多种工况。

六、固定辙叉无缝道岔二次松弛法[24]

（一）计算模型及基本原理

以 60 kg/m 钢轨 12 号固定辙叉单开道岔为例进行计算，直线方向为无缝线路的固定区，侧线方向为普通接头线路，计算模型如图 3.15 所示。

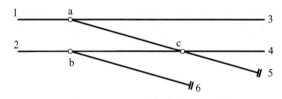

图 3.15　二次松弛法计算模型

由于基本轨轨头下颚在尖轨与之密贴的全长范围内（两端各留 150 mm 的储备），轨距线以上相应作 1/3 斜切，故尖轨在温度变化时的伸缩不影响尖轨的密贴。尖轨是个自由端，本身不受纵向力作用，对温度力分布也无影响，故在计算模型中将其去掉了（假设尖轨跟部与基本轨间是固定死的，不能相互移动）。

几根钢轨固定联结的点称为节点。整个道岔共有三个节点，基本轨与导轨联结的两个辙跟部用节点 a 和 b 表示，岔心用节点 c 表示。用 δ_a，δ_b，δ_c 分别表示各节点的纵向位移，以向左为正。这是一个超静定结构，必须考虑位移协调条件才能求解。因此这三个节点位移为解题的基本未知量，对整个道岔的温度力分布有着决定性的影响。

把节点 a 看作是 a1，a3，ac 三个轨端联结点，用 P_{ac} 表示作用在 ac 轨节 a 端温度力；用 δ_{ac} 表示 ac 轨节 a 端位移，其余类推。曲股导轨 ac 以其弦线表示，曲股和直股两根导轨长 L_{ac} 和 L_{bc} 相差很少，均近似取 2 000 cm。由于辙叉角很小，在求纵向力平衡时近似取 $\cos \alpha = 1$。

对于节点 a 以左和节点 c 以右的区段，取道床纵向阻力梯度 p_1 为常量，等于每股钢轨 64 N/cm（相当于木枕，1 840 根/km）。在节点 a 和 c 之间约有 40 根轨枕，每根轨枕上有 4 根钢轨，且轨枕长度是逐渐增加的。现假设轨道每侧（半根轨枕）的道床纵向阻力梯度自左向右每 cm 增加 0.02 N（相当于每向右一根轨枕增加 1 N）。因此，节点 a 处的 p 为 64 N/cm，节点 c 处的 p 为 104 N/cm，取其平均值为 84 N/cm。而轨枕每侧有两根钢轨，对外侧两根基本轨取 p_1 为 64 N/cm，而对内侧两导轨 ac 和 bc 则取 $p_2 = 84 - 64 = 20 \, \text{N/cm}$。

采用结构力学解超静定结构的松弛原理，首先将各节点锁住（即不允许各节点产生位移），求出此时各节点的温度力，然后将各节点约束放松（第一次松弛）。这时由于节点左右受力不平衡必然要产生位移，随着节点位移的发展，道床纵向阻力将发挥作用。按此条件即可求得节点位移和各杆的温度力。然后再将尖轨跟部与基本轨间的约束去掉（第二次松弛）。这时，尖轨将产生相对于基本轨的位移，并引起各轨内力的重新分布，从而可求得最终的分析结果。

设某地区无缝线路固定区温度力为 $P_0 = 768 \, \text{kN}$。图 3.15 中侧股两钢轨 c5 和 c6 处于伸缩区，这两股钢轨的长度分别计算到辙叉后的第一个轨缝，与道岔后的夹直线和附带曲线的设置有关，用 L_{c5} 和 L_{b6} 表示。现假设岔跟后到第一个轨缝的距离为一个标准轨长度 25 m，则 $L_{c5} = 380 + 2\,500 = 2\,880 \, \text{cm}$，$L_{b6} = 2\,211 + 2\,500 = 4\,711 \, \text{cm}$。假设鱼尾板接头阻力 P_H 为 400 kN，则 L_{c5} 段钢轨作用于节点 c 的温度力为

$$P_{0c5} = P_H + p_1 L_{c5} = 400 + 64 \times 2\,880/1\,000 = 584 \, \text{kN}$$

同理，L_{b6} 段钢轨作用于节点 b 的温度力为 $P_{0b6} = 704 \, \text{kN}$。

以节点 a 为例，节点约束放松时的解题基本条件为：

1. 变形相容条件

当约束放松时，节点 a 将产生位移 δ_a，与节点相连的各轨端亦将产生位移，并与 δ_a 相等，即

$$\delta_a = \delta_{a1} = \delta_{a3} = \delta_{ac} \tag{3.72}$$

2. 力的平衡条件

节点 a 约束放松前，左右侧均作用着轨端压力，即 $P_{a1} = P_{a3} = P_{ac} = P_0$。节点两端受力不平衡，必将向左位移，位移后由于道床纵向阻力的作用，左侧轨端力增加，而右侧轨端力将减小，直到满足力的平衡条件

$$P_0 + \Delta P_{a1} = P_0 - \Delta P_{a3} + P_0 - \Delta P_{ac} \tag{3.73}$$

即
$$\Delta P_{a1} + \Delta P_{a3} + \Delta P_{ac} = P_0$$

3. 轨端力变化与节点位移的关系

设轨端位移为 δ，轨端力的变化为 ΔP_δ，两者的关系分为三种情况，如图 3.16 所示。

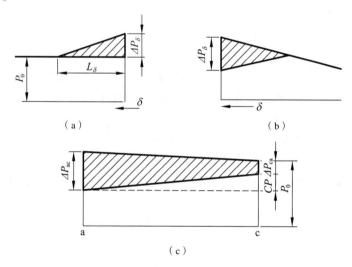

图 3.16　轨端力与位移的关系

① 当钢轨位于固定区时，如图 43（a）所示，则有

$$\delta = \frac{\Delta P_\delta^2}{2 p_1 EA} = \frac{\Delta P_\delta^2(\text{kN})}{2\,082 \times 10^2} \quad (\text{cm}) \tag{3.74}$$

如已知 δ，也可反求 ΔP_δ，要使 ΔP_δ 精确至 10 kN，则 δ 需精确至 0.01 mm。

② 当钢轨位于伸缩区时，如图 4.3（b）所示，则有

$$\delta = \frac{\Delta P_\delta^2}{4 p_1 EA} = \frac{\Delta P_\delta^2(\text{kN})}{4\,164 \times 10^2} \quad (\text{cm}) \tag{3.75}$$

③ 钢轨两端均有位移时，如图 3.16（c）所示，假设节点位移 δ_a，δ_c 均向左，且导轨有伸长，$\Delta L_{ac} = \delta_{ac} - \delta_{ca} > 0$，由力的平衡条件

$$\Delta P_{ac} = \Delta P_{ca} + CP = \Delta P_{ca} + 20 \times 2\,000/1\,000 = \Delta P_{ca} + 40 \quad (\text{kN})$$

则导轨 ac 的伸长量为

$$\Delta L_{ac} = \frac{(2\Delta P_{ac} - CP)L_{ac}}{2EA} \tag{3.76}$$

以上是在假设尖轨跟部与基本轨完全固定的条件下得出的。以尖轨跟部联结件完全不能传递纵向力这一极端情况为例，将 a 节点处约束去掉，则导轨 ac 将向前位移，其端部力将释放为零，同时扣着该轨的各中间扣件将阻止其位移，此阻力通过轨枕而传给基本轨，经二次松弛后，直接将导轨减小的温度力图面积加给基本轨即可得到各钢轨的温度力和位移分布图。

（二）计算理论分析

1. 二次松弛法计算特点

计算原理条理清楚，计算过程简单，便于现场技术人员掌握。第一次松弛过程中理论推导较严谨，因而适用于尖轨跟端与基本轨完全锁定的固定型无缝道岔的情况。考虑了侧股为普通线路的情况，考虑了道床纵向阻力在各钢轨上的分配。

2. 二次松弛法在计算理论上有待完善之处

道床纵向阻力视为常值，未考虑随岔枕长度变化而不均匀分布这一特点，且在里外轨上的分配与实际情况有较大偏差。综合来看，道床纵向阻力取值过于简单化。

在轨温变化幅度不大的情况下，道岔侧股的温度力分布可能会出现伸缩区长度较短的情况。对于不同的轨温变化幅度，导轨与基本轨间的传力作用范围可能不会只限定在辙跟与固定辙叉之间。

在第二次松弛过程中，直接将导轨减少的温度力叠加在基本轨上，不符合基本轨拉压面积相等这一条件，因而会出现与实际情况不一致的温度力分布。应该考虑在里轨通过岔枕及扣件向基本轨传力过程中基本轨伸缩位移的变化。导轨在辙跟处温度力降为零，而在固定辙叉处温度力保持不变，这样导轨的温度力梯度已大于Ⅲ型扣件极限阻力，与实际情况有较大偏差。在第二次松弛过程中，导轨末端即在固定辙叉处的温度力将有所降低，改变了 c 节点的受力平衡，每根岔枕上所能传递的最大温度力为扣件极限阻力。

3. 二次松弛法在计算功能上有待完善之处

用于可动心轨无缝道岔计算时，虽然也可采用二次松弛法，但仍然存在上述不足之处。对道岔群、岔后线路爬行等情况采用二次松弛法进行计算时，轨端力与位移的关系较复杂，已无法采用试算法求解，需建立平衡方程组计算，且本方法不易确定辙跟间隔铁或限位器的受力情况。

七、小　结

前面所分析的各种无缝道岔计算方法均指导过无缝道岔的铺设及养护维修，是在我国无缝道岔的不同发展时期建立起来的，各有其优缺点。由于各种理论在计算假定、参数取值、温度力的传递机理等方面所作的数学简化不同，因而计算结果与实际情况均有不同程度的偏差。

从最基本的计算原理上看，当量阻力系数法、两轨相互作用法、广义变分法、二次松弛法等几种方法均是正确的，同时经过分析表明：只要数学假定科学合理，这几种方法所得结果无明显差异，并且相互之间还得到了较好的验证。因此，这几种方法应进一步修改完善，形成多种计算方法并存、相互验证、相互补充的格局。本书在吸取各种计算理论优点的基础上建立的有限单元法计算理论为进一步完善这些计算方法提供了有价值的参考。

第二节　无缝道岔有限单元法计算理论

无缝道岔有限单元法计算理论是基于有限单元法所建立的无缝道岔非线性阻力计算理论，是在吸取各种计算理论的优点、克服其缺点的基础上发展而来的。该计算模型采用有限单元分析法，以一根轨枕的钢轨扣件节点为一个单元，建立节点作用力平衡方程，对道床纵向阻力、扣件纵向阻力、岔枕变形以及尖轨跟端处的限位器、心轨跟端处的间隔铁阻力等因素的作用进行全面、真实、合理的考虑，比较符合实际情况。该计算模型的另一特点是能更方便地对道岔中的每一作用力因素的变化和道岔结构每一部分作用的影响作具体分析，进行方案比较，对加强、改善道岔结构起理论指导作用。

一、无缝道岔计算模型

（一）无缝道岔的结构特点

无缝道岔作为一个工程结构物，与普通无缝线路、桥上无缝线路相比，主要有以下一些突出的特点：

（1）无缝道岔两端温度力不平衡，如图 3.17 所示。当道岔直股侧股均与区间线路焊连时，右边将承受四根钢轨所传递的固定区温度力 P_t，而左边只承受二根钢轨所传递的固定区温度力 P_t。而当无缝道岔仅直股与区间线路焊连时，右边将有两根钢轨承受 P_t，两根钢轨承受接头阻力 P_H。因此，无缝道岔左右端承受的温度力是不平衡，必将引起无缝道岔中钢轨与岔枕向左端位移。

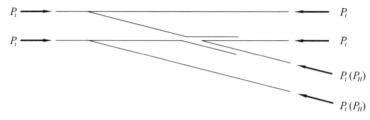

图 3.17　无缝道岔受力示意图

（2）无缝道岔中有多根钢轨参与温度力的传递。即使在道岔侧股不焊接的情况下，由于岔枕的纵向移动，侧股普通短轨中的温度力也将发生变化，并反过来又影响岔枕的位移及直股钢轨的温度力及位移。

（3）岔枕在无缝道岔温度力的传递中起着重要作用。由于道岔里轨（直曲基本轨为外轨，其余钢轨均为里轨）类似于无缝线路的伸缩区起着主动力的作用，引起岔枕的纵向位移及偏转、弯曲，进而引起道岔外轨的位移，产生伸缩附加力。

（4）无缝道岔直侧股钢轨间存在着限位器、间隔铁等传力部件。为了限制心轨和尖轨的伸缩位移，通常在尖轨跟端或可动心长翼轨末端设置一定数量的传力部件将道岔里轨的温度力向外轨传递。这些传力部件的阻力位移特性曲线是影响外轨附加温度力和里轨伸缩位移的重要部件，宜控制在合适的范围内。

限位器的主要特点是子母块间留有一定的间隙，待里轨产生一定的伸缩位移后再将较大的温度力由里轨传递至外轨，可较大限度地控制里轨伸缩位移。

间隔铁的主要特点是依靠与钢轨间的接触摩擦力传递温度力，当该摩擦力被克服后，若螺栓不受剪，则所传递的温度力就有限了，因而可控制传递的温度力。

合理设置传递部件类型及其数量，是无缝道岔结构设计中的一个关键内容。

（5）无缝道岔中扣件纵向阻力与道床纵向阻力的关系与普通无缝线路、桥上无缝线路有所不同。在道岔导曲线部分，因里轨与外轨伸缩位移大小不同，导致扣件纵向阻力方向不同，里轨两扣件总阻力与岔枕阻力及外轨两扣件纵向阻力相平衡，可能会导致里轨扣件纵向阻力达到其极限阻力。

（6）影响无缝道岔温度力与变形的因素很多，如道岔连接类型、直侧股焊接方式、线路爬行、道岔间及与区间线路的锁定轨温不同等，均可能导致无缝道岔温度力与变形发生较大的变化。

总之，在建立无缝道岔分析模型及计算理论时，必须充分考虑到无缝道岔这些有别于其他无缝线路的受力特点，才能更加符合实际。

（二）单开道岔计算模型

1. 可动心轨单开道岔

可动心轨单开道岔（以目前我国研制的提速道岔、客运专线无缝道岔为例）的分析模型如图 3.18 所示。

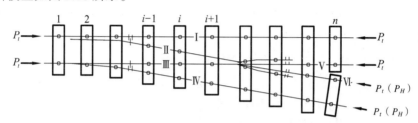

图 3.18　可动心轨无缝单开道岔计算模型

图中，1，2，…，n 表示设计图中岔枕编号；Ⅰ，Ⅱ，…，Ⅵ分别表示直基本轨、曲导轨、直导轨、曲基本轨、长心轨、短心轨。可动心轨道岔群中钢轨编号与单开道岔相同，只是分左右道岔分别编号。尖轨跟端为限位器或间隔铁结构，长翼轨末端为间隔铁结构，心轨尖端前设有间隔铁。

为便于进行理论分析，均以轨温升高为例进行计算，并设钢轨位移向左为正，温度压力为正，温度力从右向左传递。

在计算无缝道岔钢轨温度力与位移时，为方便计算，将岔枕从右至左重新编号。由于道岔区内岔枕与普通线路轨枕可能不同，还应将道岔及其至过渡段视为一体进行考虑。重新编号后，无缝道岔中的特征岔枕位置为：

1 号枕：道岔尾部与普通区间相联结处岔枕编号；

N1 号枕：最后一根长岔枕处岔枕编号，道岔设计图中该枕编号为 n_c；

N2 号枕：长翼轨末端处岔枕编号，道岔设计图中该枕编号为 n_y；

N3 号枕：尖轨跟端第一个扣件岔枕编号，道岔设计图中该枕编号为 n_g；

N4 号枕：心轨尖端第一个岔枕编号，道岔设计图中该枕编号为 n_x；

N 号枕：道岔尖端前与普通区间相联结处岔枕编号；

NH：1 号至 N1 号枕的数量，为道岔设计图中长岔枕后直股短枕数量加道岔后过渡段普通枕数量；

NQ：尖轨跟端 N3 号枕至 N 号枕间枕的数量，为道岔设计图中尖轨跟端第一扣件处岔枕编号加道岔前过渡段数量；

NS：侧股钢轨第一根岔枕至 N1 的数量，当道岔侧股与区间线路不焊接时，为道岔设计图中第一个接头至最后一根长岔枕间枕的数量；当道岔侧股焊接时，NS 即为 NH；

MXW，NXW（数组）：尖轨跟端限位器数量，每一个限位器右端岔枕编号，道岔设计图中该枕编号为 n_{xw}；

MJG，NJG（数组）：尖轨跟端间隔铁数量，每一个间隔铁右端岔枕编号，道岔设计图中该枕编号为 n_{jg}；

MJD，NJD（数组）：导曲线至最后一根长岔枕前普通接头数量，每一个普通接头右端岔枕编号，道岔设计图中该枕编号为 n_{jd}；

NCJ，NDJ：长短心轨末端间隔铁数量。

可动心轨无缝道岔中特征岔枕与设计图中岔枕编号的对应关系为

$$\left.\begin{array}{l} N = N3 - N1 + NH + NQ \\ N_i = NH + 1 + n_c - n_i \end{array}\right\} \tag{3.77}$$

式中　N_i——计算中特征岔枕编号；

n_i——道岔设计图中该特征岔枕编号（以下各计算模型中特征岔枕编号按类似办法处理）。

2. 固定辙叉单开道岔

固定辙叉单开道岔以目前我国普遍使用的无缝单开道岔为例，其分析模型如图 3.19 所示。

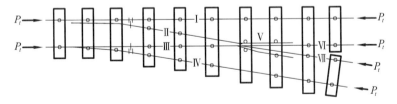

图 3.19　固定辙叉无缝单开道岔计算模型

图中尖轨跟端为限位器或间隔铁结构。计算中各钢轨编号及特征岔枕编号如表 3.2 所示。固定辙叉道岔群中钢轨编号与单开道岔相同，只是分左右道岔分别编号。

表 3.2　固定辙叉无缝道岔钢轨与岔枕编号

I	直基本轨	II	曲导轨
III	直导轨	IV	曲基本轨
V	固定辙叉	VI	叉后长心轨
VII	叉后短心轨	N1	最后一根长岔枕编号（从右至左编号）
N2	辙叉跟端处岔枕	N3	辙叉趾端前岔枕
N4	尖轨跟端第一个扣件处岔枕	N_i	其他特征岔枕（同可动心轨）

（三）两道岔对接计算模型及变量说明

1. 两道岔尖轨同向对接

两道岔尖轨同向对接时计算模型如图 3.20 所示。以可动心轨为例，计算中道岔各岔枕编号如表 3.3 所示，固定辙叉道岔各岔枕编号类似，只是部分特征岔枕位置不同而已。以下各种类型道岔群中岔枕编号类似，均遵循从右端至左端编号的规则，右道岔特征岔枕为 N_i，左道岔特征岔枕为 L_i。两道岔间联结线路计入右道岔中。

表 3.3　两道岔尖轨同向对接时特征岔枕编号

右 侧 道 岔		左 侧 道 岔	
1	岔尾过渡段与区间线路联结处岔枕	1	岔前第一根岔枕（与设计图编号同）
N1	最后一根长岔枕	L1	最后一根长岔枕
N2	长翼轨末端处岔枕	L2	长翼轨末端处岔枕
N3	尖轨跟端第一个扣件处岔枕	L3	尖轨跟端第一个扣件处岔枕
N4	心轨尖端处岔枕	L4	心轨尖端处岔枕
N	岔前两道岔间联结线路末端处岔枕	L	岔后过渡段与区间线路联结处岔枕
N_i	限位器、间隔铁及普通接头右端岔枕	L_i	限位器、间隔铁及普通接头左端岔枕

图 3.20　两道岔尖轨同向对接时计算模型

2. 两道岔尖轨异向对接

两道岔尖轨异向对接时计算模型如图 3.21 所示。图中各特征岔枕编号与道岔两尖轨同向对接时相同。

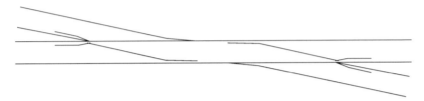

图 3.21　两道岔尖轨异向对接时计算模型

（四）两道岔顺接计算模型

1. 两道岔异向顺接

两道岔异向顺接时计算模型如图 3.22 所示，特征岔枕编号与前面类似。

图 3.22　两道岔异向顺接时计算模型

2. 两道岔同向顺接

两道岔同向顺接时计算模型如图 3.23 所示，特征岔枕编号与两道岔异向顺接时相同。

图 3.23　两道岔同向顺接时计算模型

（五）渡线道岔计算模型

两道岔尾部相连用于区间渡线时，计算模型如图 3.24 所示。道岔中特征岔枕编号与前述类似。

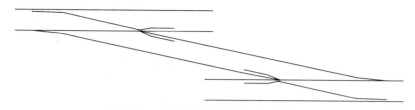

图 3.24　两道岔渡线联结时计算模型

二、无缝道岔计算理论

（一）计算假定

计算理论中所采用的基本假定为：

（1）尖轨与可动心轨前端可自由伸缩。尖轨或可动心轨尖端位移为其跟端位移与自由段伸缩位移之和。

（2）不考虑辙叉角大小的影响。假设导轨与长轨条平行，两里轨长度相等。

（3）钢轨按支承节点划分有限梁单元，只发生沿线路纵向的位移；岔枕按钢轨支承点划分有限梁单元，可发生沿线路纵向的位移和转角。

（4）扣件纵向阻力与钢轨、岔枕的相对位移为非线性关系，如图 3.25（a）所示。它作用于钢轨节点和岔枕节点上，方向为阻止钢轨相对岔枕位移。在简化计算中常将扣件纵向阻力视为常量，如图 3.25（b）所示。

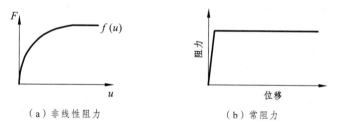

（a）非线性阻力　　　　　　（b）常阻力

图 3.25　阻力与位移的关系

（5）考虑钢轨与岔枕间的相对扭转。扣件扭矩与岔枕节点偏转角呈非线性关系，作用于岔枕节点上，限制岔枕节点的偏转位移。

（6）道床纵向阻力以单位岔枕长度的阻力计，与岔枕的位移呈非线性关系。在简化计算时常将道床纵向阻力视为常量。道床纵向阻力沿岔枕长度方向均匀分布。

（7）考虑间隔铁阻力对钢轨伸缩位移的影响。间隔铁阻力与钢轨间的位移呈非线性关系，简化计算时将其视为常量。

（8）考虑辙跟限位器在基本轨与导轨间所传递的作用力。设道岔铺设时限位器子母块位置居中，间隔为 7～10 mm。当子母块贴靠时，限位器阻力与两钢轨间的相对位移呈非线性关系。简化计算时假设两者间由刚度相当大的弹簧连接（由压缩位移确定），基本上能够限制两者间的相对位移。

（9）当道岔侧股存在普通接头时，将接头阻力视为常量。

（10）将无缝道岔前后区间无缝线路阻力视为常量，与普通无缝线路相同。

以上各种阻力与位移间的非线性特性可由试验测试而得，采用下式（3.78）所示公式拟合，根据阻力特性选用多项式、幂函数式或指数函数式表达。以上各种常阻力由大量的测试数据归纳统计而得出，即

$$f(u) = a_0 + a_1 u + a_2 u^2 + \cdots + a_n u^n \tag{3.78}$$

或　　　　　　　$$f(u) = a(b - e^{-cyd})$$

或　　　　　　　$$f(u) = q_0 + Bu^Z + Cu^{(1/n)}$$

（二）温度力与位移平衡方程

1. 钢轨温度力

对于无缝道岔中每一根钢轨，按岔枕支承点划分有限梁单元，该梁单元只在温度力和扣件纵向阻力的共同作用下发生纵向位移，梁单元长度为枕间距。钢轨梁单元节点有两个未知变量，即节点纵向位移和温度力，设该温度力为节点左边梁单元温度力。

钢轨节点两端所受力如图 3.26 所示。节点 i 左端温度力为 P_i，右端温度力为 $i-1$ 节点温度力 P_{i-1}，设钢轨节点相对于岔枕向左移动，则扣件纵向阻力 R_{ci} 方向为右，于是节点 i 处钢轨温度力的平衡方程为

钢轨节点 i
$$P_i \longrightarrow \bigcirc \longleftarrow P_{i-1}$$
$$R_{ci}$$

$$P_i = P_{i-1} - R_{ci} \tag{3.79}$$

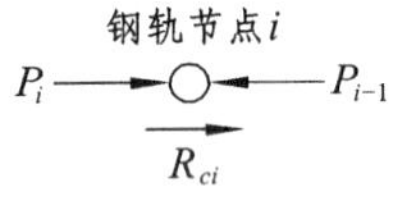

图 3.26　无集中力时钢轨
节点受力图

当扣件纵向阻力取为常量时，R_{ci} 为定值。当扣件纵向阻力取为非线性阻力时，扣件纵向阻力由钢轨节点位移 u_{ri}、岔枕节点位移 u_{si} 以及扣件纵向阻力位移特性函数求得，即

$$R_{ci} = f_{rc}(u_{ri} - u_{si}) \tag{3.80}$$

将限位器、间隔铁阻力视为作用于梁单元中间的集中力（若钢轨节点 i 右端梁单元上作用有集中力时），如图 3.27 所示，于是节点 i 处钢轨温度力的平衡方程为

$$P_i = P_{i-1} - R_{ci} + F \tag{3.81}$$

钢轨第一个节点温度力的平衡方程为

$$P_1 = P_0 - R_{ci} \qquad (3.82)$$

式中 P_0 —— 第一个节点右端温度力，
视钢轨在该节点处的端
部情况及与区间线路联
结时的位移协调条件确定。

2. 钢轨位移

钢轨节点 i 的位移可由节点 $i-1$ 的位移及钢轨节点 i 右端梁单元的伸缩位移叠加而得。设梁单元在未发生任何伸缩位移时钢轨内温度力为 P_t，发生有伸缩位移后的温度力为 P_{i-1}，根据无缝线路中伸缩位移计算的基本原理，可求得钢轨节点 i 的位移为

$$u_{ri} = u_{r(i-1)} + \frac{(P_t - P_{i-1})l_r}{EA} \qquad (3.83)$$

式中 E —— 钢轨弹性模量；

     A —— 钢轨截面积；

     l_r —— 梁单元长度。

当梁单元中间作用有集中力时，钢轨节点 i 的位移为

$$u_{ri} = u_{r(i-1)} + \frac{(P_t - P_{i-1} - F/2)l_r}{EA} \qquad (3.84)$$

钢轨第一节点处位移为初始未知量，需补充钢轨末端最后一个节点的温度力协调条件才能得出。

3. 岔枕位移

岔枕视为水平面内支承于弹性地基上的有限长梁，按钢轨支承点处划分有限单元，每个单元节点可发生沿线路纵向的位移和转角。岔枕的受力如图 3.28 所示。

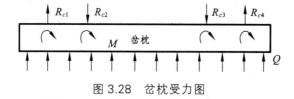

图 3.28   岔枕受力图

扣件对岔枕提供沿钢轨纵向的阻力 R_c 和阻矩 M，作用于岔枕顶面；碎石道砟对岔枕底面及侧面提供道床纵向阻力 Q。阻矩 M 将限制岔枕节点的偏转位

移，若阻矩视为常量，则可直接叠加至荷载列阵中，若为非线性阻力，则与岔枕节点转角 φ_s 有关，即

$$M_s = f_{Mc}(\varphi_s) \tag{3.85}$$

岔枕梁单元在连续弹性地基上的刚度矩阵可由有限单元法直接导出，即

$$[k_s]^e = [k_{s1}]^e + [k_{s2}]^e \tag{3.86}$$

其中

$$[k_{s1}]^e = \frac{E_s J_s}{l_s^3} \begin{bmatrix} 12 & & & \\ 6l_s & 4l_s^2 & & \\ -12 & -6l_s & 12 & \\ 6l_s & 2l_s^2 & -6l_s & 4l_s^2 \end{bmatrix}$$

$$[k_{s2}]^e = \frac{Q l_s}{420} \begin{bmatrix} 156 & & & \\ 22l_s & 4l_s^2 & & \\ 54 & 13l_s & 156 & \\ -13l_s & -3l_s^2 & -22l_s & 4l_s^2 \end{bmatrix}$$

式中　　$E_s J_s$ ——岔枕在水平面内的抗弯截面模量；

　　　　l_s ——岔枕梁单元长度。

采用势能驻值原理极易建立起岔枕刚度矩阵、位移列阵与荷载列阵间的平衡方程，即

$$[K_s]\{u_s\} = \{P_s\} \tag{3.87}$$

式中，荷载列阵中包含有钢轨节点及岔枕节点的位移等未知量。

（三）边界条件及温度力与位移协调条件

1. 无缝道岔与区间线路联结处温度力与位移的关系

当钢轨节点右端为普通无缝线路时，设节点右端温度力为 P_0，节点位移为 u_0，温度压力为正，位移向左为正，钢轨节点右端无缝线路固定区温度力为 P_{Tx}，则由无缝线路伸缩位移计算办法可得

$$u_0 = \frac{(P_{Tx} - P_0)^2}{2EAr} \tag{3.88}$$

同各种阻力参数一样，将式（3.88）转化成式（3.78）所示的形式，则有

$$P_0 = P_{Tx} - \sqrt{2EAr u_0} = f_{Pr}(u_0) \tag{3.89}$$

而当钢轨节点左端为普通无缝线路时，仍以温度压力为正，位移向左为正，则该节点左端温度力 P_0 与节点位移 u_0 的关系为

$$P_0 = P_{Tx} + \sqrt{2EAru_0} = f_{Pl}(u_0) \qquad (3.90)$$

在式（3.89）、式（3.90）的数学变换中，代数多项式指数一般不宜超过 10 次，可通过最小二乘法求模拟值与实际值误差极小值而确定代数多项式的指数。

2. 可动心轨道岔自由度编号与协调条件

（1）自由度编号。可动心轨无缝道岔中自由度编号顺序如表 3.4 所示。

（2）单开道岔协调条件。设节点位移为 $u(i)$，节点左端温度力为 $P(i)$，节点右端温度力为 $P_0(i)$（下同），只有当钢轨单元中间无接头、无集中力且 $i > 1$ 时，才有 $P_0(i) = P(i-1)$。温度力自由度与位移自由度编号顺序相差 IU。

直基本轨右端有温度力位移协调条件：$P_0(1) = f_p[u(1)]$

直基本轨左端有温度力位移协调条件：$P(\mathrm{N}) = f_p[u(\mathrm{N})]$

曲导轨右端为长翼轨末端，温度力协调条件：$P_0(\mathrm{I1}+1) = 0$

曲导轨左端为尖轨跟端，温度力协调条件：$P(\mathrm{I2}) = 0$

直导轨右端为长翼轨末端，温度力协调条件：$P_0(\mathrm{I2}+1) = 0$

直导轨左端为尖轨跟端，温度力协调条件：$P(\mathrm{I3}) = 0$

曲基本轨右端与区间线路焊接时，温度力协调条件为：$P_0(\mathrm{I3}+1) = f_p[u(\mathrm{I3}+1)]$

曲基本轨右端不与区间线路焊接时，若 $P_0(\mathrm{I3}+1) \geqslant P_H$，则 $P_0(\mathrm{I3}+1) = P_H$；若 $P_0(\mathrm{I3}+1) < P_H$，则 $P_0(\mathrm{I3}+1) = f_p[u(\mathrm{I3}+1)]$。

曲基本轨左端温度力协调条件：$P(\mathrm{I4}) = 0$

长心轨右端温度力协调条件：$P_0(\mathrm{I4}+1) = f_p[u(\mathrm{I4}+1)]$

长心轨左端为心轨跟端，温度力为：$P(\mathrm{I5}) = 0$

短心轨右端与区间线路焊接时，温度力协调条件为：$P_0(\mathrm{I5}+1) = f_p[u(\mathrm{I5}+1)]$

短心轨右端不与区间线路焊接时，若 $P_0(\mathrm{I5}+1) \geqslant P_H$，则 $P_0(\mathrm{I5}+1) = P_H$；若 $P_0(\mathrm{I5}+1) < P_H$，则 $P_0(\mathrm{I5}+1) = f_p[u(\mathrm{I5}+1)]$。

短心轨左端为心轨跟端，温度力为：$P(\mathrm{IU}) = 0$

当导曲线上存在普通接头时，设普通接头左端节点位移自由度为 i，则有：

当 $P(i-1) \geqslant P_H$ 时，节点右端温度力 $P_0(i) = P_H$，$i-1$ 节点左端温度力 $P(i-1) = P_H$；

当 $P(i-1) < P_H$ 时，$P_0(i) = P(i-1)$，$u(i) = u(i-1) + \dfrac{(P_T - P(i-1))l_r}{EA}$。

表 3.4　可动心轨无缝道岔自由度编号

自由度编号顺序	单开道岔或道岔群中右道岔		道岔群中左道岔	
	非渡线道岔	渡线道岔	顺接或渡线道岔	对接道岔
直基本轨位移	$1 \sim I1 = N$	$1 \sim I1 = N$	$INT + 1 \sim J1 = INT + L$	$INT + 1 \sim J1 = INT + L$
曲导轨位移	$I1 + 1 \sim I2 = I1 + N3$ $- N2 + 1$	$I1 + 1 \sim I2 = I1 + N2$ $- N3 + 1$	$J1 + 1 \sim J2 = J1 + L3$ $- L2 + 1$	$J1 + 1 \sim J2 = J1 + L2$ $- L3 + 1$
直导轨位移	$I2 + 1 \sim I3 = I2 + N3$ $- N2 + 1$	$I2 + 1 \sim I3 = I2 + N2$ $- N3 + 1$	$J2 + 2 \sim J3 = J2 + L3$ $- L2 + 1$	$J2 + 1 \sim J3 = J2 + L2$ $- L3 + 1$
曲基本轨位移	$I3 + 1 \sim I4 = I3 + NS$ $+ N - N1 + 1$	$I3 + 1 \sim I4 = I3 + N1$ $+ NS$	$J3 + 1 \sim J4 = J3 + LS$ $+ L - L1 + 1$	$J3 + 1 \sim J4 = J3 + L1$ $+ LS$
长心轨位移	$I4 + 1 \sim I5 = I4 + N2$ $+ NCJ$	$I4 + 1 \sim I5 = I4 + N$ $+ 1 - N2 + NCJ$	$J4 + 1 \sim J5 = J4 + L2$ $+ NCJ$	$J4 + 1 \sim J5 = J4 + L$ $+ 1 - L2 + NCJ$
短心轨位移	$I5 + 1 \sim IU = I5 + NS$ $+ N2 + NDJ - N1 + 1$	$I5 + 1 \sim IU = I5 + N1$ $- N2 + 1 + NDJ + NS$	$J5 + 1 \sim JU = J5 + LS$ $+ L2 + NDJ - L1 + 1$	$J5 + 1 \sim JU = J5 + L1$ $- L2 + 1 + NDJ + LS$
直基本轨温度力	$IU + 1 \sim IU + I1$	$IU + 1 \sim IU + I1$	$JU + 1 \sim JU + J1$ $- INT$	$JU + 1 \sim JU + J1$ $- INT$
曲导轨温度力	$IU + I1 + 1 \sim IU + I2$	$IU + I1 + 1 \sim IU + I2$	$JU + J1 + 1 - INT \sim$ $JU + J2 - INT$	$JU + J1 + 1 - INT \sim$ $JU + J2 - INT$
直导轨温度力	$IU + I2 + 1 \sim IU + I3$	$IU + I2 + 1 \sim IU + I3$	$JU + J2 + 1 - INT \sim$ $JU + J3 - INT$	$JU + J2 + 1 - INT \sim$ $JU + J3 - INT$

续表　3.4

自由度编号顺序	单开道岔或道岔群中右道岔		道岔群中左道岔	
	非渡线道岔	渡线道岔	顺接或渡线道岔	对接道岔
由基本轨温度力	$IU+I3+1\sim IU+I4$	$IU+I3+1\sim IU+I4$	$JU+J3+1-INT\sim$ $JU+J4-INT$	$JU+J3+1-INT\sim$ $JU+J4-INT$
长心轨温度力	$IU+I4+1\sim IU+I5$	$IU+I4+1\sim IU+I5$	$JU+J4+1-INT\sim$ $JU+J5-INT$	$JU+J4+1-INT\sim$ $JU+J5-INT$
短心轨温度力	$IU+I5+1\sim IP$ $=IU*2$	$IU+I5+1\sim IP$ $=IU*2$	$JU+J5+1-INT\sim$ $JP=JU*2-INT$	$JU+J5+1-INT\sim$ $JP=JU*2-INT$
$1\sim N1-1$号枕，渡线道岔右或对接道岔左 $1\sim N3-1$号枕	$IP+1\sim I6=IP+$ $8*(N1-1)$	$IP+1\sim I6=IP+$ $8*(N3-1)$	$JP+1\sim J6=JP+$ $8*(L1-1)$	$JP+1\sim J6=JP+$ $8*(L3-1)$
$N1\sim N3$号枕，渡线道岔左或对接道岔左 $N3\sim N1$号枕	$I6+1\sim I7=I6+$ $12*(N3-N1+1)$	$I6+1\sim I7=I6+$ $12*(N1-N3+1)$	$J6+1\sim J7=J6+$ $12*(L3-L1+1)$	$J6+1\sim J7=J6+$ $12*(L1-L3+1)$
$N3+1\sim N+NS$号枕，渡线道岔右或对接道岔左 $N1+1\sim N$ $+NS$枕	$I7+1\sim INT=I7+$ $8*(N-N3+NS)$	$I7+1\sim INT=I7+$ $8*(N-N1+NS)$	$J7+1\sim LNT=J7+$ $8*(L-L3+LS)$	$J7+1\sim LNT=J7+$ $8*(L-L1+LS)$

（3）两道岔尖轨同向对接时协调条件。各钢轨端部温度力位移协调条件如表 3.5 所示。

表 3.5　两道岔尖轨同向对接时协调条件

钢　　　轨	温 度 力 位 移 协 调 条 件
右道岔直基本轨左端	$P_0(\text{INT}+1)=P(\text{I1})$
右道岔曲基本轨左端	$P_0(\text{J3}+1)=P(\text{I4})$
右道岔其余钢轨左右端	与单开道岔相同
左道岔直基本轨右端	$u(\text{INT}+1)=u(\text{I1})+[P_T-P(\text{I1})]l_r/EA$
左道岔直基本轨左端	$P(\text{J1})=f_p[u(\text{J1})]$
左道岔曲导轨右端	$P_0(\text{J1}+1)=0$
左道岔曲导轨左端	$P(\text{J2})=0$
左道岔直导轨右端	$P_0(\text{J2}+1)=0$
左道岔直导轨左端	$P(\text{J3})=0$
左道岔曲基本轨右端	$u(\text{J3}+1)=u(\text{I4})+[P_T-P(\text{I4})]l_r/EA$
左道岔曲基本轨左端焊接	$P(\text{J4})=f_p[u(\text{J4})]$
左道岔曲基本轨左端不焊接	若 $P(\text{J4})\geqslant P_H$，　$P(\text{J4})=P_H$ 若 $P(\text{J4})<P_H$，　$P(\text{J4})=f_p[u(\text{J4})]$
左道岔长心轨右端	$P_0(\text{J4}+1)=0$
左道岔长心轨左端	$P(\text{J5})=f_p[u(\text{J5})]$
左道岔短心轨右端	$P_0(\text{J5}+1)=0$
左道岔短心轨左端焊接	$P(\text{JU})=f_p[u(\text{JU})]$
左道岔短心轨左端不焊接	若 $P(\text{JU})\geqslant P_H$，　$P(\text{JU})=P_H$ 若 $P(\text{JU})<P_H$，　$P(\text{JU})=f_p[u(\text{JU})]$
导曲线普通接头左侧节点	与单开道岔相同

（4）两道岔尖轨异向对接时协调条件。各钢轨端部温度力位移协调条件如表 3.6 所示。

表 3.6　两道岔尖轨异向对接时协调条件

钢　　轨	温度力位移协调条件
右道岔直基本轨左端	$P_0(\text{J3}+1) = P(\text{I1})$
右道岔曲基本轨左端	$P_0(\text{INT}+1) = P(\text{I4})$
右道岔其余钢轨左右端	与单开道岔相同
左道岔直基本轨右端	$u(\text{INT}+1) = u(\text{I4}) + [P_T - P(\text{I4})]l_r / EA$
左道岔曲基本轨右端	$u(\text{J3}+1) = u(\text{I1}) + [P_T - P(\text{I1})]l_r / EA$
左道岔其余钢轨左右端	与两道岔尖轨同向对接时左道岔相同
导曲线普通接头左侧节点	与单开道岔相同

（5）两道岔异向顺接时协调条件。各钢轨端部温度力位移协调条件如表 3.7 所示。

表 3.7　两道岔异向顺接时协调条件

钢　　轨	温度力位移协调条件
右道岔直基本轨左端	$P_0(\text{J4}+1) = P(\text{I1})$
右道岔曲基本轨左端	$P_0(\text{INT}+1) = P(\text{I4})$
右道岔其余钢轨左右端	与单开道岔相同
左道岔直基本轨右端	$u(\text{INT}+1) = u(\text{I4}) + [P_T - P(\text{I4})]l_r / EA$
左道岔直基本轨左端	$P(\text{J1}) = f_p[u(\text{J1})]$
左道岔曲导轨右端	$P_0(\text{J1}+1) = 0$
左道岔曲导轨左端	$P(\text{J2}) = 0$
左道岔直导轨右端	$P_0(\text{J2}+1) = 0$
左道岔直导轨左端	$P(\text{J3}) = 0$
左道岔曲基本轨右端焊接	$P_0(\text{J3}+1) = f_p[u(\text{J3}+1)]$
左道岔曲基本轨右端不焊接	若 $P_0(\text{J3}+1) \geqslant P_H$，　$P_0(\text{J3}+1) = P_H$ 若 $P_0(\text{J3}+1) < P_H$，　$P_0(\text{J3}+1) = f_p[u(\text{J3}+1)]$
左道岔曲基本轨左端	$P(\text{J4}) = f_p[u(\text{J4})]$
左道岔长心轨右端	$u(\text{J4}+1) = u(\text{I1}) + [P_T - P(\text{I1})]l_r / EA$
左道岔长心轨左端	$P(\text{J5}) = 0$
左道岔短心轨右端焊接	$P_0(\text{J5}+1) = f_p[u(\text{J5}+1)]$
左道岔短心轨右端不焊接	若 $P_0(\text{J5}+1) \geqslant P_H$，　$P_0(\text{J5}+1) = P_H$ 若 $P_0(\text{J5}+1) < P_H$，　$P_0(\text{J5}+1) = f_p[u(\text{J5}+1)]$
左道岔短心轨左端	$P(\text{JU}) = 0$
导曲线普通接头左侧节点	与单开道岔相同

（6）两道岔同向顺接时协调条件。各钢轨端部温度力位移协调条件如表3.8 所示。

表 3.8　两道岔同向顺接时协调条件

钢　　　轨	温度力位移协调条件
右道岔直基本轨左端	$P_0(\text{INT}+1)=P(\text{I1})$
右道岔曲基本轨左端	$P_0(\text{J4}+1)=P(\text{I4})$
右道岔其余钢轨左右端	与单开道岔相同
左道岔直基本轨右端	$u(\text{INT}+1)=u(\text{I1})+[P_T-P(\text{I1})]l_r/EA$
左道岔长心轨右端	$u(\text{J4}+1)=u(\text{I4})+[P_T-P(\text{I4})]l_r/EA$
左道岔其余钢轨左右端	与两道岔异向顺接时左道岔相同
导曲线普通接头左侧节点	与单开道岔相同

（7）渡线道岔协调条件。各钢轨端部温度力位移协调条件如表3.9所示。

表 3.9　渡线道岔协调条件

钢　　　轨	温度力位移协调条件
右道岔直基本轨右端	$P_0(1)=f_p[u(1)]$
右道岔直基本轨左端	$P(\text{I1})=f_p[u(\text{I1})]$
右道岔曲导轨右端	$P_0(\text{I1}+1)=0$
右道岔曲导轨左端	$P(\text{I2})=0$
右道岔直导轨右端	$P_0(\text{I2}+1)=0$
右道岔直导轨左端	$P(\text{I3})=0$
右道岔曲基本轨右端	$P_0(\text{I3}+1)=f_p[u(\text{I3}+1)]$
右道岔曲基本轨左端	$P_0(\text{J5}+1)=P(\text{I4})$
右道岔长心轨右端	$P_0(\text{I4}+1)=0$
右道岔长心轨左端	$P(\text{I4})=f_p[u(\text{I4})]$
右道岔短心轨右端	$P_0(\text{I5}+1)=0$
右道岔短心轨左端	$P_0(\text{J3}+1)=P(\text{IU})$

续表 3.9

钢　　轨	温度力位移协调条件
左道岔直基本轨右端	$P_0(\text{INT}+1)=f_p[u(\text{INT}+1)]$
左道岔直基本轨左端	$P(\text{J1})=f_p[u(\text{J1})]$
左道岔曲导轨右端	$P_0(\text{J1}+1)=0$
左道岔曲导轨左端	$P(\text{J2})=0$
左道岔直导轨右端	$P_0(\text{J2}+1)=0$
左道岔直导轨左端	$P(\text{J3})=0$
左道岔曲基本轨右端	$u(\text{J3}+1)=u(\text{JU})+[P_T-P(\text{JU})]l_r/EA$
左道岔曲基本轨左端	$P(\text{J4})=f_p[u(\text{J4})]$
左道岔长心轨右端	$P_0(\text{J4}+1)=f_p[u(\text{J4}+1)]$
左道岔长心轨左端	$P(\text{J5})=0$
左道岔短心轨右端	$u(\text{J5}+1)=u(\text{I4})+[P_T-P(\text{I4})]l_r/EA$
左道岔短心轨左端	$P(\text{JU})=0$
导曲线普通接头左侧节点	与单开道岔相同

3. 固定辙叉无缝道岔协调条件

固定辙叉无缝道岔自由度编号及各工况下的位移协调条件与可动心轨无缝道岔类似。只是当固定辙叉趾跟端均为焊接或冻结接头（轨缝不会发生变化的接头）时，其趾跟端联结钢轨的温度力及位移可由固定辙叉前后作用力平衡、位移平衡条件得到。

（四）求解方法

根据钢轨节点温度力和位移及岔枕位移计算公式，并补充温度力及位移协调条件，便可建立非线性方程组

$$\boldsymbol{F}(u)=\boldsymbol{P} \tag{3.91}$$

式中　u——未知变量；

　　　$\boldsymbol{P}$——荷载列阵。

式（3.91）具有非线性特性，因此，在求解过程中宜采用荷载增量法并结合牛顿迭代法。从无缝道岔的锁定轨温开始，以轨温每增加 5℃ 作为计算步长，每步起始值采用上一步的计算值，因此，道岔结构中的各种作用力状态与上一

步相同。在每一步计算中采用牛顿迭代法求解。在每一步迭代计算中还需要判断限位器子母块的接触状态，如发生接触，重新建立非线性方程组，同时判断扣件纵向阻力、接头阻力等是否达到极限阻力，直到所有作用力状态不再发生改变后再进行下一步迭代。因此，在整个求解过程中要进行荷载增量、牛顿迭代、作用力状态判断三重循环，计算工作量相当大，需编程求解。

三、无缝道岔计算软件

编制了通用计算软件 WFDC，可计算由可动心轨或固定辙叉道岔组成的单个道岔、两道岔同向对接和两道岔异向对接、两道岔异向顺接、两道岔同向顺接、渡线道岔等，在全焊、半焊、道岔区全焊、道岔前后存在锁定轨温差等情况下道岔内各钢轨及部件受力，用以指导无缝道岔的部件强度检算及设计、无缝道岔各部分的位移检算，指导跨区间无缝线路设计。

第三节　无缝道岔稳定性分析

无缝道岔在温度力作用下的稳定性检算可分三部分进行。其中，四轨线部分由于轨道结构的横向刚度较大，十分安全，不会发生胀轨跑道，一般不作稳定性分析；道岔长岔枕后端与一般地段无缝线路相近，稳定性分析无特殊性，一般也不作特殊分析；无缝道岔中最危险的区域为尖轨前端至跟端，仅有直基本轨和曲基本轨抵抗横向变形，且承受有较大的附加温度力，需作稳定性分析（但该区内钢轨温度力不是均匀分布的，给稳定性计算带来了一定的困难）。本书根据无缝线路稳定性计算的基本理论建立了道岔前端稳定性计算方法。

一、无缝道岔稳定性检算简化方法[5]

该方法认为辙跟前的道岔地段为无缝线路的检算地段，为安全计，将辙跟处的最大附加温度压力作为该地段附加温度压力进行稳定性检算，即

$$2(\max P_t + \max \Delta P) \leqslant [P] \tag{3.92}$$

式中　　$\max P_t$ —— 轨温最大升温时的无缝线路钢轨温度压力；

　　　　$\max \Delta P$ —— 辙跟处基本轨最大附加温度压力；

　　　　$[P]$ —— 按稳定性公式算得的线路允许温度压力，$[P] = P_N / K$（P_N 为

临界温度压力；K 为安全系数，取为 1.25 ）。

计算临界温度压力可采用下列简化公式

$$P_N = \frac{2Q}{\dfrac{1}{R'} + \sqrt{\left(\dfrac{1}{R'}\right)^2 + \dfrac{\pi(f + f_{0e})Q}{4\beta EJ_y}}} \qquad (3.93)$$

式中　Q —— 等效道床横向分布阻力，对木岔枕 $Q = 62\ \text{N/cm}$，对于混凝土岔枕 $Q = 87\ \text{N/cm}$；

$\dfrac{1}{R'}$ —— 道岔线路当量曲率，木岔枕道岔取为 $1.25 \times 10^{-5}\ \text{cm}^{-1}$，混凝土岔枕道岔取为 $1.50 \times 10^{-5}\ \text{cm}^{-1}$；

f_{0e} —— 弹性原始弯曲矢度，木岔枕取为 0.25 cm，混凝土岔枕道岔取为 0.3 cm；

f —— 变形曲线矢度，取为 0.2 cm；

β —— 轨道框架刚度系数，取为 2；

EJ_y —— 一股钢轨在水平面内的抗弯刚度。

二、不等波长无缝道岔稳定性计算方法[15]

根据势能逗值原理，对内力和外力平衡来说，弹性势能的一阶变分等于零是充分必要条件。解得

$$P = (\tau_1 + \tau_q + \tau_m) / \tau_0 \qquad (3.94)$$

式中　$\tau_1 = 4EI_z\pi^2\left(\dfrac{f}{l^2} + \dfrac{\mathrm{d}i_0}{l_0}\varphi\right)$；

$\tau_q = \dfrac{l^2}{\pi^2}(Q_0 - 2BGf^Z + 2CKf^{1/N})$；

$\tau_m = \dfrac{2SH}{\pi^2}f^{1/\mu}l^{(\mu-1)/\mu}$；

$\tau_0 = f + li_0\eta + \dfrac{2}{\pi}\xi\quad \left[\xi = -\left(\dfrac{\varDelta}{\tan\theta} - \dfrac{l_0\cos\theta}{4r}\right)\displaystyle\int_0^l \dfrac{\sin(2\pi x/l)}{\sqrt{\varDelta}}\,\mathrm{d}x\right]$。

计算梁线形为

$$y_r = (y_c - V\tan\theta)\cos\theta$$

$$V = \frac{2\left(\varDelta_1 - \sqrt{\varDelta}\right)r}{\cos\theta}$$

$$\varDelta_1 = \frac{l_0}{4r}\sin\theta + \frac{1}{\cos\theta}$$

$$\varDelta = \varDelta_1^2 - \frac{x\sin\theta}{r}$$

式中　E —— 钢轨钢的弹性模量；

I_z —— 一股钢轨截面对垂直轴的惯性矩；

f —— 轨道弯曲变形矢度；

l —— 轨道弯曲波长；

r —— 导曲线半径；

θ —— 导曲线转辙角；

d —— 轨道初始弹性弯曲矢度 f_{0e} 占总初始弯曲矢度百分比，$d = f_{0e}/f_0$；

i_0 —— 轨道初始弯曲矢度 f_0 与初始波长 l_0 之比，$i_0 = f_0/l_0$；

ψ —— 弹性初始弯曲积分函数，$\psi = -\frac{1}{l}\int_0^l 2\cos\frac{2\pi x}{l}\cdot\cos\frac{\pi(2x-l)}{l_0}\mathrm{d}x$；

G —— 道床横向阻力减值积分函数，$G = \frac{1}{l}\int_0^l\left(\sin\frac{\pi x}{l}\right)^{2(1+Z)}\mathrm{d}x$；

K —— 道床横向阻力增值积分函数，$k = \frac{1}{L}\int_0^L\left(\sin\frac{\pi x}{l}\right)^{\frac{2(1+N)}{N}}\mathrm{d}x$；

B，C，Z，N —— 道床横向阻力系数，道床横向阻力表示为 $q = q_0 - By^Z + Cy^{\frac{1}{N}}$；

H —— 扣件阻矩积分函数，$H = \frac{1}{l}\int_0^l\left(2\pi\cos\frac{\pi x}{l}\cdot\sin\frac{\pi x}{l}\right)^{\frac{1+u}{u}}\mathrm{d}x$；

η —— 初始弯曲积分函数，$\eta = \frac{1}{l}\int_0^l -2\sin\frac{2\pi x}{l}\cdot\sin\frac{\pi(2x-l)}{l_0}\mathrm{d}x$。

　　使用这一方法计算无缝线路稳定性时，要先给定 f 值，然后对 l 作区间估计，输入不同 l_i 求值，再计算相应的 τ_{1i}，τ_{qi}，τ_{0i} 值，从中求出在 f 一定的情况下，P_i 中的极小值及相应的 l_0。给定不同的 f 值，可描绘出 P-f 平衡状态曲线，从而求得临界矢度 f_k、临界波长 l_k、临界温度力 P_k 及相应的临界温度差 Δt_k。

　　考虑道岔结构的特殊性，以 2 mm 弯曲变形量作为极限状态。考虑轨温昼夜变化，轨道会不断累积弯曲变形，为使道岔经过一个季度的运行后其累积变形量仍小于 2 mm，据测得的日温差频数，取 $f = 0.02 \sim 0.05$ cm 所对应的轨温

差 Δ_t 作为道岔区稳定性允许温差 $[\Delta t_c]$（ f 取值与道岔结构类型及道床密实度有关，通常取 $f = 0.02$ cm ）。

运行过程中，通常无缝线路的锁定轨温还会发生变化，在确定允许温升时，必须顾及其影响。根据试验及统计分析，锁定轨温变化 $\delta_t = 8℃$ 以内由设计予以修正。

无缝道岔基本轨的附加纵向力 P_a 的存在将降低其稳定性，但此纵向力为非均匀分布。对轨道稳定性起决定性影响并非某一截面处的纵向力，而是一定长度范围内的纵向力。将 P_a 按弯曲变形波长 l 换算为均匀分布的纵向力，再减去相应温升的影响值 Δt_a，则为实际允许温升 $[\Delta t_u]$。

三、基于统一公式的无缝道岔稳定性计算方法

稳定性检算的统一公式及变波长公式各有其优缺点，均可用于无缝线路稳定性检算。两种方法的基本原理同样也适用于岔前无缝线路的检算，在此，基于统一公式的基本原理，推导出无缝道岔稳定性的另一种检算方法。

（一）无缝道岔稳定性分析理论

1. 计算假定

因尖轨可自由伸缩，温度力为零，且尖轨在滑床板上的横向位移阻力很小，故稳定性计算时，略去尖轨不考虑。

不考虑岔枕长度变化对道床横向阻力的变化，道床横向阻力视为沿钢轨均匀分布。

以直基本轨为坐标系，不考虑曲基本轨弦长与直基本轨所成偏角的影响。直基本轨以直线、曲基本轨以圆曲线形式计算钢轨的弯曲变形能。因扣件形变能的影响较小，计算中不予考虑。

设轨道的变形曲线为

$$y_f = f \sin \frac{\pi x}{l} \qquad (3.95)$$

式中　f —— 变形矢度；

　　　l —— 变形波长，与原始不平顺波长相等。

同普通无缝线路一样，原始塑性变形暂假设为圆曲线形，原始弹性变形与变形曲线形式相同，该假设可结合现场实际情况不断完善。

考虑变形曲线的一段位于转辙器部分，另一段位于导曲线部分的特殊情况，分别计算两部分的轨道框架刚度、钢轨压缩变形能。

2. 公式推导

设无缝道岔处于平衡状态，总势能为 A，当无缝道岔由于受到干扰而产生微小虚位移时，按照势能驻值原理应有

$$dA = dA_1 + dA_2 + dA_3 = 0 \tag{3.96}$$

式中　　A_1—— 钢轨压缩变形能；

　　　　A_2—— 轨道框架弯曲变形能；

　　　　A_3—— 道床形变能。

同区间无缝线路一样，稳定性计算公式为

$$\frac{\partial A}{\partial f} = -\frac{\partial A_1}{\partial f} + \frac{\partial A_2}{\partial f} + \frac{\partial A_3}{\partial f} = 0 \tag{3.97a}$$

$$\frac{\partial P}{\partial l} = 0 \tag{3.97b}$$

设变形曲线位于转辙器部分的长度为 l_1，位于导曲线部分的长度为 $l_2 = l - l_1$，直基本轨的温度力函数为 $P_1(x)$，曲基本轨的温度力函数为 $P_4(x)$。直导轨及曲导轨的温度力函数分别为 $P_3(x')$，$P_2(x')$，x' 从尖轨跟端计算起。

（1）钢轨压缩变形能。

钢轨在温度压力作用下产生轴压缩，对每一根钢轨分别有：

直基本轨　　$A_{11} = \int_0^l P_1(x)d(\Delta l) = \frac{1}{2}\int_0^l P_1(x)(y_{T1}'^2 - y_{01}'^2)dx$

曲基本轨　　$A_{14} = \int_0^l P_4(x)d(\Delta l) = \frac{1}{2}\int_0^l P_4(x)(y_T'^2 - y_0'^2)dx$

直导轨　　$A_{13} = \int_0^{l_2} P_3(x')d(\Delta l) = \frac{1}{2}\int_0^{l_2} P_3(x)[y_{T1}'^2(l_1+x') - y_{01}'^2(l_1+x')]dx'$　$\left.\begin{array}{l}\\ \\ \\ \\ \\ \\ \end{array}\right\}$ (3.98)

曲导轨　　$A_{12} = \int_0^{l_2} P_2(x')d(\Delta l)$

　　　　　　$= \frac{1}{2}\int_0^{l_2} P_2(x)[y_T'^2(l_1+x') - y_0'^2(l_1+x')]dx'$

式中　　Δl—— 变形过程中钢轨弧长变化量。

曲股钢轨初始变形函数　　$y_0 = f_{0e}\sin\frac{\pi x}{l} + \frac{1}{R'}\cdot\frac{(l-x)x}{2}$

曲股钢轨变形函数　　$y_T = y_0 + f\sin\frac{\pi x}{l}$

直股钢轨初始变形函数　　$y_{01} = f_{0e}\sin\frac{\pi x}{x} + \frac{1}{R_{0p}}\cdot\frac{(l-x)x}{2}$

直股钢轨变形函数　　$y_{T1} = y_{01} + f\sin\frac{\pi x}{l}$

又 $\qquad \dfrac{1}{R'} = \dfrac{1}{R_{0p}} + \dfrac{1}{R}$

式中 $\quad R$ —— 导曲线半径；

$\qquad R_{0p}$ —— 原始塑性曲线半径，$R_{0p} = \dfrac{l_0^2}{8f_{0p}}$ ；

$\qquad f_{0e}$ —— 原始弹性变形矢度；

$\qquad f_{0p}$ —— 原始塑性变形矢度。

（2）轨道框架弯曲变形能。

钢轨的弯曲变形能由两部分组成，即原始弹性弯曲内力矩 M_{0e} 因所产生变形而储存的形变能，以及在变形过程中因新增加的内力矩 M_f 而储存的形变能。

$$A_2 = \int_0^l M_{0e}\mathrm{d}\theta_f + \frac{1}{2}\int_0^l M_f\mathrm{d}\theta \tag{3.99}$$

式中 $\quad \mathrm{d}\theta_f = (y_T - y_0)''\mathrm{d}x = -\dfrac{f\pi^2}{l^2}\sin\dfrac{\pi x}{l}\mathrm{d}x$ ；

$\qquad M_f = EJ_y(y_T - y_0)'' = -EJ_y\dfrac{f\pi^2}{l^2}\sin\dfrac{\pi x}{l}$ ；

$\qquad M_{0e} = EJ_y(y_0 - y_{0p})'' = -EJ_y\dfrac{f_{0e}\pi^2}{l^2}\sin\dfrac{\pi x}{l}$ 。

式中的 EJ_y 为一组轨道框架刚度。

针对直侧股轨道框架，该形变能是不同的，即

基本轨 $\qquad A_{21} = \dfrac{EJ_y\pi^4}{2l^3}\left(\dfrac{f^2}{2} + ff_{0e}\right)$ （3.100a）

导轨 $\qquad A_{22} = \displaystyle\int_{l_1}^l \frac{EJ_y ff_{0e}\pi^4}{l^4}\sin^2\frac{\pi x}{l}\mathrm{d}x + \frac{1}{2}\int_{l_1}^l \frac{EJ_y f^2\pi^4}{l^4}\sin^2\frac{\pi x}{l}\mathrm{d}x$

$$= \frac{EJ_y\pi^4}{2l^4}\left[\left(\frac{f^2}{2} + ff_{0e}\right)\left(l_2 + \frac{l}{2\pi}\sin\frac{2\pi l_1}{l}\right)\right] \tag{3.100b}$$

（3）道床形变能。

道床横向阻力采用下式表示，即

$$q = q_0 - c_1 y^z + c_2 y^n \tag{3.101}$$

式中 $\quad q_0$ —— 初始道床横向阻力；

$\qquad c_1$ ，c_2 ，z ，n —— 阻力系数。

道床形变能为

$$A_3 = \int_0^l \int_0^y q\,\mathrm{d}y\mathrm{d}x = \int_0^l \left(q_0 y - \frac{c_1 y^2}{2} + \frac{c_2 y^{n+1}}{n+1} \right) \mathrm{d}x \qquad (3.102)$$

3. 计算方法

由于在不同的升温条件下基本轨的附加温度力不同，且每根钢轨的温度力分布也不相同，故很难得到简单表达的统一公式，因此，只能着重分析不同升温条件下的安全储备量。

由式（3.97a）可以看出，当温度力达到临界温度压力时，失稳能量正好与稳定能量相等，此时若温度压力较低，失稳能量较小，无缝道岔稳定。式（3.97a）右端第一项为失稳能量，后两项为稳定能量。由于无法得到钢轨压缩变形能对变形矢度的偏导解析式，故只能采用数值方法，即改变矢度微小变化量，由压缩变形能微小变化量与矢度微小变化量的比值，经多次逼近即可得到对应矢度值的钢轨压缩能微分值。

计算对应温升条件的安全系数时可采用计算机迭代求解，即设定一变形曲线长以及变形曲线位置，计算失稳能量与稳定能量，由稳定能量与失稳能量的比值得到对应温升的安全系数。通过变化波长及变形曲线位置计算出一系列安全系数，最小值即为该无缝道岔在对应温升条件下的安全储备量。再改变温升条件，计算出无缝道岔中各钢轨的温度力，即可得到容许安全储备量（如安全系数取 1.25）对应的温升，即该无缝道岔的最大容许温升。

（二）简化计算公式

前面所建立的无缝道岔稳定性计算方法虽然能适用各种情况，但不够直观，不便于现场人员直接使用，因此，在符合下列条件的情况下，可采用简化计算的方法。分析表明，最不利的变形曲线位于辙跟至岔前范围内。由于伸入导曲线部分的长度较短，为简化计算，可不考虑伸入导曲线部分的弹性势能；在道岔全焊情况下直曲基本轨纵向力分布近似相同，因此，在简化计算时假设两钢轨在辙跟处的最大温度力 P 相同；在辙跟至尖轨尖端前的一段范围内，由于基本轨温度力梯度近似为线性道床纵向阻力，因此，在简化计算中该范围内纵向力设为线性分布。各弹性势能的变分表达式为

$$\frac{\partial A_1}{\partial f} = -\frac{\pi^2(4P-3lr)}{4l}(f+f_{0e}) - \frac{(4P+2lr)l}{\pi}\left(\frac{1}{R'} + \frac{1}{R_{0p}} \right) \qquad (3.103)$$

$$\frac{\partial A_2}{\partial f} = -\frac{EJ_y \pi^4}{2l^3}(f+f_{0e}) \qquad (3.104)$$

$$\frac{\partial A_3}{\partial f} = \frac{2}{\pi}\left(q_0 - \frac{c_1}{2}f + \frac{\pi}{2}c_n c_2 f^n \right)l = \frac{2Ql}{\pi} \qquad (3.105)$$

式中　r——线路纵向阻力；

$$c_n = \int_0^l \sin^{n+1} \frac{\pi x}{l} \mathrm{d}x \, 。$$

利用式（3.97a），可得

$$P = \frac{\left(EJ_y \frac{\pi^2}{l^2} + \frac{3lr}{2}\right)(f + f_{0e}) + \frac{4}{\pi^3}Ql^2 + \frac{2l^3 r}{\pi^3}\left(\frac{1}{R'} + \frac{1}{R_{0p}}\right)}{2(f + f_{0e}) + \frac{4l^2}{\pi^3}\left(\frac{1}{R'} + \frac{1}{R_{0p}}\right)} \tag{3.106}$$

由式（3.97b）即可求得 l 值，回代至式（3.106）中，可得到无缝道岔辙跟处失稳临界温度压力。

四、关于岔前无缝线路稳定性检算的建议

从目前无缝道岔的使用情况来看，转换时的卡阻是最为严重的问题，出现的故障也最多，而轨道部件强度、岔前无缝线路失稳是相对次要的问题，国内尚未发生过岔前无缝线路失稳的现象。因此，在岔前无缝线路允许的最大升温幅度的计算中，不能过于偏重安全，否则将导致无缝道岔的降温幅度过大（受年轨温差限制）。

降温幅度越大，尖轨及心轨的伸缩位移就越大，也越容易引起卡阻，最终将影响无缝道岔的正常使用。从这个角度考虑，应以控制最大升温或降温幅度，即控制尖轨及心轨的最大伸缩位移来设计无缝道岔的容许铺设轨温范围，并尽可能使最大升温、降温幅度相等。

综合考虑，无缝道岔稳定性可采用简化计算的方法予以检算，只要计算误差不要太大即可。通过与基于统一公式的稳定性计算方法比较，为减少简化算法的计算误差，建议在采用简化算法检算岔前无缝线路稳定性时，采用波长为 4 m 范围内的基本轨温度力平均值作为检算荷载；在采用不等波长公式检算岔前无缝线路稳定性时，建议不考虑锁定轨温的降低值 8℃。这样几种方法计算所得的允许升温幅度近似相同，都可用于无缝道岔稳定性检算。

第四节　无缝道岔计算参数

计算参数的选取是否合理直接关系到计算模型的模拟分析能否成功，若计算模型与实际很吻合，而计算参数偏差很大，模拟分析将有可能完全失真。

基于实际结构所建立的无缝道岔分析模型，一方面可以根据实际测得的各种阻力来模拟无缝道岔的受力与变形，使仿真结果更加符合实际，而另一方面，由于轨道结构的型式及各种参数的离散性较大，需要对各参数进行大量广泛的试验，取得其变化规律和实际数据，并提出合理的供无缝道岔设计用的各项参数，这样才能合理地设计无缝道岔中的岔枕、扣件、接头、限位器、间隔铁等重要传力部件，确保无缝道岔安全可靠的使用，也才能为无缝道岔的铺设与养护提供有效的指导。无缝道岔计算中所需计算参数主要有以下几项。

1. 基本参数

无缝道岔温度力及位移计算中将用到的计算参数有：钢轨重量（60 kg/m 钢轨）、钢轨截面积（$A = 77.45 \text{ cm}^2$）、钢轨弹性模量（$E = 2.1 \times 10^{11} \text{ N/m}^2$）、钢轨线膨胀系数（$\alpha = 11.8 \times 10^{-6} /°C$）、岔枕间距：0.6 m；岔枕型式：木枕或混凝土枕及混凝土岔枕截面顶宽 260 mm、底宽 300 mm、高 220 mm，对垂直轴的惯性矩 $5.029\,9 \times 10^{-4} \text{ m}^4$，混凝土的弹性模量为 $34.5 \times 10^9 \text{ N/m}^2$；无缝道岔结构参数：道岔号码、辙叉型式、导曲线半径、限位器数量及位置、侧股焊接型式、直侧股间隔铁数量及位置、特征岔枕位置等。以上这些计算参数根据无缝道岔设计图即可确定。

岔区无缝线路可采用常量阻力，与桥上无缝线路一样，偏安全地取为 70 N/cm，但在岔区无缝线路的计算中一般是以单位枕长计算道岔纵向阻力的，以普通枕长 2.6 m 换算成岔区道床纵向阻力为 $p = 2 \times 70 \times 60 / 260 = 32 \text{ N/cm}$。

以上分析表明，岔枕纵向阻力、扣件纵向阻力、扣件阻矩、间隔铁阻力、限位器阻力与其实际状态有很大关系，且阻力均随位移的变化而呈非线性变化。在计算中还可采用非线性阻力（多项式拟合、指数函数拟合、幂函数拟合等）、线性阻力（存在极限阻力、不存在极限阻力）、常阻力等表达形式，而不同的阻力型式及其取值大小对计算结果的影响很大。

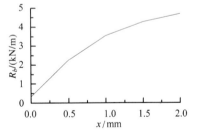

图 3.29　道床纵向阻力测试值
位移曲线

2. 道床纵向阻力测试值

道床纵向阻力可采用秦沈客运专线混凝土岔枕的测试值，见表 3.10，其阻力位移曲线如图 3.29 所示。

表 3.10　道床纵向阻力测试值

位移（mm）	0	0.5	1.0	1.5	2.0
单位枕长平均阻力（kN/m）	0.327	2.272	3.541	4.267	4.628

表中岔枕极限阻力正好达到了跨区间无缝线路开通条件的要求。

常阻力：计算中道床纵向阻力若取为常阻力，则该值为 3.2 kN/m。

多项式表达的非线性阻力

$$f(R_b) = 0.326 + 4.687 \times 10^3 y -$$
$$1.685 \times 10^6 y^2 + 2.087 \times 10^8 y^3 \quad （\text{kN/m/m}） \tag{3.107}$$

式中位移单位为 m，当岔枕纵向位移大于 2 mm 时，取 2 mm 时的阻力值。

指数函数表达的非线性阻力

$$f(R_b) = 4.713(1.062 - e^{-2\,507.02 y^{1.11}}) \quad （\text{kN/m/m}） \tag{3.108}$$

线性阻力：该值取为 2 314 kN/m/m。若考虑极限阻力，当岔枕纵向位移大于 2 mm 时，取 2 mm 时的阻力值。

3. 扣件纵向阻力测试值

北京交通大学对秦沈客运专线 18 号道岔弹条Ⅲ型扣件进行了测试。由于该扣件为双重垫层的弹性扣件，与区间线路结构不同，即混凝土岔枕与铁垫板间存在一层胶垫，轨底与铁垫板之间存在一层与区间线路相同的橡胶垫层。与区间线路相比，道岔区内扣件滑移位移较大，滑移时扣件纵向阻力较小。Ⅲ型扣件纵向阻力测试值见表 3.11，拟合曲线如图 3.30 所示。

表 3.11　Ⅲ型扣件纵向阻力测试值

位移（mm）	0	0.25	0.5	0.75	1.0	1.5	2.0
阻力（kN/组）	0.0	10.6	14.5	16.5	18.2	18.9	19.1

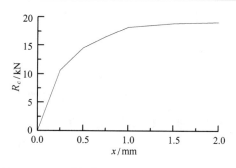

图 3.30　Ⅲ型扣件纵向阻力测试值拟合曲线

轨下胶垫经过一段运行时间之后，会产生残余压缩变形，致使扣件纵向阻力下降。据铁道科学研究院试验证实，当胶垫压缩 1 mm 后，阻力下降 25% 左右。因此，计算中若取扣件纵向阻力为常值，则应取值 16 kN。

多项式表达的非线性阻力

$$f(R_c) = 0.159 + 5.383 \times 10^4 y - 6.489 \times 10^7 y^2 +$$
$$3.577 \times 10^{10} y^3 - 7.202 \times 10^{12} y^4 \quad （kN/m） \tag{3.109}$$

式中位移单位为 m，当钢轨纵向位移大于 2 mm 时，取 2 mm 时的扣件纵向阻力值。

指数函数表达的非线性阻力

$$f(R_c) = 13.083(1.461 - e^{-30\,313.6 y^{1.352}}) \quad （kN/m） \tag{3.110}$$

线性阻力：该值取为 18 200 kN/m。若考虑极限阻力，当钢轨与岔枕相对纵向位移大于 1 mm 时，取 1 mm 时的阻力值。

对于 Ⅱ 型扣件，常阻力取为 12.5 kN。

4. 扣件阻矩测试值

扣件阻矩采用Ⅲ型扣件的测试值见表 3.12，拟合曲线如图 3.31 所示。

表 3.12　扣件阻矩测试值

转角（10^{-3} rad）	0	2.5	5.0	7.5	10.0	12.5	15.0
阻矩 kN·m	0.50	1.25	1.78	2.26	2.50	2.56	2.61

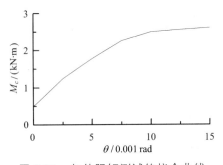

图 3.31　扣件阻矩测试值拟合曲线

由于扣件阻矩值不大，所以对岔枕弯曲变形的影响较小。计算中若要考虑扣件阻矩的影响，可以采用常值进行计算，取测试平均值 2.6 kN·m。

多项式表达的非线性阻矩

$$f(M_c) = 0.506 + 2.985 \times 10^2 y - 1.794 \times 10^3 y^2 -$$
$$1.312 \times 10^6 y^3 + 4.848 \times 10^7 y^4 \quad （kN·m） \tag{3.111}$$

式中转角单位为 rad，当钢轨转角大于 0.015 rad 时，取 0.015 2 rad 时的扣件阻矩值。

指数函数表达的非线性阻矩

$$f(M_c) = 2.121(1.234 - e^{-237\,384.3y^{1.638}}) \quad (\text{kN} \cdot \text{m}) \tag{3.112}$$

线性阻矩：该值取为 2 500 kN · m/rad。若考虑极限阻矩，当钢轨转角大于 0.01 rad 时，取 0.01 rad 时的扣件阻矩值。

5. 限位器阻力测试值

在中铁山桥厂，我们对限位器、间隔铁阻力进行了测试。限位器子母块在不同荷载条件下的测试位移见表 3.13。在分别对子母块进行加载试验的情况下，两者位移之和即为导轨与基本轨的相对位移，由此得到荷载位移拟合曲线，如图 3.32 所示。

表 3.13　限位器子母块位移测试值

荷载（kN）	50	100	150	200	250	310	410	510
子块位移（mm）	0.03	0.09	0.18	0.58	1.03	1.36	1.89	2.38
母块位移（mm）	0.28	0.47	0.73	1.06	1.51	2.12	3.24	4.42

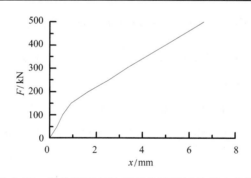

图 3.32　限位器子母块相对位移测试值拟合曲线

计算中限位器阻力若采用线性阻力，则可采用分段线性阻力。当两轨相对位移小于 1 mm 时，限位器阻力取为 1.5×10^5 kN/m；当两轨相对位移大于 1 mm 时，限位器阻力取为 6×10^4 kN/m。若采用非线性阻力，则可采用下式表示，即

$$f(F_x) = -51.664 + 4.0 \times 10^5 y - 2.834 \times 10^8 y^2 +$$
$$1.142 \times 10^{11} y^3 - 2.383 \times 10^{13} y^4 +$$
$$2.482 \times 10^{15} y^5 - 1.021 \times 10^{17} y^6 \quad (\text{kN} \cdot \text{m}) \tag{3.113}$$

6. 间隔铁阻力测试值

间隔铁阻力测试方法有偏心加载和中心加载，在不同荷载条件下两钢轨相对位移见表 3.14，荷载位移拟合曲线如图 3.33 所示。

表 3.14　间隔铁联结钢轨位移测试值

荷载（kN）	50	100	150	200	250	310	410	490
偏心加载（mm）	0.26	1.05	2.79	4.12	5.53	7.00	9.00	10.55
中心加载（mm）	0.08	1.36	2.56	4.52	6.00	7.04	8.60	10.80
平均值（mm）	0.17	1.20	2.68	4.32	5.77	7.02	8.80	10.68

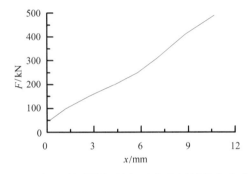

图 3.33　间隔铁联结钢轨相对位移测试值拟合曲线

计算中间隔铁阻力若采用线性阻力，可取为 5×10^4 kN/m；若采用非线性阻力，则可采用下式表示

$$f(F_x) = 40.488 + 5.8 \times 10^4 y - 7.926 \times 10^6 y^2 + 3.975 \times 10^8 y^3 +$$
$$1.015 \times 10^{11} y^4 - 7.702 \times 10^{12} y^5 \quad （\text{kN·m}） \qquad （3.114）$$

第五节　无缝道岔检算项目与检算指标

在确定了跨区间无缝线路的锁定轨温后，即可采用前述计算理论算得无缝道岔在各种铺设条件下，钢轨承受的最大温度拉力和压力。由于无缝道岔基本轨要承受额外的附加温度力，同时道岔有关部件也要承受剪力，尖轨和可动心轨还要产生较大的伸缩位移。因此，必须对无缝道岔进行检算，以确定锁定轨温初值是否恰当。目前，国内无缝道岔设计理论主要侧重于钢轨强度、岔前稳

定性、尖轨及可动心轨位移、传力部件及螺栓剪切强度这四个检算项目。针对无缝道岔在近几年的铺设实践中所出现的一些病害，如卡阻、尖轨侧拱、道岔爬行等，本书归纳总结出一些检算项目的检算指标，供无缝道岔设计、铺设及养护维修时使用。

一、钢轨强度检算

无缝道岔的基本轨处于无缝线路固定区，当轨温下降时，基本轨要承受拉力，与此同时道岔里轨收缩时也会把附加温度拉力作用在基本轨上，这样就会使基本轨承受比无缝线路钢轨还要大的温度拉力。因此，必须对基本轨，特别是基本轨的焊接接头强度进行检算。

当轨温上升时，基本轨要承受固定区压力及附加温度压力。检算部位通常在尖轨跟端附近，此处存在最大附加温度力。而对短翼轨可动心轨道岔，在心轨跟端对应的基本轨处，也存在较大的附加温度力，因而该处基本轨强度也要进行检算。

在辙跟附近，基本轨一般存在焊接接头，由于目前焊接质量不可能保证焊头与钢轨母材完全等强，因此，此处钢轨的容许强度应较其他部位略小。

钢轨强度检算公式为

$$\sigma_d + \sigma_t + \sigma_c + \sigma_f \leqslant [\sigma] \tag{3.115}$$

式中　σ_d —— 钢轨弯应力，可按轨道强度计算法算得，当轨温下降时，取轨底动拉应力；当轨温升高时，取轨头动压应力；

σ_t —— 无缝线路固定区钢轨温度应力，对于 60 kg/m 钢轨，轨温幅度每增加 1°C 时，该值增加 2.43 MPa；

σ_c —— 制动附加应力，取值 10 MPa；

σ_f —— 钢轨附加温度应力，取辙跟或短翼轨可动心轨跟端对应处最大附加温度力进行检算，$\sigma_f = \dfrac{\max \Delta P}{A}$（式中，$\max \Delta P$ 为基本轨上最大附加温度力，A 为钢轨截面面积）；

$[\sigma]$ —— 钢轨容许应力，$[\sigma] = \sigma_s / K$（式中，σ_s 为钢轨屈服强度，对普通碳素轨取 $\sigma_s = 405$ MPa，对低合金钢轨取 $\sigma_s = 457$ MPa，对 U75V 及稀土轨取 $\sigma_s = 550$ MPa；K 为安全系数，在检算轨温下降，辙跟处焊接接头强度时取值 1.4，其他情况下取值 1.3）。

在检算直基本轨时，主要考虑列车的速度系数 α。当列车速度 v 不大于

120 km/h 时，$\alpha = 0.004v$（内燃机车牵引）或 $\alpha = 0.006v$（电力机车牵引）。但目前的提速道岔、秦沈客运专线道岔以及正在设计的高速道岔，其直向过岔速度均大于 120 km/h，国内尚无设计规范。若参考日本新干线轨道设计荷载，并采用轮轨系统动力学方法分析钢轨上存在鞍形磨耗时的附加动轮载，建议在速度大于 120 km/h 时，取 $\alpha = 0.01v$。

因曲基本轨位于曲线内侧，存在有利的轮重偏载，为安全计，在检算曲基本轨时也仅考虑列车侧向过岔时的速度系数。

为了确保钢轨强度，建议在无缝道岔设计及铺设中注意以下事项，并采取下列加强措施：

① 应尽可能采用高强度钢轨，提高钢轨的容许应力；

② 确保钢轨焊接接头质量，尽量使焊头与母材等强（可在设计中将焊接接头位置后延 5～10 m，使最大附加温度力远离焊接接头）；

③ 在过岔速度较高而钢轨强度无法满足要求时，应缩短辙跟处岔枕间距，加强辙跟处轨道养护，确保该处不出现较大的轨面及轨道不平顺，降低该处钢轨动弯应力；

④ 合理设计无缝道岔锁定轨温，使最大升温与最大降温幅度不出现较大差值，在确保无缝道岔稳定性前提下，尽量降低钢轨应力水平；

⑤ 合理设计无缝道岔结构，加强无缝道岔及其前后线路的锁定，减小无缝道岔与其相邻线路及相邻道岔的铺设轨温差，尽量降低无缝道岔附加温度力。

二、无缝道岔稳定性检算

在采用已建立的基于统一公式的无缝道岔稳定性计算方法进行稳定性检算时，可取原始塑性弯曲矢度为 2 mm、容许变形矢度为 1 mm、安全系数为 1.25。在道岔直侧股均焊接的情况下，辙跟处的失稳临界温度压力可用近似公式计算。以辙跟处最大温度力进行检算时，应满足

$$P_t + \Delta P_{\max} \leqslant [P] = P / K = P / 1.25 \qquad （3.116）$$

为确保无缝道岔稳定性，建议在无缝道岔设计及铺设中注意以下事项：

① 无缝道岔应严格按照无缝线路进行管理，确保岔前线路的道床横向阻力，必要时在辙跟至岔前 50 m 的范围内，枕端道砟加宽、堆高；

② 在两道岔对接或岔前线路有明显爬行时，应加强对无缝道岔稳定性的观测与防爬锁定；

③ 无缝道岔尖端、辙跟、叉心处宜设置爬行观测桩，随时观测无缝道岔的爬行情况；

④ 在满足尖轨、心轨伸缩位移的条件下，可采取措施适当减小基本轨附加温度力，降低基本轨应力水平，提高岔前线路的稳定性。

三、无缝道岔中传力部件强度检算

（一）限位器及其螺栓、钢轨螺栓孔强度检算

当限位器子母块贴靠后，限位器开始承受道岔里轨所传递的纵向力，且子块与母块所承受的作用力大小相等，方向相反，该作用力最终由联结螺栓及钢轨螺栓孔承受。

1. 限位器子母块强度检算

在可动心轨无缝道岔设计中，限位器母块安装在尖轨上，而子块安装在基本轨上。因母块高度较小（仅为 60 mm），纵向力作用在母块上一般不会引起母块的变形，因此母块强度可不作检算，即现有母块强度已能满足无缝道岔的使用要求。而子块伸出端较长，纵向力作用点距离轨腰较远（约为 143 mm），弯矩作用较大，子块可按变截面悬臂梁模型进行检算。

目前，限位器材料通常选用的是 ZG270-500。根据无缝道岔最大轨温的变化幅度计算出限位器所承受的作用力 P 后，以限位器子母块间隙中点作为理论作用点，检算子块最不利截面处的强度是否满足要求。

2. 限位器螺栓强度检算

联结限位器子、母块的螺栓主要承受剪应力，而且子块螺栓中有一侧的螺栓在纵向力弯矩的作用下还会承受拉应力。

以秦沈客运专线无缝道岔为例，当限位器承受的作用力为 P 时，按力矩平衡可得一侧螺栓拉力约为 $0.4P$，该螺栓承受的拉应力为

$$\sigma = \frac{0.4P}{D^2 \pi / 4} \leqslant [\sigma] \qquad （3.117）$$

式中　　D——螺栓直径。

联结限位器的螺栓一般是 10.9 级的高强度螺栓，其容许拉应力 $[\sigma] = 692$ MPa。

限位器子母块联结螺栓通常为两根，在纵向力作用下，每根螺栓所承受的剪应力为

$$\tau = \frac{P - P'}{2D^2 \pi / 4} \leqslant [\tau] = 0.5[\sigma] \qquad （3.118）$$

式中 P'——螺栓拧紧后与钢轨间的摩擦阻力。

根据不同的螺栓扭矩，该 P' 值大小不一样，一般情况下可取值 30 kN 进行检算。但由限位器阻力试验发现，在使用普通螺母的情况下，摩擦阻力的出现不明显，为安全计，建议摩擦阻力取为 0 进行检算。螺栓的抗剪强度约为其抗拉强度的 1/2。

一般情况下，只要螺栓的抗剪强度能满足要求，其抗拉强度也能满足要求。若在设计限位器结构时，两螺栓孔间距较短，其抗拉强度可能无法满足强度要求，需要进行单独检算。

3. 钢轨螺栓孔强度检算

在螺栓挤压作用下，钢轨螺栓孔有可能出现开裂现象。以 60 kg/m 钢轨为例，其轨腰厚为 16.5 mm，在螺栓挤压作用下，钢轨螺栓孔应力为

$$\sigma = \frac{P - P'}{2 \times 16.5 \pi D / 2} \leqslant [\sigma] \qquad (3.119)$$

式中 D —— 为螺栓直径；

$[\sigma]$ —— 钢轨容许应力，可取基本轨强度检算时的容许应力。

联结螺栓直径一般只采用 24 mm 或 27 mm，且钢轨容许应力也较螺栓容许剪应力大，因此，只要螺栓剪应力能满足强度要求，则钢轨螺栓孔强度也能满足强度要求，故该项目也可不作检算。

（二）间隔铁及其螺栓、钢轨螺栓孔强度检算

同限位器一样，间隔铁也是无缝道岔中传力的重要部件。在无缝道岔的使用过程中曾出现过间隔铁开裂的现象。间隔铁一旦开裂，就会丧失传力作用并致使相邻间隔铁承受较大的作用力而相继开裂。

间隔铁位于两钢轨轨腰间。由于两钢轨产生相对位移，才会使间隔铁承受作用力。该作用力主要由间隔铁与钢轨间的摩擦阻力、螺栓剪力组成，在提供主动力一侧的螺栓所受剪力最大，可以该值进行检算。

1. 间隔铁强度检算

设间隔铁阻力为 P_j，摩擦阻力为 P''，间隔铁螺栓孔承受螺栓挤压作用力为不利情况，该应力为

$$\sigma_j = \frac{P_j - P''}{2 \times 20 \times \pi D / 2} \leqslant [\sigma_j] \qquad (3.120)$$

式中 D —— 联结螺栓直径，一般采用 2 根螺栓联结。

由于目前间隔铁结构一般为中空结构，承受螺栓挤压力的最不利厚度约为 20 mm。间隔铁材料一般采用 ZG230-450。试验表明，在普通螺栓联结情况下，摩擦阻力出现不明显，为安全计，取值 0 进行计算；在采用施必牢防松螺母进

行联结时，摩擦阻力出现十分明显，约为 50 kN，可取该值进行检算。

2. 间隔铁螺栓强度检算

间隔铁螺栓可只作剪应力检算，即

$$\tau = \frac{P_j - P''}{2D^2\pi/4} \leqslant [\tau] = 0.5[\sigma] \qquad (3.121)$$

式中各参数的取值可参见限位器螺栓强度检算取值。

3. 钢轨螺栓孔强度检算

同限位器联结时钢轨螺栓孔强度检算一样，只要螺栓剪应力能满足强度要求，则钢轨螺栓孔也可满足强度要求。

（三）设计及铺设注意事项

（1）无缝道岔中限位器变形及间隔铁破裂是常见的无缝道岔病害。从强度分析来看，间隔铁及联结螺栓的强度储备较低，因此，建议间隔铁材料采用铸钢，不宜采用铸铁，间隔铁中空部分宜适当减小，也可采用实心间隔铁结构。

（2）联结螺栓宜采用直径为 27 mm 的高强度螺栓，以降低螺栓承受的剪应力。此外，建议采用大扭矩防松螺母联结，以提高限位器及间隔铁的摩擦阻力，降低联结螺栓所承受的作用力。

（3）适当增加限位器或间隔铁数量，以降低限位器及间隔铁所承受的作用力，但同时应确保间隔铁与限位器数量增加后其基本轨强度及岔前无缝线路稳定性的要求。此外，适当增加联结螺栓的数量也可在一定程度上降低螺栓剪应力。

（4）铺设时应使限位器子母块处于居中位置，以避免限位器承受过大的作用力。养护维修过程中应检查限位器及间隔铁联结螺栓扭矩以确保能提供足够的阻力。试验表明，在往复加载过程中，若不确保螺栓扭矩，间隔铁及限位器阻力将大幅度降低。

四、尖轨伸缩位移检算

尖轨及心轨伸缩位移检算是无缝道岔的一项重要检算项目，无缝道岔转换卡阻、尖轨侧拱、心轨爬台等均是由于尖轨、心轨伸缩位移过大造成的，为确保无缝道岔的正常使用，宜进行下列项目的检算。

1. 尖轨绝对伸缩位移的检算

尖轨绝对伸缩位移检算是指尖轨上各牵引点处的伸缩位移不得超过电务转换系统的容许值，即 $\delta_j \leqslant [\delta_j]$。通常只对第一牵引点进行检算，以控制第一牵引点处尖轨伸缩位移不影响尖轨转换。在秦沈客运专线上也出现过其他牵引点卡阻的现象，这与钩形外锁的安装不良有关。

不同的转换系统，所容许的尖轨伸缩位移值也不一样。对于联动内锁闭转换系统，尖轨容许伸缩位移为 15 mm；对于分动燕尾外锁闭转换系统，尖轨容许伸缩位移为 20 mm；对于分动外锁闭钩锁转换系统，在开锁状态下，尖轨容许位移为 35 mm（对于 12 号和 18 号道岔）、40 mm（对于 38 号道岔），该系统容许位移值可调，在锁闭状态下，其容许位移较小，约为 25 ~ 30 mm；客运专线道岔中，对外锁结构进行了优化，容许伸缩位移可达 30 mm；对于自调式新型外锁闭转换系统，尖轨容许伸缩位移为 50 mm。

2. 尖轨与基本轨相对伸缩位移检算

尖轨沿基本轨伸缩，一方面有可能引起尖轨与基本轨不密贴，另一方面有可能引起轨距发生变化，需进行此项检算。

目前，藏尖式道岔结构其尖轨尖端前留有 60 ~ 150 mm 的空隙可确保尖轨伸长后仍能与基本轨密贴。一般情况下尖轨尖端与基本轨的相对伸缩位移均小于该容许值，可不作此方面的检算。只有在大号码道岔中尖轨尖端伸缩位移较大的情况下才作此项检算。

尖轨伸缩对轨距的影响与尖轨顶宽变化率有关，尖轨顶宽变化率越大的地方，轨距的变化量也越大。举例说明尖轨伸缩对轨距的影响：设从尖轨尖端至 71 mm 整断面处尖轨顶宽均匀变化，该范围总长为 6 m，设尖轨尖端伸缩位移为 30 mm，则所引起的轨距变化量为 0.355 mm。因此，建议将轨距变化量容许值控制在 0.5 mm 以内。对半切线形尖轨，其轨距变化量要大于全切线形尖轨。在道岔设计图上比较容易确定 0.5 mm 轨距变化量所容许的尖轨伸缩位移。

3. 联动内锁闭结构的两尖轨相对位移检算

在无缝道岔侧股不焊接的情况下，若采用的是联动内锁闭结构，道岔连接杆将直曲尖轨联结成整框架结构。在冬季降温情况下，因曲尖轨跟端收缩，通过道岔连杆带动直尖轨回缩，而曲基本轨位于无缝线路伸缩区，会向反方向收缩，并通过限位器或间隔铁跟端结构阻止直基尖轨回缩，在失稳情况下造成直尖轨侧拱；当无缝道岔升温时，还有可能导致曲基尖轨侧拱。

为了控制直尖轨出现过大的侧拱，导致轨距减小而过分增大轮轨动作用力，必须控制两尖轨跟端处的相对位移。以 60 kg/m 钢轨 12 号固定辙叉为例，最后一牵引点距离尖轨跟端约为 6 m，在曲基本轨与道岔连杆的共同作用下，直尖轨处于压杆稳定受力状态，发生侧拱意味着该压杆发生失稳，侧拱通常就出现在这 6 m 范围内。假设该压杆两端为固定端，沿钢轨垂直轴发生失稳，发生失稳时的临界应力为

$$\sigma_{cr} = \frac{\pi^2 E}{\lambda^2} \tag{3.122}$$

式中　E——钢轨弹性模量；

　　　$\lambda = \mu l / i$（$i = \sqrt{I/A}$；μ 为考虑压杆两端约束情况的长度系数，取值 0.5；l 为压杆长度；I 为 60AT 轨对垂直轴的抗弯刚度；A 为 60AT 轨截面面积）。

　　通过计算得出直尖轨失稳的临界应力为 152.8 MPa。失稳时直尖轨的压缩量为

$$\Delta l = \frac{\sigma_{cr} l}{E} = 5.6 \ (\text{mm})$$

　　由上式可见，当两尖轨跟端相对伸缩位移小于 5.6 mm 时，直尖轨处于稳定状态，不会发生侧拱；而此相对伸缩位移一旦大于 5.6 mm 时，直尖轨即失稳。因此，建议两尖轨跟端的相对位移差容许值为 5 mm，所建立的有限单元法无缝道岔计算理论可用于计算无缝道岔侧股为普通线路的情况。采用半焊方式时，很容易导致两尖轨伸缩位移超过 5 mm，因此应慎用半焊方式避免侧拱、卡阻。

4. 分动钩型外锁结构的尖轨侧拱位移检算

　　目前，分动钩型外锁结构已普遍应用于新设计的无缝道岔中。该结构锁闭力量强，所容许的尖轨伸缩位移量较大。但是在直侧股行车密度相差较悬殊的地段，因一侧尖轨长时间锁闭，在无缝道岔升温的情况下，尖轨要伸长，而钩锁横向刚度较大，尖轨很难伸长，又因尖轨跟端受到较大的温度压力作用，因而最后一牵引点至尖轨跟端范围也存在压杆的稳定问题，一旦失稳，同样会引起尖轨侧拱。同时还有可能因钢轨温度力过大，传递至钩锁上而导致钩锁销轴弯曲，一旦销轴弯曲，在转换时因尖轨需伸长，极易导致卡阻。

　　以秦沈客运专线 38 号道岔为例，第六牵引点至尖轨跟端间的距离约为 10.2 m，两端同样假设为固定端约束，计算得临界压应力为 67.2 MPa，相应的压缩量为 3.3 mm，该压应力对应的升温幅度为 27℃。也就是说，如果该道岔直向或侧向开通后，一直处于锁闭状态，而此后无缝道岔轨温升高了 27℃，因尖轨前端不能自由伸缩，将会发生失稳而产生侧拱。38 号道岔为渡线道岔，这种情况是经常发生的，有可能会一连数天不开通侧股，因而轨温升高 27℃ 以上完全有可能出现。因此，建议对采用分动钩型外锁结构的无缝道岔，应时常开通直侧股，以放散温度应力，若轨温在一定范围内升高而长期锁闭某一根尖轨，将有可能导致该尖轨发生侧拱。同时建议改进钩形外锁结构，确保在锁紧状态下也不阻止钢轨的伸缩。秦沈客运专线道岔养护维修中采取了定期转换道

岔的措施，并对外锁结构进行了局部改进和优化，开通运行稳定一段时间后，出现卡阻的几率已大幅度降低。

5. 设计及铺设注意事项

（1）为控制尖轨伸缩位移，在确保基本轨强度及稳定性的前提下，可采用间隔铁或限位器结构将较多的纵向力传递至基本轨，从而减小尖轨伸缩。

（2）对于配置联动内锁结构的无缝道岔，侧股宜焊连成无缝线路，或加强尖轨跟端联结，避免出现尖轨侧拱。

（3）钩型外锁结构可以容许较大的伸缩量，同时锁闭力量较强，若不及时释放尖轨内的压应力，将有可能导致尖轨侧拱，或者采用容许伸缩量更大的新型外锁结构。

（4）对于采用钢岔枕及分动外锁结构的无缝道岔，尖轨容许伸缩量主要受钢岔枕空间的限制。在大号码道岔中采用钢岔枕结构时，一定要在设计上为尖轨伸缩留出足够的空间。

（5）缩短尖轨自由段长度，同时优化牵引点布置，减少压杆长度。

五、可动心轨伸缩位移检算

1. 心轨绝对伸缩位移的检算

心轨绝对伸缩位移检算是指心轨上各牵引点处的伸缩位移不得超过容许值，即 $\delta_j \leqslant [\delta_j]$。通常需对各牵引点进行检算。可动心轨第一牵引点处的伸缩位移主要受转换系统容许值及转换凸缘空间限制，其他牵引点的伸缩位移主要受岔枕空间的限制。

不同的转换系统所容许的心轨伸缩位移值也不一样。对于分动燕尾外锁闭转换系统，心轨容许伸缩位移为 15 mm；对于外锁闭转换系统，心轨容许位移为 20 mm（对于 12 号、18 号道岔）或 25 mm（对于 38 号道岔）。

2. 心轨与翼轨相对伸缩位移检算

心轨沿翼轨伸缩，一方面有可能引起心轨与翼轨不密贴，另一方面有可能引起轨距发生变化。因此需进行此项检算。

目前，藏尖式可动心轨道岔结构，心轨尖端前留有 60～150 mm 的空隙可确保心轨伸长后仍能与翼轨密贴。一般情况下，心轨尖端与翼轨的相对伸缩位移均小于该容许值，可不作此方面的检算。只有在大号码道岔中，心轨尖端伸缩位移较大的情况下才作此项检算。

心轨伸缩对轨距的影响与心轨顶宽变化率有关。心轨顶宽变化率越大的地方，轨距的变化量也越大。举例说明心轨伸缩对轨距的影响：设从心轨尖端至

71 mm 整断面处心轨顶宽均匀变化，该范围总长为 3.7 m，设心轨尖端伸缩位移为 20 mm，则所引起的轨距变化量为 0.38 mm。因此，建议将轨距变化量容许值控制在 0.5 mm 以内。在道岔设计图上确定 0.5 mm 为轨距变化量所容许的心轨伸缩位移，并用于检算心轨伸缩位移是否超限。

　　3. 设计及铺设注意事项

　　（1）为控制心轨伸缩位移，在确保基本轨强度及稳定性的前提下，可增加间隔铁阻力，将较多的纵向力传递至翼轨，从而减小心轨伸缩。

　　（2）心轨伸缩位移受相邻道岔的影响较大，在两道岔顺接或相邻道岔、相邻线路存在铺设轨温差、岔后线路有爬行时，心轨伸缩位移将明显增大，故应以最不利条件进行检算。铺设时不要使相邻道岔、相邻线路出现较大的锁定轨温差，并加强岔后线路爬行锁定。

　　（3）对于采用钢岔枕及分动外锁结构的无缝道岔，心轨容许伸缩量主要受钢岔枕空间、转换凸缘空间的限制，在大号码道岔中采用钢岔枕结构时，一定要在设计上为心轨伸缩留出足够的空间。

　　（4）优化结构设计，减少心轨自由段长度。

　　（5）优化心轨结构，取消转换凸缘，提高心轨容许伸缩位移。

第六节　无缝道岔试验与验证

　　为了验证基于有限单元法所编制的无缝道岔计算程序的正确性，下面采用与有限元通用软件 ANSYS 建模分析比较、与现场无缝道岔测试数据对比、与其他计算方法结果对比等综合验证方法对其进行验证。

一、ANSYS 有限元通用软件的验证

1. 无缝道岔计算模型的建立

　　以单组道岔为例进行分析，直侧股均焊接、岔前岔后线路无爬行、与相邻线路无铺设轨温差。由于整组道岔中钢轨、轨枕、扣件及其他部件数量较多，因此对模型作了一些简化，即把钢轨简化成与 60 kg/m 钢轨截面相同的梁 [见图 3.34（a）]；将轨枕简化为梯形截面梁 [见图 3.34（b）]；扣件、限位器、间隔铁均采用非线性弹簧单元模拟；只考虑道岔的纵向运动；为了尽可能减小边界条件的影响，模型长度选取 100 m。

　　模型中，扣件和钢轨、扣件和轨枕通过节点位移耦合相连；限位器、间隔铁通过节点与钢轨位移耦合相连；轨枕与地基通过均布弹簧相连；钢轨端部用非线性弹簧固定。模型中用七种材料分别模拟钢轨、轨枕、扣件、限位器、间隔铁、地基弹簧和边界弹簧。建好的整体道岔模型如图 3.34（c）所示。

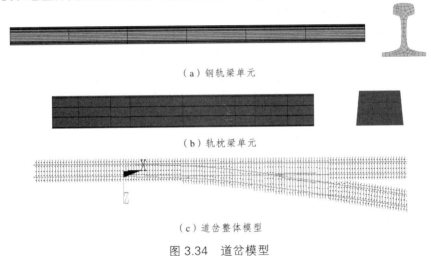

（a）钢轨梁单元

（b）轨枕梁单元

（c）道岔整体模型

图 3.34　道岔模型

2. 计算参数

　　以 60 kg/m 钢轨 12 号可动心轨提速 I 型无缝道岔为例进行计算分析，该道岔的结构特点为：混凝土岔枕；弹条Ⅲ型扣件；尖轨跟端设一组限位器，限位器子母块间隙 7 mm；长心轨跟端与长翼轨间由 4 个间隔铁联结；短心轨为斜接头；跟端与翼轨间由 3 个间隔铁联结，联结螺栓均为 $\Phi27$，螺栓扭矩为 900 N·m；直侧股钢轨均焊接；单组道岔，道岔前后线路无爬行；铺设时道岔与区间线路锁定轨温一致，最大轨温变化幅度为 50℃。

　　所采用的计算参数为：钢轨截面积 $A = 77.45$ cm^2，弹性模量 $E = 2.1 \times 10^{11}$ N/m^2，线膨胀系数 $\alpha = 11.8 \times 10^{-6}$ /℃，岔枕间距为 0.6 m，岔枕截面顶宽 260 mm，底宽 300 mm，高 220 mm，对垂直轴的惯性矩为 $5.029\ 9 \times 10^{-4}$ m^4，混凝土的弹性模量为 34.5×10^9 N/m^2。

　　道岔导曲线半径为 350.717 5 m。当区间线路为Ⅲ型混凝土枕和每公里铺设 1 667 根时，区间线路道床纵向阻力为 9.88 kN/m。道岔区内股岔枕为 88 根，尖轨尖端位于第 4 号岔枕上，尖轨跟端导曲线在第 24 号岔枕上开始有扣件联结，限位器位于第 25 号与 26 号岔枕间，心轨尖端位于 55 号岔枕上，长翼轨末端位于 71 号岔枕上，心轨跟端在 67 号岔枕上开始有扣件联结，最后一根长岔枕编号为 72 号。

　　道床纵向阻力采用混凝土岔枕的测试值。位移为 2 mm 时的道床纵向阻力与区间线路上的纵向阻力一致。扣件纵向阻力采用Ⅲ型扣件的测试值（考虑胶垫在使用过程中会出现残余压缩变形，扣件纵向阻力将降低 15%，当钢轨纵向位移大于 2 mm 时，取 2 mm 时的扣件纵向阻力值），扣件阻矩采用Ⅲ型扣件的测试值（当钢轨转角大于 0.015 rad 时，取 0.015 2 rad 时的扣件阻矩值），限位器阻力采用试验数值，间隔铁阻力采用试验数值。

3. 12 号可动心轨道岔温度力及位移计算

建立好 ANSYS 模型后，根据以上计算参数，当升温幅度为 50℃ 时，道岔各部件位移计算结果如图 3.35 所示。

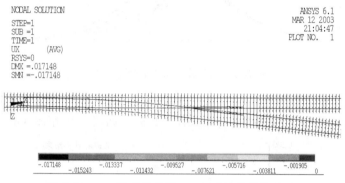

图 3.35　12 号道岔升温 50℃ 时的整体位移图

采用前述基本计算参数，当升温幅度为 50℃ 时，12 号道岔中各钢轨的温度力分布如图 3.36 所示。图中横坐标零点表示尖轨跟端位置，负值表示道岔前端距跟端距离，正值表示后端距跟端距离（以下各图中相同）。

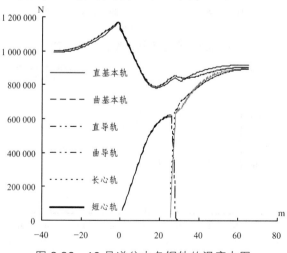

图 3.36　12 号道岔中各钢轨的温度力图

当升温幅度为 50°C 时，12 号道岔中各钢轨的位移如图 3.37 所示。

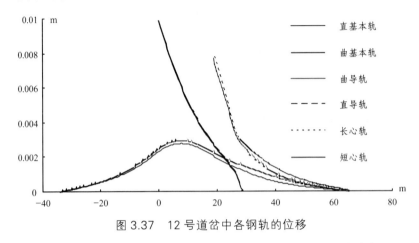

图 3.37　12 号道岔中各钢轨的位移

为了验证应用 WFDC 计算软件的正确性，在同种型号和相同工况下，将 ANSYS 计算结果与 WFDC 计算结果作了比较，如图 3.38 至图 3.49 所示。

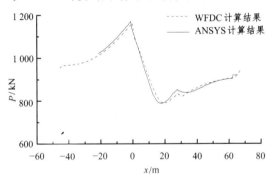

图 3.38　直基本轨温度力结果比较

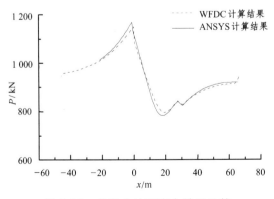

图 3.39　曲基本轨温度力结果比较

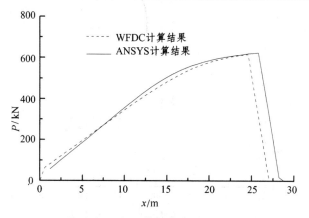

图 3.40　直导轨温度力结果比较

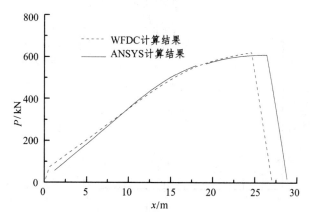

图 3.41　曲导轨温度力结果比较

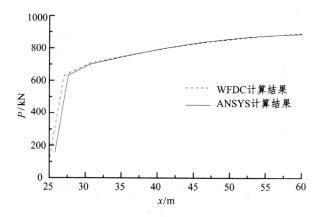

图 3.42　长心轨温度力结果比较

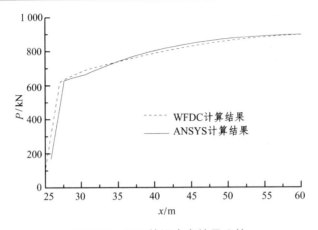

图 3.43　短心轨温度力结果比较

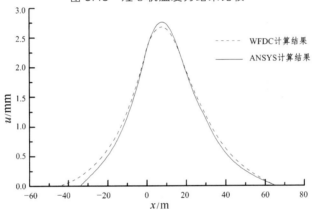

图 3.44　直基本轨位移结果比较

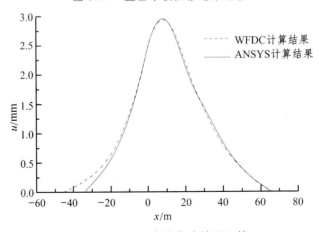

图 3.45　曲基本轨位移结果比较

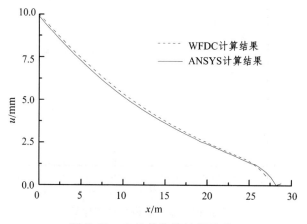

图 3.46 直导轨位移结果比较

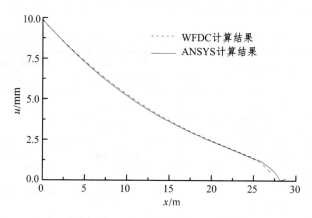

图 3.47 曲导轨位移结果比较

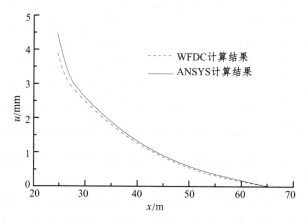

图 3.48 长心轨位移结果比较

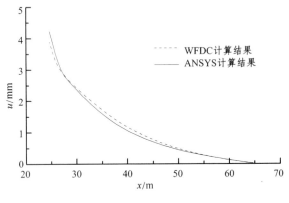

图 3.49 短心轨位移结果比较

ANSYS 有限元通用软件与 WFDC 计算软件主要计算结果的对比见表3.15。

表 3.15 应用 WFDC 和 ANSYS 两种软件主要计算结果对比

计 算 项 目	无缝道岔专用软件 WFDC 计算结果	ANSYS 有限元通用 软件计算结果
直基本轨最大温度力（kN）	1 165.30	1 168.30
直基本轨附加温度力增加幅度（%）	23.80	24.10
曲基本轨最大温度力（kN）	1 167.10	1 170.40
曲基本轨附加温度力增加幅度（%）	24.00	24.30
直基本轨最大位移（mm）	2.70	2.75
曲基本轨最大位移（mm）	2.94	2.95
辙跟处直导轨位移（mm）	9.85	9.86
辙跟处曲导轨位移（mm）	10.00	9.88
长心轨跟端位移（mm）	3.92	4.34
间隔铁作用力（kN）	140.90	140.50
限位器作用力（kN）	55.10	54.60

从表3.15及以上各图中可见，两种软件所得计算结果十分接近，验证了所编制的无缝道岔专用软件 WFDC 的正确性。

只要无缝道岔的基本计算原理正确，无论是采用通用 ANSYS 软件还是编制专用程序计算，其所得结果是一致的。通过对前面计算结果的比较，证明了无缝道岔计算理论的正确性，同时也证明了所编制的计算程序 WFDC 的正确性。

通过两种方法对无缝道岔进行计算，发现各有其优缺点，主要表现在：

（1）用 ANSYS 建立无缝道岔计算模型可以避免复杂的程序编制过程，所得到的结果较为直观，但建模过程较为繁琐，主要体现在以下几个方面：模型节点过多，不易控制。由于轨枕采用弹性支撑，若达到一定的计算精度，就必须将轨枕划分成较多的单元，同时，轨枕与钢轨连接处也必须有节点。因此，轨枕处单元数众多，这就意味着有大量的耦合节点和约束节点，如果某些节点未耦合或未约束就会影响结果的正确性。特别是在道岔群计算中，节点自由度及弹簧单元数较多，建模过程十分复杂，需耗费大量的时间。而 WFDC 专用软件编制过程较为复杂，主要是在边界条件的处理上工况较多。

（2）ANSYS 道岔模型一旦建立，很难做大的改动。如果想修改局部尺寸，如某一根钢轨的位置，就必须更改轨枕及其连接单元。而 WFDC 专用软件则对局部尺寸的修改较为容易，只需要改变输入数据文件即可。

（3）ANSYS 道岔模型的适用性较差，一个模型只针对某一特定的道岔，如果想计算另外型号的道岔，就必须重新建立道岔模型。而 WFDC 道岔专用软件只需改变道岔结构参数即可。

（4）两种计算方法均可采用线性或非线性阻力计算。ANSYS 计算软件中通过修改各弹簧单元的弹性模量实现，给出实验所得的离散点数据即可。而 WFDC 专用软件则需将实验所得离散点进行拟合后代入输入数据中。

总之，两种计算方法各有优缺点，总的来看，WFDC 专用软件一旦得到验证，在进行无缝道岔结构设计时，可以很方便地进行参数优化、结构优化，优越性十分明显。

二、无缝道岔测试结果验证

2002 年 6 月 16 日至 21 日，西南交通大学在京广线许昌工务段临颖车站对 60 kg/m 钢轨 12 号可动心轨提速无缝道岔的温度力和位移进行了测试。为了验证无缝道岔计算理论，还对不同长度的岔枕及区间Ⅲ型枕道床纵向阻力进行了测试。其测试结果及分析如下。

1. 测试道岔结构特点

本次试验的无缝道岔均为 60 kg/m 钢轨 12 号可动心轨提速道岔。道岔直股均焊接，而侧股均为普通接头。尖轨及心轨均采用分动燕尾外锁转换结构。无缝道岔中岔枕为混凝土岔枕、弹条Ⅱ型扣件、双层弹性垫层；区间线路为Ⅲ型混凝土枕、弹条Ⅱ型扣件。枕间及枕端道床饱满、道砟优质、道床稳定，整个道岔区均位于平直道上，线路无爬行。道岔及区间线路上枕间距均为 0.6 m。

上行线各无缝道岔及区间线路铺设锁定轨温均为 24°C；下行线上各无缝道岔及区间线路铺设锁定轨温均为 27°C。不存在铺设锁定轨温差。

2. 道岔群联结形式

临颖站郑州方向各道岔的布置方式如图 3.50 所示。

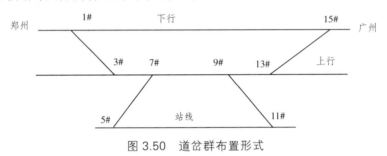

图 3.50   道岔群布置形式

7# 与 9# 道岔间由 22 根Ⅲ型混凝土枕过渡，3#与 7#道岔间由 4 根Ⅲ型混凝土枕联结。1#、3#、7#、5# 道岔与 15#、13#、9#、11#道岔呈对称分布。站线上的 5#、11#道岔为 60 kg/m 钢轨 12 号固定型单开道岔，木岔枕，直侧股均未与区间线路焊连，为普通接头。

在上行线上选择 7# 道岔进行温度力及位移测试，在下行线上选择 1# 道岔进行测试。7# 道岔与 9# 道岔为同向对接道岔，与 3#道岔为异向顺接道岔，与 5#道岔为渡线道岔，因而该无缝道岔受力及变形规律较复杂。

3. 温度力测点布置

1#及 7#道岔中均只测试了直基本轨附加温度力。7#道岔直基本轨上共布置了 49 个测点（转辙器部分 16 个，导曲线部分 29 个，心轨部分 4 个）；1#道岔上共布置了 48 个测点（转辙器部分 22 个，导曲线部分 19 个，心轨部分 7 个）。为了验证纵向力的测量精度，在尖轨跟端附近，共有 10 个枕跨在同一位置处布置了 2 个测点。

本次无缝道岔钢轨温度力测试采用 TS-3 型钢轨温度应力测试仪。道床纵向阻力采用推单根轨枕的方法进行测试。

4. 测试结果

当升温幅度为 19.3°C 时，7#道岔直基本轨附加温度力（ P ）分布如图 3.51 所示，图中最大附加温度压力为 92.2 kN，附加温度力增加幅度为 25.4%。当升温幅度为 18.4°C 时，1#道岔直基本轨附加温度力分布如图 3.52 所示，图中最大附加温度压力为 80.3 kN，附加温度力增加幅度为 23.2%。

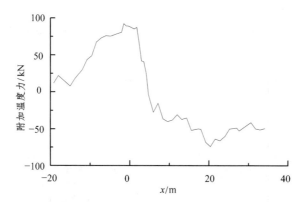

图 3.51　7#道岔基本轨附加温度力分布图

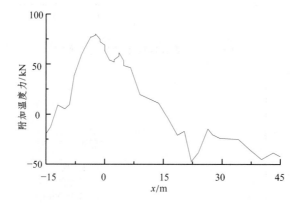

图 3.52　1#道岔基本轨附加温度力分布图

上行线上各道岔中尖轨尖端、心轨尖端及限位器子母块位移如表 3.16 所示。轨温变化幅度为 20℃。

表 3.16　道岔中尖轨尖端、心轨尖端及限位器子母块位移值

道岔号	尖端位移量（mm）			限位器子母块间的间隙变化量（mm）	
	直尖轨	曲尖轨	心　轨	曲尖轨	直尖轨
1#	7.0	6.0	3.5	2.2	4.5
7#	8.0	7.5	4.0	3.1	4.6

直尖轨跟端限位器子母块已接近贴靠，而曲尖轨跟端限位器子母块全未贴

靠, 这主要是由于侧股钢轨未焊接所导致的 (与理论计算结果一致), 同时也与曲尖轨限位器子块未居中有关。

7# 道岔各枕下道床纵向阻力如图 3.53 所示, 1# 道岔各枕下道床纵向阻力如图 3.54 所示。

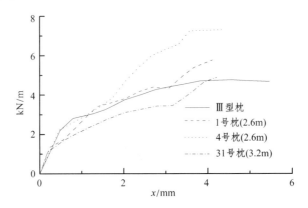

图 3.53   7# 道岔各枕下道床纵向阻力

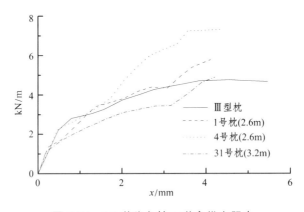

图 3.54   1# 道岔各枕下道床纵向阻力

5. 计算结果

1# 道岔与 3# 道岔形成渡线道岔群, 采用 1# 枕道床纵向阻力, 区间线路采用Ⅲ型枕道床纵向阻力测试结果, 道岔侧股不焊接, 轨温变化幅度为 20℃, 区间线路无爬行, 与相邻道岔、相邻区间线路轨条无铺设轨温差, 限位器子块未居于母块正中, 子母块间隙取值 4 mm。弹条Ⅱ型扣件纵向阻力取室内测试值。计算得 1# 道岔直基本轨温度力分布如图 3.55 所示。辙跟附近最大附加温度力约为 88.9 kN, 增加幅度约为 23.6%, 与测试结果较为吻合。计算得直尖轨尖端位移约为 6.5 mm，曲尖轨尖端位移约为 5.8 mm，曲尖轨跟端限位器间隙变化量为 1.9 mm，基尖轨跟端限位器间隙变化量约为 4.2 mm，心轨尖端位移为 3.1 mm，与位移测试结果也较为吻合。

7# 道岔与 3# 道岔形成异向顺接道岔群，与 5# 道岔形成渡线道岔，与 9# 道岔形成同向顺接道岔群，道岔与区间线路均采用Ⅲ型道床纵向阻力测试结果，道岔侧股不焊接，轨温变化幅度为 20℃，区间线路无爬行，与相邻道岔、相邻区间线路轨条无铺设轨温差，限位器子块未居于母块正中，子母块间隙取值 4 mm。弹条Ⅱ型扣件纵向阻力取室内测试值。计算得 7# 道岔直基本轨附加温度力分布如图 3.56 所示。辙跟附近最大附加温度力约为 91.7 kN，增加幅度约为 24.4%，在测试结果变化范围内。计算得直尖轨尖端位移约为 6.4 mm，曲尖轨尖端位移约为 6.0 mm，曲尖轨跟端限位器间隙变化量为 2.0 mm，基尖轨跟端限位器间隙变化量约为 4.1 mm，心轨尖端位移为 3.3 mm，与位移测试结果也较为吻合。由于轨温变化幅度不大，且采用的是侧股不焊接形式，道岔群的受力状况与单组道岔差别不明显。

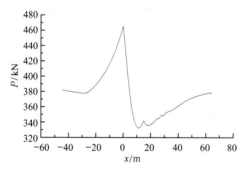
图 3.55　1#道岔直基本轨温度力

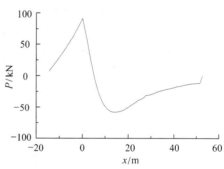
图 3.56　7#道岔直基本轨附加温度力

三、与其他计算理论的比较

由于其他计算理论均存在不同程度的不完善之处，为了与这些理论计算结果进行对比，须对这些理论作补充完善之后（见本章第一节）才有可比性。

1. 与当量阻力系数法比较

里轨通过岔枕弯曲传递给基本轨的温度力中，考虑道床纵向阻力，考虑限位器子母块可随尖轨及基本轨纵向移动（限位器的联结刚度取值 10^6 MN/m），将可动心轨道岔里轨视为非连续型轨条，基本轨附加温度力采用拉压面积相等原则进行求解。以 12 号可动心轨提速道岔为例进行计算,当量阻力系数法计算结果见表 3.17,有限单元法计算结果见表 3.18。可见,两种计算理论所得的结果比较接近,证明了无缝道岔有限单元法计算理论及完善后的当量阻力系数法的正确性。

表 3.17　当量阻力系数法计算结果

工　况	升温幅度 (℃)	最大附加 温度力 (kN)	最大温度 力增幅 (%)	每根限位 器螺栓剪 力(kN)	每根间隔 铁螺栓剪 力(kN)	尖轨尖端 位　移 (mm)	心轨尖端 位　移 (mm)
半　焊	45	171.0	20.2	19.5	91.4	15.8	8.1
半　焊	55	251.0	24.2	79.4	120.8	18.8	9.6
全　焊	45	181.0	21.4	19.8	91.5	15.8	8.1
全　焊	55	265.0	25.6	70.4	120.5	19.1	9.6
半焊、对接	45	175.0	20.7	19.5	91.5	15.8	8.1
半焊、对接	55	284.0	27.4	93.1	121.5	18.3	9.5

表 3.18　有限单元法计算结果

工　况	升温幅度 (℃)	最大附加 温度力 (kN)	最大温度 力增幅 (%)	每根限位 器螺栓剪 力(kN)	每根间隔 铁螺栓剪 力(kN)	尖轨尖端 位　移 (mm)	心轨尖端 位　移 (mm)
半　焊	45	190.2	22.4	20.3	80.1	16.0	9.1
半　焊	55	259.1	25.0	82.3	101.6	18.3	11.4
全　焊	45	188.1	22.2	35.6	80.6	16.1	9.1
全　焊	55	274.8	26.5	103.6	101.0	18.9	11.8
半焊、对接	45	200.8	23.7	22.5	80.0	15.9	9.0
半焊、对接	55	281.5	27.2	87.6	101.6	18.1	11.3

2. 与两轨相互作用法比较

以 60 kg/m 钢轨 12 号可动心轨提速道岔为例,采用两轨相互作用法进行计算。该道岔中翼轨末端采用三个间隔铁与心轨联结,全焊,单组道岔,道岔前后线路无爬行,与区间无缝线路不存在铺设轨温差,辙跟设置一个限位器,其子母块间隙为 7 mm。计算参数为:基本轨及导轨阻力 $r_1 = r_2 = 118(1.2 - e^{-15y^{1.8}})$ N/cm,

限位器阻力 $Q_x = 15.8[10(\lambda - \delta)]^{2.4}$ kN，导轨通过岔枕、扣件对基本轨施加的作用力 $r_4 = 31(1.6 - e^{-2.2y^{0.6}})$ N/cm，间隔铁阻力 $Q_x = 5[10(\lambda - \delta)]^{2.4}$ kN。轨温变化幅度为 50℃。对两轨相互作用计算方法作如下补充完善：补充基本轨拉压面积相等平衡条件，将翼轨与心轨视为不完全锁定，考虑限位器子母块间隙，采用蒙特卡洛法求解。三种计算方法所得的结果比较如表 3.19 所示。在两轨相互作用法中，若不考虑限位器子母块间隙，基本轨附加温度力及钢轨位移均有较大偏差；当考虑该限值后，所得结果与有限单元法较为接近。

表 3.19　两轨相互作用法计算结果比较

计　算　值	两轨相互作用法	完善后的两轨相互作用法	非线性阻力有限单元法
基本轨最大附加力（kN）	319.2	205.1	216.6
基本轨最大附加力增加幅度（%）	33.9	21.8	23.0
限位器作用力（kN）	412.3	147.9	139.6
联结心轨与翼轨的间隔铁作用力（kN）	660.9	401.0	495.1
尖轨跟端位移（mm）	7.9	11.4	12.4
尖轨与基本轨的相对位移（mm）	3.9	8.9	9.7
心轨跟端位移（mm）	3.3	7.9	7.2
心轨与导轨相对位移	0.0	4.0	5.2

第七节　无缝道岔计算方法与举例

目前，在新型道岔的设计中均已考虑了无缝化要求，一般情况下可在年轨温差 90℃ 地区铺设。但由于影响无缝道岔使用的因素很多，如道岔号码、道岔结构（仅 12 号道岔目前有十余种结构）、与相邻区间的铺设锁定轨温差、线路爬行、道岔群布置形式、夹直线长度、焊接形式等，因此，应针对无缝道岔的具体情况进行检算。

以某线铺设时速 200 km/h 提速 I 型道岔为例，最大温升为 32.8℃，最大温降为 39.5℃。该道岔为可动心轨结构，长翼轨末端与长短心轨各有 4 个铸钢间隔铁联结，尖轨跟端为限位器结构，混凝土岔枕，弹条 II 型扣件，道岔间夹直线长度按规范要求设置，可按单组道岔进行计算，道岔直侧股采用全焊方式，道岔前后无爬行。限位器组装时存在 3 mm 偏差，道岔与相邻区间长轨条焊连时，存在 5°C 的锁定轨温差。各种计算参数如前所述。

1. 升　温

计算升温时考虑使基本轨附加温度力增大的最不利条件为：限位器子母块间隙 4 mm，道岔前后区间线路锁定轨温较道岔低 5°C。

计算所得各钢轨纵向力如图 3.57 所示，各钢轨纵向位移如图 3.58 所示。

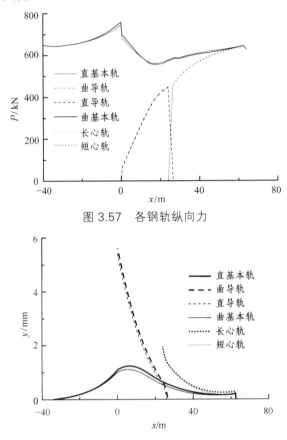

图 3.57　各钢轨纵向力

图 3.58　各钢轨纵向位移

计算所得基本轨上对应于辙跟处的最大附加温度压力为 116.4 kN（该值在无缝道岔稳定性容许限度 233.6 kN 内，也在钢轨强度容许范围内）；间隔铁所受纵向力为 104.6 kN，螺栓所受剪应力为 91.3 MPa（在容许限度 264 MPa 内）；限位器所受纵向力为 56.6 kN，螺栓剪应力为 49.4 MPa；尖轨尖端位移为 10.4 mm（在容许限度 20 mm 内）；心轨尖端位移为 4.7 mm（在容许限度 10 mm 内）。

2. 降　温

计算降温时考虑使尖轨位移增大的最不利条件为：限位器子母块间隙 10 mm，

岔后区间线路锁定轨温较道岔高 5℃，岔前区间线路锁定轨温较道岔低 5℃。

计算所得各钢轨纵向力如图 3.59 所示，各钢轨纵向位移如图 3.60 所示。

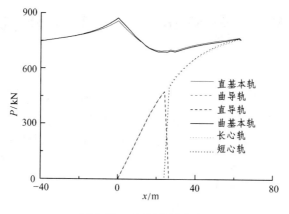

图 3.59　各钢轨纵向力

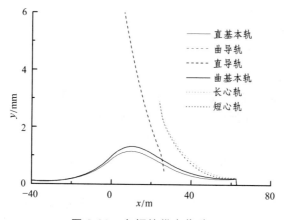

图 3.60　各钢轨纵向位移

计算所得基本轨上对应于辙跟处的最大附加温度拉力为 101.0 kN（在钢轨强度容许范围内）；间隔铁所受纵向力为 116.0 kN，螺栓所受剪应力为 101.3 MPa（在容许限度 264 MPa 内）；限位器未承受纵向力；尖轨尖端位移为 14.5 mm（在容许限度 20 mm 内）；心轨尖端位移为 6.3 mm（在容许限度 10 mm 内）。

3. 检算结论

可以在该设计锁定条件下铺设 60 kg/m 钢轨 12 号可动心轨提速 I 型道岔。为进一步改善无缝道岔受力与变形条件，限位器子母块组装间隙宜严格控制在 1 mm 以内。

第四章　无缝道岔受力与变形规律

跨区间无缝线路中无缝道岔钢轨受力与变形的计算及检算是无缝道岔设计、铺设和养护维修的核心与难点。由于影响无缝道岔钢轨受力与变形的因素很多，部分重要的影响因素在过去未能引起足够的重视，致使无缝道岔在使用过程中出现了卡阻、尖轨侧拱、间隔铁破裂、心轨爬行、联结螺栓变形过大等病害，严重时还导致线路无法正常开通。理论分析及铺设养护实践表明，无缝道岔受力与变形的主要影响因素有：

① 轨温变化幅度；

② 道岔结构类型：辙叉形式、道岔号数、尖轨心轨的自由伸缩段长度、岔枕形式（木枕、混凝土枕）；

③ 焊接形式：全焊、半焊、道岔区后半焊；

④ 道岔群形式：岔前对接、岔后对接、同向顺接、异向顺接、交叉渡线等，以及两道岔间的夹直线长度、两道岔类型不同等；

⑤ 扣件类型：扣件扭矩及阻力位移特性曲线；

⑥ 道床阻力特性，包括纵向阻力、横向阻力；

⑦ 限位器类型、数量、位置、子母块间隙、限位器的阻力位移特性曲线、栓接、焊接及胶接形式；

⑧ 间隔铁类型、数量、位置、螺栓数量、接触面积大小、阻力位移特性曲线、栓接或胶接形式；

⑨ 相邻长轨条的爬行状况，是否装有防爬器等，实践证明，这是影响无缝道岔的一个十分重要的因素；

⑩ 相邻长轨条及相邻道岔的锁定轨温状况，目前的要求是实际锁定轨温相差小于 5℃，实际应用中出现过相差 20℃ 的情况；

⑪ 相邻长轨条及相邻道岔的各种阻力状况无疑会影响温度力的传递；

⑫ 无缝道岔在轨温循环变化过程中，各种阻力的非线性变化及滞回影响。

本书拟大量地分析各种影响因素，弄清各种因素对无缝道岔受力与变形的影响程度，为无缝道岔的结构设计、铺设条件、养护维修技术条件等提供理论指导。

第一节　计算参数

以秦沈客运专线 60 kg/m 钢轨 18 号可动心轨无缝道岔为例进行计算分析。该道岔的结构特点为：混凝土岔枕；弹条Ⅲ型扣件；尖轨跟端设一组限位器；限位器子母块间隙 7 mm；长心轨跟端与长翼轨间由 4 个间隔铁联结；短心轨为斜接头；跟端与翼轨间由 3 个间隔铁联结；联结螺栓均为 $\Phi27$；螺栓扭矩为 900 N·m；直侧股钢轨均焊接；单组道岔，道岔前后线路无爬行；铺设时道岔与区间线路锁定轨温一致；最大轨温变化幅度为 55℃。

所采用的计算参数为：钢轨截面积 $A = 77.45\ cm^2$；弹性模量 $E = 2.1 \times 10^{11}\ N/m^2$；线膨胀系数 $\alpha = 11.8 \times 10^{-6}\ /℃$；岔枕间距为 0.6 m；岔枕截面顶宽 260 mm，底宽 300 mm，高 220 mm；对垂直轴的惯性矩为 $5.029\ 9 \times 10^{-4}\ m^4$；混凝土的弹性模量为 $34.5 \times 10^9\ N/m^2$。

道岔导曲线半径为 1 100 m。当区间线路为Ⅲ型混凝土枕且每公里铺设 1 667 根时，区间线路道床纵向阻力取值 9.88 kN/m。道岔区内直股岔枕为 134 根，尖轨尖端位于第 8 号岔枕上，尖轨跟端导曲线在第 38 号岔枕上开始有扣件联结，限位器位于第 39 号和第 40 号岔枕间，心轨尖端位于第 93 号岔枕上，长翼轨末端位于第 114 号岔枕上，心轨跟端在第 110 号岔枕上开始有扣件联结，最后一根长岔枕编号为第 124 号。

道岔区无缝线路可采用常量阻力，与桥上无缝线路一样，偏安全地取为 70 N/cm。但道岔区无缝线路的计算中一般是以单位枕长计算道岔纵向阻力的，以普通枕长 2.6 m 换算成道岔区道床纵向阻力 $p = 2 \times 70 \times 60 / 260 = 32\ N/cm$。

秦沈客运专线 18 号道岔弹条Ⅲ型扣件纵向阻力测试表明，由于该扣件为双重垫层的弹性扣件，与区间线路结构不同，即混凝土岔枕与铁垫板间存在一层胶垫，轨底与铁垫板之间存在一层与区间线路相同的橡胶垫层。与区间线路相比，道岔区内扣件滑移位移较大，滑移时扣件纵向阻力较小。轨下胶垫经过一段运行时间之后，会产生残余压缩变形，以致扣件纵向阻力下降（当胶垫压缩 1 mm 后，阻力下降 25% 左右）。因此，建议纵向阻力取值 16 kN，在位移小于 2 mm 时取为线性阻力，大于 2 mm 时取为常阻力。

由于扣件阻矩值不大，对岔枕弯曲变形的影响较小，计算中若要考虑扣件阻矩的影响，可以采用常值进行计算，取测试平均值 2.6 kN·m。

限位器是无缝道岔中重要的传力部件，由子母块两个部件组成，子块安装在基本轨轨腰上，母块安装在尖轨轨腰上，通常子母块间存在 7~10 mm 的间隙。只有当子母块贴靠后限位器才开始起作用，并将尖轨上的温度力传递给基本轨，同时阻碍尖轨的伸缩。在无缝道岔计算中，限位器阻力可采用线性拟合曲线，在本例中，其纵向水平刚度可取值 6×10^4 kN/m。

在长翼轨可动心轨无缝道岔中，采用间隔铁联结翼轨与心轨，纵向力通过间隔铁由心轨传递至翼轨上，同时减小心轨伸缩位移。此外，在部分固定辙叉无缝道岔中，尖轨跟端也可采用间隔铁将尖轨与基本轨联结起来，使纵向力由尖轨传递至基本轨，同时减小尖轨伸缩位移。由此可见，间隔铁是无缝道岔中重要的传力部件，其阻力特性直接影响着无缝道岔的受力与变形。在无缝道岔温度力及位移计算中，间隔铁阻力可以采用线性阻力，可取值 5×10^4 kN/m。

第二节　无缝道岔的钢轨温度力及位移分布规律

采用前述计算参数，可得 60kg/m 钢轨 18 号无缝道岔钢轨温度力与位移分布规律。

一、钢 轨 温 度 力

采用前述基本计算参数，升温幅度为 55℃ 时，18 号道岔中各钢轨的温度力分布如图 4.1 所示。图中横坐标零点表示尖轨跟端位置，负值表示道岔前端距跟端距离，正值表示后端距跟端距离。本章各图中的横坐标表示距尖轨跟端位置时所表示的含义均相同。

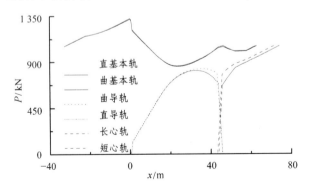

图 4.1　18 号道岔中各钢轨的温度力分布图

从图 4.1 中可以看出，无缝道岔中基本轨、导轨、心轨的温度力图有较大差异，主要是由于它们的受力特点不同所造成的，而直基本轨与曲基本轨、曲导轨与直导轨、长心轨与短心轨的受力比较相似。可见，在全焊情况下直侧股的受力基本上是对称的。

升温 55℃ 时，固定区温度力为 1 055.6 kN。在岔枕位移和限位器的共同作用下，基本轨出现附加温度力，最大温度力为 1 326.0 kN（增加了 25.6%），出现在限位器处。由于限位器承受有作用力，该作用力以集中力的形式传递给基本轨，因而基本轨温度力在该处有突变。同时，因导轨两端出现反向位移，心轨跟端处的基本轨温度力还存在一个小的突变。分析两相邻钢轨节点处的温度力差值，未超过Ⅲ型扣件的滑移阻力 19 kN。由于采用非线性模型，道岔区内基本轨温度力的变化梯度不是常量。基本轨附加温度力的影响范围在尖轨跟端前 35 m 至心轨跟端后 25 m 范围内。计算表明，基本轨附加温度力图正负面积相等。

导轨前端受到限位器作用力，后端受到间隔铁作用力，整个轨条温度力均小于固定区温度力，最大温度力大约出现在距导轨末端 1/3 处。尖轨跟端处限位器作用力为 85.6 kN，导轨、基本轨温度力在该处的突变值均为限位器作用力，两限位器作用力基本相等。导轨前段部分相邻节点的温度力差值约为 19 kN，即为Ⅲ型扣件的滑移阻力，说明主要是扣件纵向阻力在起作用。由于曲导轨末端长翼轨与心轨间采用四组间隔铁联结，而直导轨末端为三组间隔铁，因而两导轨后段部分温度力图略有差别。曲导轨末端四组间隔铁阻力分别为 175.2 kN、171.2 kN、171.2 kN、175.2 kN，直导轨末端三组间隔铁阻力分别为 202.9 kN、200.4 kN、202.9 kN，总间隔铁阻力小于曲导轨。导轨末端温度力与间隔铁总阻力相等。从间隔铁受力情况来看，各间隔铁所受作用力基本相等。可见，每一个间隔铁均在温度力的传递过程中起作用。

长短心轨在长翼轨末端的温度力与间隔铁总阻力相同，后端温度力逐渐增大，长短心轨的伸缩范围在距心轨跟端 35 m 处。长短心轨两节点间的温度力差小于扣件推移阻力，且由于岔枕较长，道床纵向阻力较大，岔枕变形较小，故对基本轨附加温度力的影响不大。

降温时，各钢轨的温度力图相同，只是由压力变为拉力。

二、钢轨位移

升温幅度为 55℃ 时，18 号道岔中各钢轨的位移如图 4.2 所示。

从图 4.2 中可看出，基本轨、导轨、心轨的位移图有较大的差别，这与温度力图的变化是类似的。基本轨伸缩位移在限位器附近达到最大值，直基本轨的最大位移约为 3.1 mm，曲基本轨的最大位移约为 3.2 mm。基本轨附加温度力范围末端伸缩位移均为零。

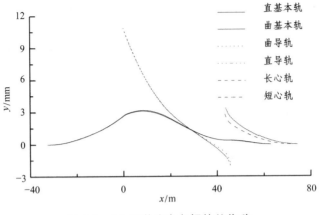

图 4.2　18 号道岔中各钢轨的位移

　　导轨两端伸缩位移方向相反，曲导轨在翼轨末端处最大位移约为 – 1.7 mm，在限位器处最大位移约为 10.2 mm，在尖轨跟端处最大位移约为 10.7 mm，限位器子母块相对位移约为 7.4 mm，即有 0.4 mm 压缩变形量；直导轨由于翼轨末端的间隔铁阻力略小，最大位移约为 – 2.0 mm，尖轨跟端处位移约为 10.8 mm，限位器处位移约为 10.2 mm。尖轨跟端至尖端为 18 m，在该温升条件下，若尖轨自由伸缩，则曲尖轨尖端位移为 22.4 mm，直尖轨尖端位移为 22.5 mm。

　　长心轨跟端处位移约为 2.9 mm；间隔铁所联结的两钢轨相对位移为 3.5 mm；短心轨跟端处位移约为 3.3 mm，间隔铁所联结的两钢轨相对位移为 4.4 mm。心轨尖端至跟端为 10.2 m，若心轨自由伸缩，且短心轨为斜接头形式时，心轨尖端位移为 9.5 mm。

第三节　轨温变化幅度对无缝道岔受力与变形的影响

　　无缝道岔轨温变化幅度对基本轨附加温度力、钢轨伸缩位移、限位器及间隔铁受力的影响分析如下。

一、基本轨附加温度力的影响范围

　　当轨温变化幅度从 5℃ 增至 60℃ 时，直基本轨附加温度力变化如表 4.1 所示，而基本轨附加温度力影响范围变化如图 4.3 所示，随轨温变化的规律如图 4.4 所示。

表 4.1 直基本轨附加温度力变化

升温（℃）	5	10	15	20	25	30	35	40	45	50	55	60
固定区温度力（kN）	96.0	191.9	287.9	383.8	479.8	575.8	671.7	767.7	863.6	959.6	1 055.6	1 151.5
最大附加温度压力（kN）	25.5	51.3	77.5	98.8	121.5	143.6	162.2	187.2	198.6	220.2	262.9	295.0
最大附加温度拉力（kN）	14.0	28.6	44.3	60.6	76.3	94.7	113.2	132.5	151.8	176.7	195.7	216.5
最大温度力增幅（%）	26.6	26.7	26.9	25.7	25.3	24.9	24.1	24.3	23.0	22.9	24.9	25.6

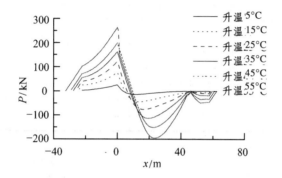

图 4.3 基本轨附加温度力影响范围变化

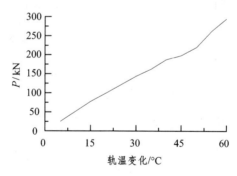

图 4.4 基本轨附加温度力随轨温变化规律

从以上两图及表中可见，随着轨温变化幅度增大，基本轨附加温度力也随之增大，附加温度力的增加幅度在 22.9% ~ 26.7% 之间变化。在限位器子母块未贴靠前，附加温度力的增加幅度随轨温升高逐渐降低，当限位器承受作用力之后，附加温度力的增加幅度随轨温升高而增大。随着轨温升高，附加温度力的影响范围也逐渐增大，且尖轨跟端前的影响范围增长率大于心轨跟端后的影响范围增长率。

二、钢轨伸缩位移

尖轨及心轨伸缩位移随轨温变化的情况如表 4.2 所示，不同升温幅度下的曲导轨伸缩位移如图 4.5 所示，尖轨跟端、心轨跟端伸缩位移随轨温变化情况如图 4.6 所示。

表 4.2　轨温变化时钢轨的伸缩位移

升温（℃）	5	10	15	20	25	30	35	40	45	50	55	60
曲尖轨跟端位移（mm）	0.5	1.1	1.8	2.6	3.5	4.6	5.8	7.2	8.7	10.1	10.8	11.7
曲尖轨尖端位移（mm）	1.5	3.2	5.0	6.8	8.8	10.9	13.3	15.3	18.3	20.7	22.5	24.4
曲尖轨尖端与基本轨相对位移（mm）	1.5	3.1	4.9	6.7	8.7	10.8	13.0	15.0	18.0	20.2	21.9	23.7
长心轨跟端位移（mm）	0.1	0.2	0.3	0.5	0.8	1.1	1.4	1.7	2.1	2.5	2.9	3.3
心轨尖端位移（mm）	0.6	1.4	2.1	2.9	3.8	4.7	5.6	6.5	7.5	8.5	9.5	10.5

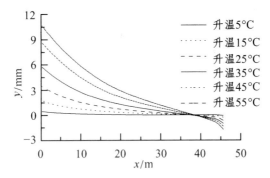

图 4.5　不同升温幅度下曲导轨伸缩位移

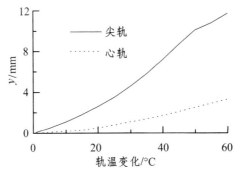

图 4.6　尖轨、心轨跟端伸缩位移随轨温变化

从表 4.2 及图 4.5 和图 4.6 中可见，随着轨温变化幅度的增大，尖轨跟端及尖端、心轨跟端及尖端伸缩位移均逐渐增大，且增加幅度随轨温升高而增大。尖轨跟端伸缩位移增加幅度约为 0.1～0.3 mm/℃，心轨跟端伸缩位移增加幅度约为 0.02～0.08 mm/℃。当限位器子母块贴靠后，因导轨伸缩位移受基本轨的阻碍，增加幅度逐渐降低。心轨跟端伸缩位移要小于尖轨跟端，且增加幅度也要小于尖轨跟端，这主要是由于心轨跟端所受阻力更大所致。

三、限位器与间隔铁受力

限位器与间隔铁阻力随轨温变化的情况如表 4.3 及图 4.7、图 4.8 所示。

表 4.3　限位器与间隔铁阻力随轨温变化情况

升温（℃）	5	10	15	20	25	30	35	40	45	50	55	60
固定区温度力（kN）	96.0	191.9	287.9	383.8	479.8	575.8	671.7	767.7	863.6	959.6	1 055.6	1 151.5
限位器作用力（kN）	0.0	0.0	0.0	0.0	0.0	0.0	0.0	0.0	0.0	38.5	85.3	139.3
长心轨间隔铁阻力（kN）	41.3	46.2	59.3	73.4	88.1	103.3	118.3	132.9	146.9	160.9	175.2	189.8
短心轨间隔铁阻力（kN）	41.3	51.8	67.5	83.7	100.9	118.1	135.1	151.4	167.5	184.4	202.9	222.8

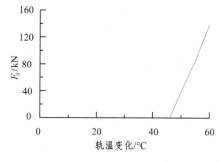

图 4.7　限位器阻力随轨温变化

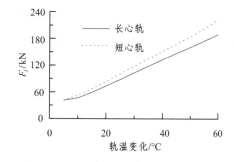

图 4.8　间隔铁阻力随轨温变化

从表 4.3 及图 4.7 和图 4.8 中可见，限位器子母块在轨温变化 46℃左右开始贴靠，随后随轨温升高，限位器阻力逐渐增大，与轨温变化几乎成线性增长，增长率约为 10 kN/℃。间隔铁阻力随轨温变化也近似成线性增长，短心轨处间隔铁阻力的增长幅度约为 3.5 kN/°C，长心轨处间隔铁阻力的增长幅度约为 2.9 kN/°C。

四、小　结

从以上的分析可见，随着轨温变化幅度的增大，基本轨附加温度力、尖轨及心轨伸缩位移、限位器及间隔铁阻力均随之增大，附加温度力的增加幅度在 22.9% ~ 26.7% 之间变化，限位器子母块在轨温变化 46°C 左右开始贴靠。由此可见，轨温变化幅度是影响无缝道岔受力与变形的一个主要因素。

第四节　不同号码的无缝道岔受力与变形分析

分别选取 60 kg/m 钢轨 12 号可动心轨提速 I 型（直向过岔速度 200 km/h）单开道岔、秦沈客运专线用 60 kg/m 钢轨 18 号可动心轨单开道岔、60 kg/m 钢轨 30 号可动心轨提速道岔、秦沈客运专线用 60 kg/m 钢轨 38 号可动心轨单开道岔进行不同号码的比较分析。这些道岔均采用混凝土岔枕、弹条Ⅲ型扣件、单组道岔、无爬行、全焊，轨温变化幅度 55°C，道床纵向阻力、扣件纵向阻力、限位器阻力及间隔铁阻力等参数均相同。不同的道岔结构参数如表 4.4 所示。

表 4.4　不同号码可动心轨道岔结构参数

道 岔 号 码	12	18	30	38
岔 枕 总 数	82	134	200	244
尖轨尖端岔枕编号	4	8	7	6
尖轨跟端岔枕编号	24	38	47	64
长翼轨末端岔枕编号	71	114	166	202
心轨尖端岔枕编号	55	93	137	164
最后一根长岔枕编号	76	124	186	227
限位器后岔枕编号	26	40	48	65/67
长心轨跟端间隔铁数量	4	4	4	4
短心轨跟端间隔铁数量	4	3	3	3

一、钢轨温度力比较

轨温变化 55℃ 时，不同号码可动心轨道岔直基本轨附加温度力比较如表 4.5 所示，直基本轨温度力分布比较如图 4.9 所示，曲导轨温度力分布比较如图 4.10 所示，基本轨附加温度力随轨温变化的比较如图 4.11 所示。

表 4.5　不同号码可动心轨道岔直基本轨附加温度力比较

道　岔　号　码	12	18	30	38
最大附加温度压力（kN）	226.0	262.9	301.0	290.8
最大附加温度拉力（kN）	161.9	195.7	193.0	184.2
附加温度力增加幅度（%）	21.4	24.9	28.5	27.5
附加温度力在尖轨跟端前影响范围（m）	26.4	32.4	36.6	42.0
附加温度力在心轨跟端后影响范围（m）	18.0	16.7	22.5	26.7

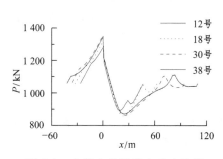

图 4.9　直基本轨温度力分布比较

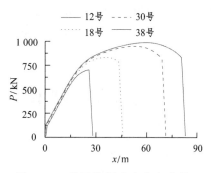

图 4.10　曲导轨温度力分布比较

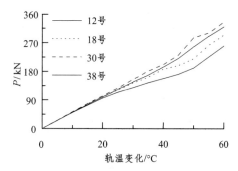

图 4.11　直基本轨附加温度力随轨温变化比较

由表 4.5 及图 4.9 至图 4.11 中可见，道岔号码越大，道岔越长，其基本轨附加温度力就越大，附加温度力在道岔前后的影响范围也越大。在导轨温度力分布图中，变化梯度较大的区段（接近于扣件滑移阻力）并未随道岔号码加大而明显增长，即向基本轨传递较大作用力的区段未明显增长，这就是道岔号码增大，里轨传力区段长度大幅度增加，而基本轨附加温度力增幅不显著的原因。

在轨温变化幅度较小的情况下，因导轨上仅部分扣件纵向阻力达到滑移阻力，大部分扣件节点在向基本轨传递温度力过程中所起的作用较小，因而各种号码道岔基本轨附加温度力近似相等。在轨温变化幅度较大的情况下，小号码道岔中所有扣件纵向阻力均接近于滑移阻力，而大号码道岔中达到滑移阻力的扣件节点数比小号码道岔多，此时还有相当部分的扣件节点在向基本轨传递温度力过程中所起作用较小，因而大号码道岔中基本轨承受的附加温度力要大一些，并且随着轨温变化幅度的逐渐增大，大号码道岔基本轨附加温度力相对于小号码道岔的增加幅度还将逐渐加大。

因道岔号码越大，其长翼轨末端反向位移越大，传递给基本轨的反向附加温度力也越大，因而心轨跟端对应处基本轨的附加温度力突变量也越大。30号及38号道岔基本轨在该处还出现了同尖轨跟端附近一样的附加温度压力，只是量值要小一些，这一规律在北京局狼窝铺38号道岔试铺时进行无缝道岔温度力测试中已得到验证。

二、钢轨伸缩位移比较

不同号码可动心轨道岔钢轨伸缩位移比较如表4.6所示，直基本轨、曲导轨伸缩位移比较如图4.12、图4.13所示，尖轨、心轨跟端位移随轨温变化比较如图4.14、图4.15所示。

表4.6　不同号码可动心轨道岔钢轨伸缩位移

道岔号码	12	18	30	38
尖轨跟端处直基本轨位移（mm）	2.0	2.6	3.4	3.3
直基本轨最大位移（mm）	2.3	3.1	3.9	3.7
曲尖轨跟端位移（mm）	10.0	10.8	11.4	11.1
曲尖轨尖端位移（mm）	17.8	22.5	27.0	33.7
曲导轨长翼轨末端位移（mm）	− 0.4	− 1.7	− 2.3	− 2.4
长心轨跟端位移（mm）	3.7	2.9	2.6	2.6
长心轨尖端位移（mm）	8.0	9.5	12.3	15.8

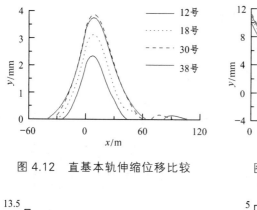

图 4.12 直基本轨伸缩位移比较

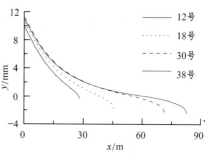

图 4.13 曲导轨伸缩位移比较

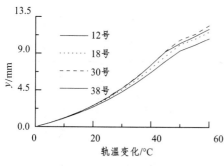

图 4.14 尖轨跟端伸缩位移
随轨温变化比较

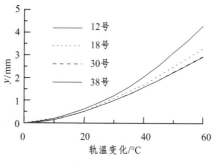

图 4.15 心轨跟端位移
随轨温变化比较

从表 4.6 及图 4.12 至图 4.15 中可见，随着道岔号码的增大，里轨向基本轨传递温度力的长度增加，且传递的温度力之和加大，基本轨最大伸缩位移增加较明显，发生伸缩变形的范围也在增长。基本轨最大伸缩位移并不是出现在尖轨跟端处，而是在尖轨跟端后。

随着道岔号码加大，导轨两端伸缩位移增加。从导轨伸缩位移分布及随轨温变化来看，扣件位移超过 2 mm 的范围并未随道岔号码增大而明显增加。在轨温变化幅度较小时，各种号码道岔尖轨跟端位移接近相等，在轨温变化幅度较大的情况下，大号码道岔尖轨跟端位移较小号码道岔增加明显，这一规律与导轨温度力的分布规律相同。因道岔号码加大，尖轨自由伸缩段长度大幅度增长，因而尖轨尖端位移增幅极大，这是在大号码无缝道岔设计与检算中应特别重视的。

因导轨长翼轨末端反向位移随道岔号码增大而增大，阻碍了长心轨跟端的伸缩位移，长心轨跟端位移反而有所减小，但因心轨自由伸缩段长度增加，心轨尖端位移的增幅还是相当大的。

三、限位器及间隔铁受力比较

不同号码可动心轨道岔限位器、间隔铁所受作用力的比较如表 4.7 所示，长心轨末端间隔铁阻力随温度变化的比较如图 4.16 所示。

表 4.7　不同号码可动心轨道岔限位器及间隔铁受力比较

道 岔 号 码	12	18	30	38
限位器作用力（kN）	72.4	85.3	139.4	114.2/0.0
限位器子母块开始贴靠时轨温变化幅度（°C）	53.5	46.0	44.8	44.6
长心轨单个间隔铁力（kN）	157.9	175.2	183.4	186.6
短心轨单个间隔铁力（kN）	157.9	202.9	211.7	215.5

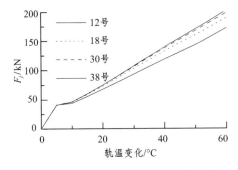

图 4.16　间隔铁阻力随轨温变化比较

从表 4.7 及图 4.16 中可见，随着道岔号码增大，限位器作用力明显增加，且限位器子母块开始贴靠时的轨温变化幅度逐渐降低。38 号道岔中因设置了两个限位器，当轨温变化幅度为 58°C 时第 2 个限位器子母块才开始贴靠，且所受作用力也远小于第一个限位器（靠近尖轨跟端处）；当轨温变化幅度为 60°C 时，第一个限位器阻力为 158.8 kN，第二个限位器阻力为 11.5 kN，间隔铁所受的作用力也随道岔号码的增大而增大；当轨温变化幅度较大时，大号码道岔中间隔铁阻力较小号码道岔增加幅度要大。

四、小　结

随着道岔号码加大，基本轨附加温度力、基本轨伸缩位移、尖轨跟端位移、限位器作用力及间隔铁作用力均随之加大，心轨跟端位移、限位器子母块开始贴靠时的轨温变化幅度有所减小，特别是因尖轨、心轨自由伸缩段长度增加，尖轨尖端位移、心轨尖端位移有较大幅度的增长。因此大号码无缝道岔的设计、铺设应较小号码道岔有更加严格的要求。

第五节　不同辙叉形式的无缝道岔受力与变形分析

目前，我国铁路铺设成无缝道岔的结构形式主要有：固定型辙叉单开道岔，长翼轨可动心轨辙叉单开道岔，短翼轨可动心轨辙叉单开道岔。下面将对这三种辙叉形式的钢轨受力与变形作对比分析。

一、计 算 参 数

分别选取 60 kg/m 钢轨 12 号固定型提速Ⅱ型单开道岔（直向过岔速度 160 km/h）、60 kg/m 钢轨 12 号可动心轨提速Ⅱ型单开道岔（直向过岔速度 160 km/h）、叉跟座式 60 kg/m 钢轨 12 号可动心轨单开道岔（为便于对比，假设为混凝土岔枕）作对比分析。这些道岔均采用混凝土岔枕、弹条Ⅲ型扣件、单组道岔、无爬行、全焊，轨温变化幅度 55°C，道床纵向阻力、扣件纵向阻力、限位器阻力及间隔铁阻力等参数均相同。

二、钢 轨 温 度 力 比 较

三种辙叉形式的无缝道岔直基本轨附加温度力比较如表 4.8 所示，基本轨附加温度力的分布比较如图 4.17 所示，曲导轨、长心轨附加温度力分布比较如图 4.18 所示。

表 4.8　不同辙叉形式的无缝道岔直基本轨附加温度力比较

辙叉形式 附加温度力	长翼轨可动 心轨辙叉	固定辙叉	短翼轨可动 心轨辙叉
最大附加温度压力（kN）	218.6	264.9	106.9
最大附加温度拉力（kN）	160.5	208.3	110.0
附加温度力增加幅度（%）	20.7	25.1	10.1
最大附加温度压力出现的位置	尖轨跟端	尖轨跟端	翼轨末端

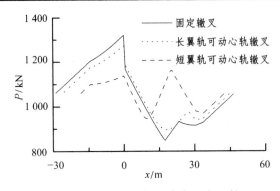

图 4.17　基本轨附加温度力分布比较

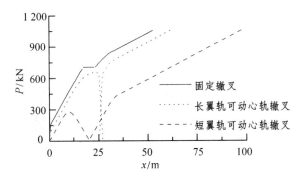

图 4.18　曲导轨、长心轨附加温度力分布比较

　　由表 4.8 及图 4.17、图 4.18 可见，辙叉结构形式不同的无缝道岔，基本轨及里轨（曲导轨、长心轨）温度力分布差别较大，在其他参数均相同的情况下，固定辙叉无缝道岔中基本轨的附加温度力最大，短翼轨可动心轨辙叉无缝道岔中基本轨附加温度力最小，这说明短翼轨可动心轨辙叉无缝道岔里轨向基本轨传递的温度力较小，同时该型无缝道岔中基本轨附加温度力最大值出现在翼轨末端处，而不是尖轨跟端处。由于短翼轨可动心轨辙叉道岔中，心轨跟端阻力为叉跟座阻力，该阻力通过岔枕传递给基本轨而不是传递给导轨，因而导轨温度力较小，心轨前端阻力也较小。

三、钢轨伸缩位移比较

　　不同辙叉形式的无缝道岔钢轨伸缩位移比较如表 4.9 所示，基本轨伸缩位移的分布比较如图 4.19 所示，曲导轨及长心轨的伸缩位移分布比较如图 4.20 所示。

表 4.9　不同辙叉形式的无缝道岔钢轨伸缩位移比较

辙叉形式 钢轨伸缩位移	长翼轨可动 心轨辙叉	固定辙叉	短翼轨可动 心轨辙叉
直基本轨最大位移/出现的位置	2.2/辙跟附近	2.7/辙跟附近	0.7/辙跟附近
曲尖轨跟端位移（mm）	9.5	10.5	5.7
曲尖轨尖端位移（mm）	16.9	17.9	13.1
曲导轨长翼轨末端位移（mm）	− 0.7	—	− 5.2
长心轨跟端位移（mm）	4.4	—	15.1
长心轨尖端位移（mm）	9.1	—	19.8

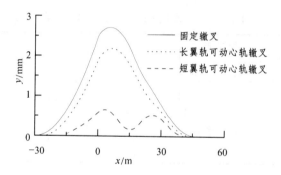

图 4.19　基本轨伸缩位移分布比较

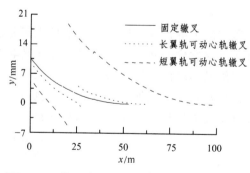

图 4.20　曲导轨、长心轨伸缩位移分布比较

由表 4.9 及图 4.19、图 4.20 中可见，辙叉形式不同的无缝道岔钢轨伸缩位移差别较大。固定辙叉道岔中直基本轨、尖轨跟端伸缩位移最大，短翼轨可动心轨

辙叉道岔中伸缩位移最小，这与基本轨附加温度力的变化规律是一致的。长翼轨末端采用间隔铁与心轨联结，致使有较多的温度力传递到了导轨上，继而传递给了外侧基本轨，同时间隔铁阻碍了心轨的伸缩，使得心轨尖端伸缩位移较小。短翼轨末端没有这种传力结构，因而传递至导轨、基本轨的温度力较小，对心轨伸缩的阻碍作用也较小，因而心轨尖轨伸缩位移很大，极易发生卡阻。

四、限位器受力比较

不同辙叉形式的无缝道岔限位器所受作用力的比较如表 4.10 所示。

从表 4.10 中可见，与钢轨受力及变形规律一样，固定辙叉无缝道岔中限位器所受作用力最大，限位器子母块开始贴靠时轨温变化幅度最小，长翼轨可动心轨辙叉无缝道岔次之，短翼轨可动心轨辙叉无缝道岔最小。

表 4.10　不同辙叉形式的无缝道岔限位器受力

辙叉形式 限位器受力情况	长翼轨可动 心轨辙叉	固定辙叉	短翼轨可动 心轨辙叉
限位器作用力（kN）	75.3	142.0	0.0
限位器子母块开始贴靠时轨温 变化幅度（℃）	48.5	43.5	70.0

五、小　结

不同辙叉结构形式的无缝道岔钢轨受力与变形规律差别较大。在全焊情况下，因固定辙叉无缝道岔中心轨与导轨通过固定辙叉联结成一体，心轨传递给导轨，继而传递给基本轨的作用力较大，尖轨跟端伸缩位移、限位器所受作用力也较大；长翼轨可动心轨辙叉道岔中，心轨通过间隔铁与导轨联结在一起，可以将部分温度力传递给导轨、外侧基本轨，因而基本轨附加温度力、尖轨与基本轨伸缩位移、限位器作用力均较大，心轨伸缩受到阻碍，其伸缩位移较小；短翼轨可动心轨辙叉道岔中，因心轨末端受到叉跟座阻力，并通过岔枕直接传递给外侧基本轨，而未传递给导轨，因而基本轨受力与变形、尖轨跟端伸缩位移、限位器作用力均较小，基本轨最大作用力反而出现在心轨跟端附近，心轨伸缩所受到的阻碍作用较小，其尖端伸缩位移较大，不是理想的无缝道岔结构。

第六节 不同辙跟形式的无缝道岔受力与变形分析

尖轨跟端与基本轨的联结形式有三种：限位器联结（子母块间隙 7 mm）、间隔铁联结（与长翼轨末端间隔铁阻力相同）、无任何联结。下面以秦沈客运专线 60 kg/m 钢轨 18 号可动心轨无缝道岔为例进行对比分析。

一、钢 轨 温 度 力 比 较

三种辙跟形式的无缝道岔直基本轨附加温度力比较如表 4.11 所示，基本轨附加温度力的分布比较如图 4.21 所示，曲导轨、长心轨的温度力分布比较如图 4.22 所示，基本轨附加温度力随轨温变化规律比较如图 4.23 所示。

表 4.11 不同辙跟形式的基本轨附加温度力比较

温度力 ＼ 辙跟形式	限位器	间隔铁	无联结
最大附加温度压力（kN）	262.9	304.1	231.5
最大附加温度拉力（kN）	195.7	205.3	189.9
附加温度力增加幅度（%）	24.9	28.8	21.9
附加温度力在尖轨跟端前影响范围（m）	32.4	34.2	30.0
附加温度力在心轨跟端后影响范围（m）	16.7	16.2	17.1

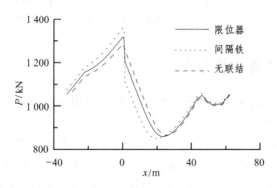

图 4.21 基本轨附加温度力分布比较

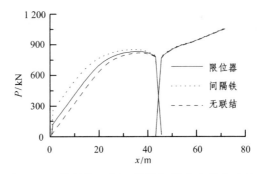

图 4.22　曲导轨、长心轨附加温度力分布比较

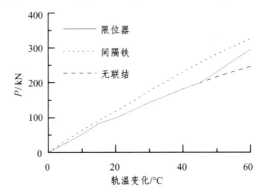

图 4.23　基本轨附加温度力随轨温变化比较

由表 4.11 及图 4.21 至图 4.23 可见，在其他参数均相同的情况下，辙跟为间隔铁结构时基本轨的附加温度力最大，辙跟为限位器时次之，辙跟无联结时最小，说明辙跟部件在导轨温度力向基本轨传递中起着重要的作用。当限位器子母块未贴靠时，与跟端无联结的情况一样，一旦限位器起作用，基本轨附加温度力将快速增加，此时增长率将大于辙跟为间隔铁时的增长率，这与间隔铁、限位器的阻力位移曲线是一致的。辙跟结构变化对心轨受力影响不大。

二、钢轨伸缩位移比较

不同辙跟形式的无缝道岔钢轨伸缩位移比较如表 4.12 所示，基本轨伸缩位移的分布比较如图 4.24 所示。

由表 4.12 及图 4.24 可见，尖轨跟端与基本轨无联结时，尖轨伸缩位移最大，限位器次之，间隔铁最小。这主要是由于间隔铁承受着较大的作用力，阻碍了尖轨跟端的伸缩位移，并将这一作用力传递给基本轨，致使基本轨附加温度力较大。同样可见，辙跟结构形式变化对心轨的伸缩位移影响很小。

表 4.12　不同辙跟形式的无缝道岔钢轨伸缩位移比较

辙跟形式 钢轨伸缩位移	限位器	间隔铁	无联结
直基本轨最大位移（mm）	3.1	3.4	2.9
曲尖轨跟端位移（mm）	10.8	8.9	12.2
曲尖轨尖端位移（mm）	22.5	20.6	23.9
曲导轨长翼轨末端位移（mm）	−1.7	−1.8	−1.6
长心轨跟端位移（mm）	2.9	3.0	3.0
长心轨尖端位移（mm）	9.5	9.6	9.6

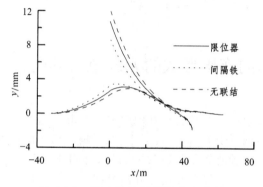

图 4.24　基本轨伸缩位移分布比较

三、限位器或间隔铁受力比较

通过计算表明：辙跟为限位器时，所受作用力为 85.3 kN，导轨与基本轨的相对位移为 7.5 mm，子母块贴靠后的相对变形为 0.5 mm；辙跟为间隔铁时，所受作用力为 220.0 kN，导轨与基本轨的相对位移为 5 mm。可见，辙跟为间隔铁时的受力比较不利，心轨与翼轨末端间隔铁受力变化不大。

四、小　　结

辙跟结构形式对基本轨附加温度力、尖轨跟端伸缩位移有比较大的影响，对心轨受力及伸缩位移影响不大。辙跟为间隔铁时，间隔铁所受作用力较大，有较多的温度力传递给基本轨，因而基本轨附加温度力最大，同时较大的辙跟阻力阻碍了尖轨跟端的伸缩，尖轨伸缩位移最小；辙跟为限位器时，基本轨附加温度力、尖轨伸缩位移次之，尖轨跟端无任何联结时，基本轨附加温度力最小、尖轨伸缩位移最大，当限位器子母块贴靠后，基本轨附加温度力的增长幅度大于间隔铁辙跟结构。

以上规律并不是一成不变的。当轨温变化幅度继续增大或道岔扣件纵向阻力较小时，辙跟限位器阻力有可能会大于辙跟间隔铁阻力，限制尖轨跟端位移的作用力将更为明显，此时限位器辙跟结构的基本轨附加温度力最大，尖轨伸缩位移最小，而辙跟间隔铁所联结的两钢轨相对位移将会更大，这对间隔铁螺栓受力极为不利。

综合来看，限位器辙跟结构既允许尖轨跟端有一定的伸缩位移，又控制其伸缩位移不致过大，在道岔扣件纵向阻力较大时可降低基本轨附加温度力，在扣件纵向阻力较小时可控制尖轨伸缩位移，是一种相对合理的辙跟结构。

第七节　不同连接形式的无缝道岔群受力与变形分析

道岔在使用过程中，通常会与其他道岔一起形成道岔群，若这些道岔均焊连成无缝道岔，则钢轨受力与变形将会相互影响，其变化规律将更为复杂。以 60 kg/m 钢轨 18 号可动心轨单开道岔为例，选择图 4.25 所示的五种道岔群连接形式（依次为同向对接、异向对接、异向顺接、同向顺接、渡线道岔）与单组道岔进行对比分析（下面分析中将两道岔间夹直线长度视为零）。

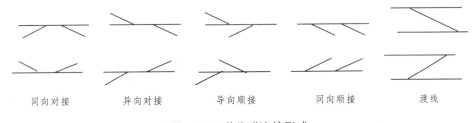

| 同向对接 | 异向对接 | 导向顺接 | 同向顺接 | 渡线 |

图 4.25　道岔群连接形式

一、钢轨温度力比较

各种形式的道岔连接方式对基本轨附加温度力的影响比较如表 4.13 所示。同向对接、异向顺接、渡线道岔中各钢轨的温度力分别如图 4.26 至图 4.28 所示。图中横坐标表示岔枕号码，坐标原点为两道岔交界处，正号表示右侧道岔岔枕号（从交界处向右编号），负号表示左侧道岔岔枕号（从交界处向左编号）。

表 4.13　各种形式的道岔连接方式对基本轨附加温度力的影响比较

道岔连接方式	直基本轨		曲基本轨	
	附加温度力 （kN）	增加幅度 （%）	附加温度力 （kN）	增加幅度 （%）
单组道岔	262.9	24.9	270.7	25.6
同向对接左侧道岔	273.3	25.9	276.7	26.2
同向对接右侧道岔	273.6	25.9	276.2	26.2
异向对接左侧道岔	271.5	25.7	278.2	26.4
异向对接右侧道岔	271.9	25.8	276.6	26.2
异向顺接左侧道岔	276.4	26.2	269.5	25.5
异向顺接右侧道岔	223.5	21.2	235.0	22.3
同向顺接左侧道岔	244.5	23.2	276.0	26.1
同向顺接右侧道岔	239.7	22.7	218.7	20.7
渡线道岔左侧道岔	270.6	25.6	261.1	24.7
渡线道岔右侧道岔	261.8	24.8	267.4	25.3

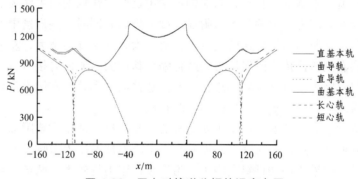

图 4.26　同向对接道岔钢轨温度力图

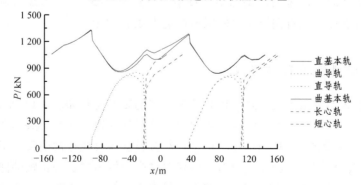

图 4.27　异向顺接道岔钢轨温度力图

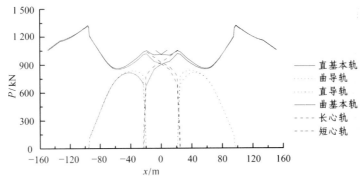

图 4.28　渡线道岔钢轨温度力图

　　同向对接道岔中，左右侧道岔直基本轨相连接、曲基本轨相连接，两道岔温度力对称分布，因尖轨跟端前基本轨伸缩位移受到限制，导致附加温度力增大。异向对接时，两道岔直基本轨与曲基本轨相连接，在全焊情况下，钢轨温度力分布与图 4.26 相同。

　　异向顺接时，右侧道岔直基本轨与左侧道岔长心轨相连接，右侧道岔曲基本轨与左侧道岔直基本轨相连，因左侧道岔中这两钢轨均朝向尖轨尖端发生伸缩变形，导致右侧道岔中两基本轨附加温度力降低。同时左侧道岔中直基本轨因受到右侧道岔曲基本轨传递的温度力，故最大附加温度力增大，左侧道岔长心轨也受到右侧道岔传递的温度力，故伸缩位移增大。同向对接时，右侧道岔直基本轨与左侧道岔直基本轨相连接，右侧道岔曲基本轨与左侧道岔长心轨相连，全焊情况下，变化规律与异向顺接时相同。

　　渡线道岔中，两道岔的曲基本轨与短心轨相连接，曲基本轨附加温度力将因短心轨的伸缩变形而有所降低，而对直基本轨附加温度力影响不大。

　　由于计算中采用的扣件纵向阻力、道床纵向阻力均较大，两道岔对接或顺接时其基本轨附加温度力的增加幅度较小，只有 4% ~ 5%。而当线路阻力较低时，道岔群连接方式对钢轨受力的影响可达到 20% 以上。

二、钢轨伸缩位移比较

　　各种形式的道岔连接方式对钢轨伸缩位移的影响比较如表 4.14 所示。同向对接、异向顺接、渡线道岔中各钢轨的伸缩位移分别如图 4.29 至图 4.31 所示。

　　由表 4.14 及图 4.29 至图 4.31 可见，对接道岔与渡线道岔中尖轨跟端、心轨跟端伸缩位移的变化较小，只有在顺接道岔中左侧道岔长心轨跟端伸缩位移有所增加，增加幅度为 20% 左右，这主要是由于右侧道岔中基本轨传递了较大的温度至左侧道岔长心轨。由此可见，线路阻力较小时，连接方式对钢轨伸缩位移的影响将更大。

表 4.14 各种形式的道岔连接方式对钢轨伸缩位移的影响比较

钢轨伸缩位移 道岔连接方式	基本轨最大位移 （mm）	尖轨跟端位移 （mm）	长心轨跟端位移 （mm）
单组道岔	3.2	10.8	2.9
同向对接左侧道岔	−3.1	−10.8	−3.0
同向对接右侧道岔	3.1	10.8	2.9
异向对接左侧道岔	−3.1	−10.8	−3.0
异向对接右侧道岔	3.1	10.7	2.9
异向顺接左侧道岔	3.3	10.9	3.5
异向顺接右侧道岔	3.5	11.3	2.9
同向顺接左侧道岔	3.2	10.8	3.5
同向顺接右侧道岔	3.6	11.3	2.9
渡线道岔左侧道岔	3.2	10.8	2.9
渡线道岔右侧道岔	−3.1	−10.8	−3.0

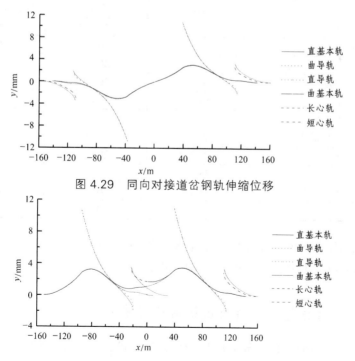

图 4.29 同向对接道岔钢轨伸缩位移

图 4.30 异向顺接道岔钢轨伸缩位移

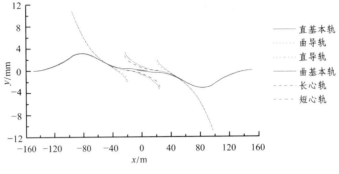

图 4.31　渡线道岔钢轨伸缩位移

三、限位器及间隔铁受力比较

各种形式的道岔连接方式中限位器及间隔铁作用力比较如表 4.15 所示。

表 4.15　各种形式的道岔连接方式中限位器及间隔铁作用力比较

道岔连接方式	限位器作用力 （kN）	间隔铁作用力 （kN）	限位器子母块开始 贴靠温度（℃）
单组道岔	85.3	202.9	46.0
同向对接左侧道岔	89.6	203.2	46.0
同向对接右侧道岔	89.0	203.2	45.8
异向对接左侧道岔	89.3	203.2	46.0
异向对接右侧道岔	88.9	203.2	45.9
异向顺接左侧道岔	72.2	201.9	48.0
异向顺接右侧道岔	88.2	204.0	46.0
同向顺接左侧道岔	112.2	204.5	45.8
同向顺接右侧道岔	75.3	201.5	48.4
渡线道岔左侧道岔	85.1	203.3	46.0
渡线道岔右侧道岔	84.7	203.4	46.1

同钢轨温度力及伸缩位移变化规律一样，顺接道岔对左侧道岔中限位器受力有较大影响，而其他连接形式的影响相对较小。

四、小号码道岔对接及顺接时的影响分析

以两道岔同向对接、异向顺接为例，比较可动心轨 12 号提速道岔在不同铺设方式下的受力与变形，各部件的受力与变形如表 4.16 所示。

表 4.16　小号码道岔不同铺设方式的受力与变形比较

道岔铺设方式	单组道岔	同向对接		异向顺接	
道岔名称		左侧道岔	右侧道岔	左侧道岔	右侧道岔
直基本轨附加温度力（kN）	218.6	235.0	236.4	278.1	139.4
附加温度力增加幅度（%）	20.7	22.3	22.4	26.3	13.2
直基本轨最大位移（mm）	2.2	−2.0	2.0	3.0	4.0
曲尖轨跟端位移（mm）	9.5	−9.4	9.4	10.2	11.1
长心轨跟端位移（mm）	4.4	−4.5	4.3	6.3	4.8
限位器最大作用力（kN）	75.3	83.7	82.3	91.3	39.7
间隔铁最大作用力（kN）	192.9	198.2	194.0	218.9	185.2

当两组 12 号可动心轨提速道岔对接或顺接时，无缝道岔受力及位移的变化规律与 18 号道岔是一样的，只是连接形式的影响更为明显。当两道岔对接时，基本轨附加温度力增加 8.1%；当两道岔顺接时，左侧道岔基本轨附加温度力增加 27.2%，心轨跟端伸缩位移增加 43.2%，尖轨跟端位移增加 7.4%，右侧道岔中心轨跟端伸缩位移增加 9.1%，尖轨跟端位移增加 16.8%。

五、固定辙叉无缝道岔对接及顺接时的影响分析

以两道岔同向对接、异向顺接为例，比较 12 号固定辙叉提速道岔在不同的铺设方式下的受力与变形，其他计算参数同基本工况，各部件的受力与变形如表 4.17 所示。

表 4.17　固定辙叉无缝道岔不同铺设方式的受力与变形比较

道岔铺设方式	单组道岔	同向对接		异向顺接	
道岔名称		左侧道岔	右侧道岔	左侧道岔	右侧道岔
直基本轨附加温度力（kN）	264.9	294.8	294.2	308.0	155.2
附加温度力增加幅度（%）	25.1	27.9	27.9	29.2	14.7
直基本轨最大位移（mm）	2.7	−2.4	2.4	3.6	3.9
曲尖轨跟端位移（mm）	10.5	10.3	10.3	12.4	11.7
限位器最大作用力（kN）	142.0	153.5	152.0	181.7	103.4

当两组 12 号固定辙叉无缝道岔对接或顺接时，无缝道岔受力及位移的变化规律与其他类型的道岔也基本上是一致的。当两道岔对接时，基本轨附加温度力增加 11.3%，高于可动心轨道岔；当两道岔顺接时，左侧道岔基本轨附加温度力增加 16.3%，增加幅度低于可动心轨道岔，尖轨跟端位移增加 18.1%，尖轨跟端位移增加 11.4%，增加幅度大于可动心轨道岔。

六、道床纵向阻力较小时对道岔连接方式的影响分析

以两道岔同向对接、异向顺接为例。设道床纵向阻力为 $r = 6.1 \, \text{kN/m}$，其他计算参数同基本工况，两种连接方式下道岔中各部件的受力及伸缩位移如表 4.18 所示。

表 4.18　道床纵向阻力较小时不同连接方式中道岔的受力及伸缩位移比较

道岔铺设方式	单组道岔	同向对接		异向顺接	
道岔名称		左侧道岔	右侧道岔	左侧道岔	右侧道岔
直基本轨附加温度力（kN）	276.0	313.3	313.3	296.7	187.3
附加温度力增加幅度（%）	26.1	29.7	29.7	28.1	17.7
直基本轨最大位移（mm）	4.4	−4.1	4.1	5.0	5.3
曲尖轨跟端位移（mm）	12.0	−11.7	11.7	12.5	13.0
长心轨跟端位移（mm）	3.6	−3.6	3.5	5.4	3.8
限位器最大作用力（kN）	81.3	92.8	92.3	99.2	50.9
间隔铁最大作用力（kN）	201.2	202.3	202.4	203.4	197.8

由表 4.18 可见，道床纵向阻力越低，道岔连接方式对无缝道岔受力及变形的影响越大。两道岔对接时，基本轨附加温度力较单组道岔增长 13.5%；两道岔顺接时，左侧道岔基本轨附加温度力增加 7.5%，心轨跟端位移增加 50.0%，限位器所受作用力增长 22.0%，右侧道岔中尖轨跟端位移增加 8.3%。由此可见，在道床纵向阻力不足时，道岔连接方式将明显影响无缝道岔的受力及变形，因此，应对道岔纵向阻力有一个严格的要求。

七、小　结

对接道岔将增加基本轨附加温度力，但对钢轨伸缩位移及限位器、间隔铁

受力影响较小；顺接道岔对左侧道岔基本轨受力、心轨跟端伸缩位移及限位器、间隔铁受力不利，对右侧道岔反而比较有利；渡线道岔对钢轨及传力部件受力、钢轨伸缩位移影响较小。同向对接与异向对接、同向顺接与异向顺接在全焊情况下影响规律相同，只是受影响的基本轨不同而已。总之，顺接道岔影响较大，对接道岔次之，渡线道岔最小。

道岔号码越小，对接、顺接连接方式对无缝道岔的受力及变形影响越大，特别是在顺向连接时，左侧道岔心轨跟端位移增幅达 43.2%，基本轨附加温度力增幅达 27.2%，心轨跟端位移、限位器及间隔铁作用力的增幅也很明显。

两组固定辙叉无缝道岔对接时，基本轨附加温度力增幅较大，在顺接时基本轨附加温度力、尖轨跟端伸缩位移增幅也十分明显。

当道床纵向阻力较小时，不同的连接方式对无缝道岔的受力及变形影响十分严重。当两道岔顺接时，左侧道岔心轨跟端位移增幅达 50.0%。可见，增加道床纵向阻力是减缓道岔群相互作用的有效措施之一。此外，后面的分析表明，采用半焊方式也可在一定程度上减缓道岔群的相互作用。

下面的分析还表明，当存在铺设轨温差及线路爬行时，连接方式对无缝道岔受力与变形的影响很大，在设计中也应予以充分考虑。

第八节　不同焊接形式的无缝道岔受力与变形分析

无缝道岔中钢轨的焊接形式主要有三种：全焊、半焊、道岔区全焊。固定辙叉中因普通钢轨与高锰钢辙叉的焊接技术目前还不能大范围推广应用，各路局多采用高强度的哈克螺栓或施心牢螺栓联结，为便于比较，将此种情况视为与焊接效果相同（实际上是一种接头阻力较大的普通接头）。

仍以 60 kg/m 钢轨 18 号可动心轨单开道岔为例进行比较。半焊情况下侧股尖轨跟端附近、心轨尖端附近、心轨跟端附近为普通接头，长岔枕后第 30 个枕跨与区间线路采用普通接头联结，接头阻力取常数 588 kN，其他计算参数与前述相同。

一、钢轨温度力比较

三种焊接形式的无缝道岔基本轨附加温度力的比较如表 4.19 所示，半焊与道岔区全焊情况下钢轨温度力分布如图 4.32、图 4.33 所示。

表 4.19　不同焊接形式的无缝道岔基本轨附加温度力比较

附加温度力 ＼ 焊接形式	全　焊	半　焊	道岔区全焊
直基本轨最大附加温度压力（kN）	263.0	241.1	258.2
直基本轨最大附加温度拉力（kN）	195.7	165.4	194.5
直基本轨附加温度力增加幅度（%）	24.9	22.8	24.5
曲基本轨最大附加温度压力（kN）	270.7	0.0	255.6
曲基本轨最大附加温度拉力（kN）	200.1	135.1	215.8
曲基本轨附加温度力增加幅度（%）	25.6	0.0	24.2

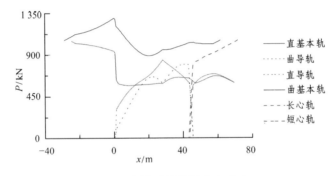

图 4.32　半焊时钢轨温度力分布

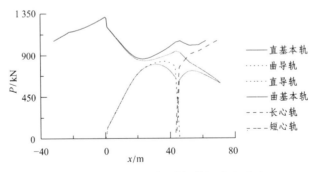

图 4.33　道岔区全焊时钢轨温度力分布

　　由表 4.19 及图 4.32、图 4.33 可见，半焊情况下基本轨附加温度力最小，曲基本轨甚至未出现附加温度力压力，曲基本轨、曲导轨、短心轨在普通接头处温度力均为接头阻力，受岔枕偏转位移的影响，直导轨上温度力梯度与扣件滑移阻力接近相等。道岔区全焊情况下，直、曲基本轨附加温度力均有所降低，导轨、直基本轨、长心轨温度力分布与全焊情况下基本一致。

二、钢轨伸缩位移比较

三种焊接形式的无缝道岔钢轨伸缩位移比较如表 4.20 所示，半焊与道岔区全焊情况下钢轨伸缩位移分布如图 4.34、图 4.35 所示。

由表 4.20 及图 4.34、图 4.35 可见，半焊情况下基本轨及尖轨跟端位移均有所减小，但心轨跟端位移变化不大，不利之处有两点：一是直尖轨跟端与曲基本轨的相对位移大于全焊情况，对限位器受力不利；二是尖轨跟端附近接头轨缝变化较大，两接头轨缝变化量均约为 8 mm。道岔区全焊时，基本轨、尖轨及心轨跟端位移均有所减小，但曲基本轨后接头轨缝变化量较大，加上岔后连接曲线短轨端头伸缩位移，轨缝变化量可达 8.5 mm。

表 4.20   不同焊接形式的无缝道岔钢轨伸缩位移比较

钢轨伸缩位移 ＼ 焊接形式	全　焊	半　焊	道岔区全焊
直基本轨最大位移（mm）	3.1	2.5	3.0
曲基本轨最大位移（mm）	3.2	−0.9	3.0
曲尖轨跟端位移（mm）	10.8	10.1	10.7
直尖轨跟端位移（mm）	10.8	9.5	10.6
长心轨跟端位移（mm）	2.9	2.9	2.6

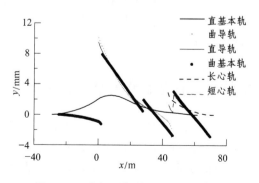

图 4.34   半焊时钢轨伸缩位移分布

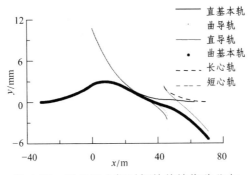

图 4.35   道岔区全焊时钢轨伸缩位移分布

三、限位器及间隔铁受力比较

三种焊接形式的无缝道岔中限位器及间隔铁的受力比较如表 4.21 所示。

表 4.21   不同焊接形式的无缝道岔中限位器与间隔铁的受力比较

作用力 \ 焊接形式	全　焊	半　焊	道岔区全焊
直基本轨处限位器作用力（kN）	85.3	65.3	81.5
曲基本轨处限位器作用力（kN）	84.4	274.4	79.8
长心轨处间隔铁作用力（kN）	175.2	178.0	173.8
短心轨处间隔铁作用力（kN）	202.9	169.4	188.4
限位器子母块开始贴靠时轨温变化值（℃）	46.0	35.5	46.5

由表 4.21 可见，半焊情况下，间隔铁及直基本轨限位器受力减小，但曲基本轨上限位器受力极为不利，两钢轨已出现了 3 mm 的相对位移，且子母块开始贴靠时的轨温变化幅度较低，在道床及扣件纵向阻力不足的情况下，该作用力还会继续增大，有可能出现限位器子母块严重变形的情况。道岔区全焊时，间隔铁及限位器受力均有所降低。

四、半焊对不同无缝道岔群连接形式的影响

设无缝道岔采用半焊方式，当两道岔同向对接、异向顺接时，其他计算参数同基本工况，各部件的受力与伸缩位移比较如表 4.22 所示。

由表 4.22 可看出，18 号可动心轨无缝道岔在半焊情况下，两道岔对接或顺接时，比单组道岔中各部件的受力与伸缩位移略有增大，但增幅较小。这主

要是由于采用半焊方式，减弱了两道岔温度力传递的相互影响，因而道岔连接形式比在全焊情况下对无缝道岔受力与变形的影响要小。

表 4.22　半焊对不同无缝道岔群连接形式的影响

| 道岔铺设形式 | 单组道岔 | 同向对接 | | 异向顺接 | |
道岔名称		左侧道岔	右侧道岔	左侧道岔	右侧道岔
直基本轨附加温度力（kN）	241.1	243.5	242.9	241.1	202.6
附加温度力增加幅度（%）	22.8	23.1	23.0	22.8	19.2
曲尖轨跟端位移（mm）	10.1	−10.1	10.1	10.1	10.4
直尖轨跟端位移（mm）	9.5	−9.5	9.5	9.5	9.5
长心轨跟端位移（mm）	2.9	−3.0	2.9	3.3	2.9
直基本轨限位器作用力（kN）	65.3	65.6	65.6	62.9	50.7
曲基本轨限位器作用力（kN）	274.4	275.0	273.9	285.2	275.6
间隔铁最大作用力（kN）	178.0	180.2	178.1	184.4	177.8

五、半焊对小号码无缝道岔受力及变形的影响

以 12 号可动心轨提速道岔为例进行分析。设无缝道岔采用半焊方式，当两道岔同向对接、异向顺接时，其他计算参数同基本工况，各部件的受力与伸缩位移比较如表 4.23 所示。

表 4.23　半焊对小号码无缝道岔受力及变形的影响

| 道岔铺设形式 | 单组道岔 | 同向对接 | | 异向顺接 | |
道岔名称		左侧道岔	右侧道岔	左侧道岔	右侧道岔
直基本轨附加温度力（kN）	202.7	215.0	215.2	213.6	42.3
附加温度力增加幅度（%）	19.2	20.4	20.4	20.2	4.0
曲尖轨跟端位移（mm）	9.1	−9.0	9.0	9.3	10.2
直尖轨跟端位移（mm）	8.3	−8.4	8.3	8.4	8.6
长心轨跟端位移（mm）	4.2	−4.4	4.2	5.5	4.5
直基本轨限位器作用力（kN）	57.7	65.7	62.8	67.2	0.0
曲基本轨限位器作用力（kN）	242.6	240.9	238.3	247.2	245.8
间隔铁最大作用力（kN）	194.4	198.2	194.4	220.1	189.6

半焊情况下，除心轨跟端伸缩位移外（间隔铁数量少，总阻力小），12号可动心轨道岔中各部件的受力与伸缩位移均小于18号可动心轨无缝道岔。同样，采用半焊方式时，无论是两道岔对接还是顺接，对无缝道岔受力及变形的影响不明显。单从这一点看，半焊方式可适当减缓道岔群的相互作用。

六、半焊对固定辙叉无缝道岔受力及变形的影响

以12号固定辙叉提速道岔为例进行分析。设无缝道岔采用半焊方式，当两道岔同向对接、异向顺接时，其他计算参数同基本工况，各部件的受力与伸缩位移比较如表4.24所示。

半焊情况下，无论是单组道岔，还是两组道岔对接或顺接，固定辙叉无缝道岔中各部件的受力与伸缩位移均大于同号码的可动心轨道岔。半焊情况下，两组道岔对接或顺接，所导致的无缝道岔各部件受力及伸缩位移的增长幅度均小于全焊情况。

表 4.24　半焊对固定辙叉无缝道岔受力及变形的影响

道岔铺设形式	单组道岔	同向对接		异向顺接	
道岔名称		左侧道岔	右侧道岔	左侧道岔	右侧道岔
直基本轨附加温度力（kN）	232.9	246.7	248.0	224.4	168.3
附加温度力增加幅度（%）	22.1	23.4	23.5	21.3	15.9
曲尖轨跟端位移（mm）	9.6	−9.4	9.4	9.9	10.1
直尖轨跟端位移（mm）	9.3	−9.2	9.3	9.5	9.8
直基本轨限位器作用力（kN）	89.7	951.1	95.1	71.6	71.6
曲基本轨限位器作用力（kN）	284.4	281.6	281.7	295.0	293.0

七、接头阻力变化时半焊的影响分析

采用半焊方式，其他计算参数同基本工况，改变接头阻力，无缝道岔中各部件受力与伸缩位移比较如表4.25所示。

表 4.25 不同接头阻力时半焊的影响分析

接头阻力（kN）	588	490	392	294	294 并增加限位器
直基本轨附加温度力（kN）	241.1	219.4	195.2	174.3	165.9
附加温度力增加幅度（%）	22.8	20.8	18.5	16.5	15.7
曲尖轨跟端位移（mm）	10.1	9.7	9.6	9.3	9.1
直尖轨跟端位移（mm）	9.5	9.2	8.8	8.6	7.6
长心轨跟端位移（mm）	2.9	3.0	3.1	3.2	3.2
曲基本轨跟端接头轨缝变化量（mm）	9.1	10.1	11.2	12.1	10.1
直基本轨限位器作用力（kN）	65.3	60.2	29.3	15.9	8.8
曲基本轨限位器作用力（kN）	279.4	301.6	344.3	367.8	231.5
间隔铁最大作用力（kN）	178.0	179.5	180.1	181.8	182.5

由表 4.25 可见，接头阻力越低，基本轨附加温度力越小。这是由于道岔侧股上因接头阻力降低，致使部分钢轨出现了较大反向位移，并向基本轨传递了反向的附加温度力，导致基本轨总的附加温度力降低。同时接头阻力越低，尖轨跟端伸缩位移越小，从这点看对防止尖轨卡阻是有利的。但接头阻力低，会使两尖轨尖端相对位移差增大，严重情况下仍有可能引起转换困难。心轨跟端位移及间隔铁受力略有增加。

极为不利的是，接头阻力降低，曲基本轨在尖轨跟端附近的接头轨缝变化量很大，在轨温降低幅度较大的情况下还有可能超过构造轨缝，且限位器受力增幅很大，将引起限位器子母块的变形，此时宜采用多个限位器以减小单个限位器的受力，同时又可减小基本轨附加温度力及曲基本轨轨缝的变化。

八、其他阻力变化时半焊的影响分析

分别假设扣件纵向阻力降低，采用弹条 I 型扣件，滑移阻力为 11.5 kN，道床纵向阻力降低为 $r = 6.1 \, \text{kN/m}$，限位器线性阻力降低为 $3 \times 10^4 \, \text{kN/m}$；间隔铁的线性阻力降低为 $2.5 \times 10^4 \, \text{kN/m}$，并采用半焊方式。无缝道岔中各部件受力及伸缩位移如表 4.26 所示。

表 4.26　不同线路阻力时半焊的影响分析

阻 力 变 化	正常阻力	扣件阻力降低	道床阻力降低	间隔铁阻力降低	限位器阻力降低
直基本轨附加温度力（kN）	241.1	223.4	272.5	233.8	241.8
附加温度力增加幅度（%）	22.8	21.2	25.8	22.1	22.9
曲尖轨跟端位移（mm）	10.1	11.3	11.2	10.0	10.4
直尖轨跟端位移（mm）	9.5	10.3	10.4	9.3	10.5
长心轨跟端位移（mm）	2.9	3.5	3.3	4.4	3.0
曲基本轨跟端接头轨缝变化量（mm）	9.1	7.7	10.4	9.0	10.6
直基本轨限位器作用力（kN）	65.3	202.2	67.2	57.8	57.2
曲基本轨限位器作用力（kN）	279.4	326.4	332.3	268.0	196.4
间隔铁最大作用力（kN）	178.0	183.3	177.0	155.0	177.2

　　由表 4.26 可见，扣件纵向阻力降低，将增大尖轨及心轨跟端位移以及限位器所受的作用力，使限位器子母块受力更为不利。道床纵向阻力降低，基本轨附加温度力、尖轨及心轨跟端位移、限位器所受的作用力等各项指标均有较明显的增长，即在半焊情况下，道床纵向阻力降低对无缝道岔受力及变形不利。间隔铁阻力降低，岔后向岔前传递的温度力减小，对基本轨受力及尖轨跟端位移比较有利，但心轨跟端位移增长幅度较大。限位器阻力降低，尖轨跟端位移有所增大，曲基本轨接头轨缝变化较大。

九、小　结

　　半焊情况下，基本轨受力与变形、心轨跟端位移、间隔铁受力均有所降低，但对曲基本轨一侧限位器受力极为不利，且尖轨跟端附近轨缝变化值较大；道岔区全焊情况下，基本轨附加温度力、各传力部件受力、尖轨及心轨跟端伸缩位移均有所降低，但岔后接头轨缝变化较大。

　　综合来看，全焊形式道岔直侧股受力及伸缩位移呈对称分布，但因岔后侧股曲线将较大的温度力传递给无缝道岔，各部件受力及变形较大；半焊形式的道岔在轨温变化幅度不大、道床及扣件纵向阻力较大、限位器强度足够的情况下对减缓无缝道岔中各钢轨受力与变形比较有利，但在无法满足上述条件的情况下不宜采用；道岔区全焊可降低无缝道岔中各部件的受力与变形，直侧股受力与位移近似呈对称分布，在不宜采用半焊形式的条件下，采用道岔区全焊形式比较有利。

无论是单组道岔还是不同连接方式的道岔群，无论是大号码道岔还是小号码道岔，或是固定辙叉，以上变化规律是一致的。

当接头阻力降低时，可进一步降低基本轨附加温度力及尖轨跟端伸缩位移，但会增加接头轨缝变化及限位器所承受的作用力，严重情况下可导致直曲尖轨位移不一致而卡阻。半焊情况下，道床纵向阻力降低对无缝道岔受力及位移等各项指标的影响较明显。其他线路阻力的变化，对部分指标有利，而对另一些指标不利。

总之，采用何种焊接方式，宜综合分析，根据各指标的安全储备量合理设置。

第九节　扣件纵向阻力对无缝道岔受力与变形的影响分析

选择四种扣件纵向阻力参数进行对比分析：弹条Ⅰ型扣件，滑移阻力为 11.5 kN；弹条Ⅱ型扣件，滑移阻力为 16.1 kN；弹条Ⅲ型扣件，滑移阻力为 23 kN；弹条Ⅲ型扣件，扣压力损失 15%，滑移阻力为 19.5 kN。

一、钢轨温度力比较

在不同扣件纵向阻力条件下，直基本轨的附加温度力的比较如表 4.27 所示，直基本轨温度力的分布比较如图 4.36 所示，曲导轨温度力的分布比较如图 4.37 所示。

表 4.27　不同扣件纵向阻力条件下直基本轨附加温度力比较

附加温度力 扣件类型	弹条Ⅰ型	弹条Ⅱ型	弹条Ⅲ型	弹条Ⅲ型损失 15%
最大附加温度压力（kN）	242.8	257.8	265.3	263.0
最大附加温度拉力（kN）	137.1	177.6	207.7	195.7
附加温度力增加幅度（%）	23.0	24.4	25.1	24.9

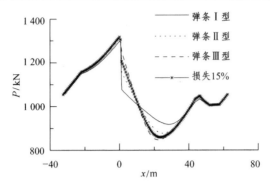

图 4.36　直基本轨温度力分布比较

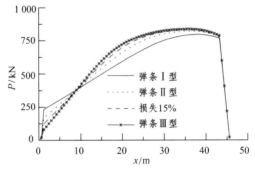

图 4.37　曲导轨温度力分布比较

由表 4.27 及图 4.36、图 4.37 可见，扣件纵向阻力越大，基本轨最大附加温度压力及拉力就越大；扣件纵向阻力越大，导轨温度力梯度就越大，尖轨跟端限位器阻力则越小，此时主要依靠岔枕位移将温度力传递给基本轨，因而附加温度力较大；而在扣件纵向阻力较小时，导轨温度力梯度也较小，尖轨跟端限位器阻力较大，此时主要依靠限位器将温度力传递给基本轨。扣件纵向阻力对导轨末端温度力分布影响较小，即对间隔铁阻力影响较小。

二、钢轨伸缩位移比较

在不同扣件纵向阻力条件下，钢轨伸缩位移比较如表 4.28 所示，曲导轨伸缩位移的分布比较如图 4.38 所示，长心轨跟端伸缩位移分布比较如图 4.39 所示。

由表 4.28 及图 4.38、图 4.39 可见，扣件纵向阻力越大，基本轨伸缩位移就越大，而尖轨跟端、心轨跟端的伸缩位移就越小，故对导轨末端伸缩位移影响不大。

表 4.28　不同扣件纵向阻力条件下钢轨伸缩位移比较

扣件类型 钢轨伸缩位移	弹条Ⅰ型	弹条Ⅱ型	弹条Ⅲ型	弹条Ⅲ型 损失 15%
直基本轨最大位移（mm）	2.6	2.9	3.3	3.1
曲尖轨跟端位移（mm）	11.9	11.1	10.6	10.8
曲导轨末端位移（mm）	−1.7	−1.7	−1.7	−1.7
长心轨跟端位移（mm）	3.2	3.0	2.8	2.9

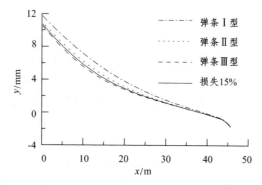

图 4.38　曲导轨伸缩位移分布比较

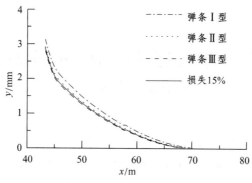

图 4.39　长心轨跟端伸缩位移分布比较

三、限位器及间隔铁受力比较

在不同扣件纵向阻力条件下，限位器及间隔铁的受力比较如表 4.29 所示。

表 4.29　不同扣件纵向阻力条件下限位器及间隔铁的受力比较

扣 件 类 型	弹条Ⅰ型	弹条Ⅱ型	弹条Ⅲ型	弹条Ⅲ型损失 15%
限位器最大作用力（kN）	209.8	138.6	34.8	85.3
间隔铁最大作用力（kN）	217.4	208.9	197.9	202.9
限位器子母块开始贴靠时轨温变化幅度（℃）	36.0	41.0	52.0	46.0

由表 4.29 可见，扣件纵向阻力越小，限位器及间隔铁所受作用力就越大，限位器子母块开始贴靠时的轨温变化幅度也越低。扣件纵向阻力变化对限位器受力影响比对间隔铁大。

四、小　结

采用不同的扣件形式及不同的扣件螺栓扭矩，扣件纵向阻力不一样。前述分析表明，扣件纵向阻力越小，通过岔枕传递给基本轨的温度力就越小，在轨温变化幅度较大的情况下，通过限位器传递的温度力也越大。扣件纵向阻力减小，虽然基本轨最大附加温度力有所降低，但尖轨跟端及心轨跟端的伸缩位移均将增大，同时限位器所受作用力会大大增加，间隔铁受力也有所增加，限位器子母块开始贴靠时的轨温变化幅度越低，也即限位器所起的限制尖轨伸缩位移的作用越大。道床纵向阻力越大、道岔号码越大，扣件纵向阻力的影响将越大。综合来看，在能确保钢轨强度的条件下，采用大阻力扣件，对无缝道岔的受力与变形是比较有利的。

第十节　道床纵向阻力对无缝道岔受力与变形的影响分析

假定区间 2.6 m 长轨枕与道岔区 2.6 m 长岔枕道床纵向阻力是一样的，设枕间距为 0.6 m，区间线路道床纵向阻力为 r，则换算成岔枕单位长度上道床纵向阻力为 $0.46r$。选用五种道床纵向阻力（均为混凝土轨枕）进行对比分析：$r=6.1\,\mathrm{kN/m}$（相当于木枕线路阻力）、$r=7.6\,\mathrm{kN/m}$（相当于Ⅰ型枕线路阻力）、$r=9.9\,\mathrm{kN/m}$（北京局狼窝铺 38 号道岔试铺测试值，道床未密实）、$r=12.2\,\mathrm{kN/m}$（相当于Ⅱ型枕线路阻力）、$r=15.2\,\mathrm{kN/m}$（相当于Ⅲ型枕线路阻力）。

一、钢轨温度力比较

在不同道床纵向阻力条件下，直基本轨附加温度力的比较如表 4.30 所示，基本轨附加温度力分布的比较如图 4.40 所示，曲导轨、长心轨温度力分布的比较如图 4.41 所示。

表 4.30　不同道床纵向阻力条件下基本轨附加温度力的比较

道床纵向阻力（kN/m）	6.1	7.6	9.9	12.2	15.2
最大附加温度压力（kN）	276.0	274.2	263.0	244.5	219.0
最大附加温度拉力（kN）	225.9	216.8	195.7	172.0	144.2
附加温度力增加幅度（%）	26.1	26.0	24.9	23.2	20.7
尖轨跟端前附加温度力影响范围（m）	45.6	38.4	32.4	28.2	25.2
心轨跟端后附加温度力影响范围（m）	26.0	20.6	16.7	14.8	13.5

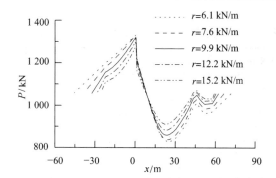

图 4.40　直基本轨温度力分布比较

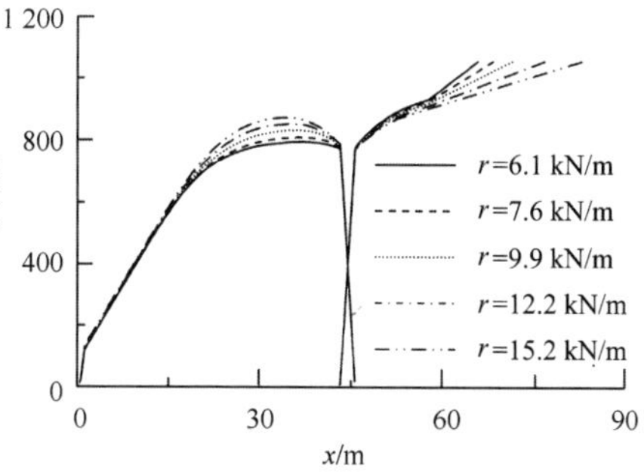

图 4.41　曲导轨、长心轨温度力分布比较

由表 4.30 及图 4.40、图 4.41 可见，道床纵向阻力越小，基本轨附加温度力就越大，这是因为当里轨扣件纵向阻力达到滑移值时，道床纵向阻力就越小，为保证岔枕受力平衡，将有更多的温度力传递给基本轨。很明显，道床纵向阻力越小，附加温度力的影响范围越大。可见，道床纵向阻力对导轨、心轨的温度力分布影响较小。

二、钢轨伸缩位移比较

在不同道床纵向阻力条件下，各钢轨伸缩位移比较如表 4.31 所示，直基本轨伸缩位移分布比较如图 4.42 所示，曲导轨、长心轨伸缩位移分布比较如图 4.43 所示。

由表 4.31 及图 4.42、图 4.43 可见，道床纵向阻力越小，基本轨伸缩位移就越大，尖轨跟端、心轨跟端的伸缩位移也越大，同时导轨末端反向位移就越小，尖轨跟端与基本轨的相对位移、心轨跟端与导轨末端的相对位移受道床纵向阻力的变化影响也较小，这说明道床纵向阻力很大程度上在影响着无缝道岔的整体移动。

表 4.31　不同道床纵向阻力条件下钢轨伸缩位移比较

道床纵向阻力（kN/m）	6.1	7.6	9.9	12.2	15.2
直基本轨最大位移（mm）	4.4	3.8	3.1	2.6	2.0
曲尖轨跟端位移（mm）	12.0	11.5	10.8	10.3	9.8
曲导轨末端位移（mm）	−1.0	−1.4	−1.7	−1.9	−2.0
长心轨跟端位移（mm）	3.6	3.2	2.9	2.7	2.6

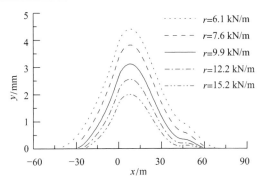

图 4.42　直基本轨伸缩位移分布比较

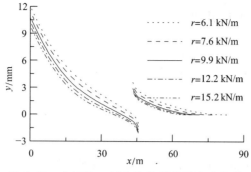

图 4.43　曲导轨、长心轨伸缩位移分布比较

三、限位器及间隔铁受力比较

在不同道床纵向阻力条件下，限位器及间隔铁受力比较如表 4.32 所示。

表 4.32　不同道床纵向阻力条件下限位器及间隔铁受力比较

道床纵向阻力（kN/m）	6.1	7.6	9.9	12.2	15.2
限位器最大作用力（kN）	81.3	82.2	85.3	89.3	94.0
间隔铁最大作用力（kN）	201.2	202.0	202.9	203.5	203.7

由表 4.32 可见，道床纵向阻力越小，限位器及间隔铁受力就越小，但影响程度也较小，这与钢轨的伸缩位移变化规律是一致的。

四、小　结

道床纵向阻力越小，基本轨附加温度力及其影响范围就越大，同时基本轨伸缩位移、尖轨跟端与心轨跟端的伸缩位移也越大，限位器及间隔铁所受作用力受道床纵向阻力的影响也较小。综合分析来看，增加道床纵向阻力，对减小基本轨受力、控制尖轨及心轨的伸缩位移十分有利，因此，宜在无缝道岔养护维修中尽量增加道床纵向阻力。

第十一节　限位器阻力对无缝道岔受力与
变形的影响分析

影响限位器受力大小的主要因素有：限位器子母块间隙，限位器的阻力位移特性，限位器数量及安装位置。下面分别对这三个因素进行对比分析。

一、限位器子母块间隙分析

改变限位器子母块间隙 δ，在其他计算参数不变的情况下，基本轨附加温度力、钢轨伸缩位移以及限位器及间隔铁受力等比较如表 4.33 所示。直基本轨温度力分布、曲导轨温度力分布、直基本轨伸缩位移分布、曲导轨伸缩位移分布、基本轨附加温度力及尖轨跟端伸缩位移随轨温变化的比较如图 4.44 至图 4.49 所示。

表 4.33　限位器子母块间隙对无缝道岔的影响比较

限位器子母块间隙（mm）	0	3	5	7	9	12
直基本轨附加温度力（kN）	330.2	302.7	288.8	263	238.3	231.5
附加温度力增加幅度（%）	31.3	28.7	27.4	24.9	22.6	21.9
直基本轨最大位移（mm）	3.8	3.5	3.3	3.1	3.0	2.9
曲导轨末端位移（mm）	−1.9	−1.8	−1.8	−1.7	−1.6	−1.6
曲尖轨跟端位移（mm）	7.8	8.9	9.8	10.8	12.0	12.2
长心轨跟端位移（mm）	2.8	2.8	2.9	2.9	2.9	3.0
限位器最大作用力（kN）	314.2	218.6	158.3	85.3	17.4	0.0
限位器子母块开始贴靠时轨温变化幅度（℃）	0.0	29.0	37.5	46.0	53.5	62.5
间隔铁最大作用力（kN）	205.7	204.6	203.2	202.9	201.9	201.4

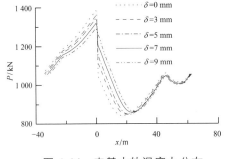

图 4.44　直基本轨温度力分布

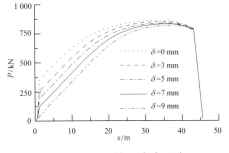

图 4.45　曲导轨温度力分布

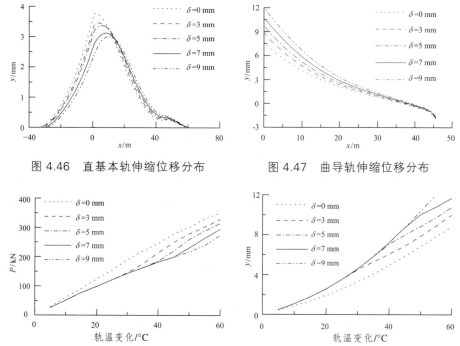

图 4.46　直基本轨伸缩位移分布　　　　图 4.47　曲导轨伸缩位移分布

图 4.48　基本轨附加温度力随轨温变化　　图 4.49　尖轨跟端伸缩位移随轨温变化

由表 4.33 及图 4.44 至图 4.49 可见，限位器子母块间隙 δ 值越小，基本轨附加温度力就越大，尖轨跟端前附加温度力影响范围也有所增大，心轨跟端后附加温度力影响范围变化则较小；δ 值越小，基本轨最大伸缩位移就越大，最大位移的位置越靠近尖轨跟端，说明限位器在传递温度力过程中所起的作用也越大；δ 值越小，尖轨跟端伸缩位移也越小，这主要是由于限位器作用力增大，阻碍了导轨的伸缩位移，此时限位器的限位作用更为明显；δ 值越小，导轨末端反向位移略有增大，心轨跟端位移略有降低，间隔铁作用力略有增加，但影响不大，同样由于限位器作用力较大，影响了导轨后端的伸缩变形；δ 值越小，限位器作用力越大，且增加幅度十分明显，限位器子母块开始贴靠时的轨温变化幅度则越低。

限位器子母块未贴靠前，仅靠岔枕向基本轨传递温度力，附加温度力的增加幅度较小，约为 4.4 kN/°C，尖轨跟端的伸缩位移约为 0.235 mm/°C，而限位器起作用后也参与向基本轨传递温度力，此时附加温度力的增加幅度较大，约为 5.8 kN/°C，尖轨跟端的伸缩位移约为 0.146 mm/°C。

总之，限位器子母块间隙较小时，对限位器本身的受力及基本轨受力不利，但对限制尖轨位移比较有利；而限位器子母块间隙较大时，对限位器及基本轨受力比较有利，但对限制尖轨位移不利。使用过程中若不调整限位器子母块间隙，在轨温循环变化过程中，对钢轨及限位器受力、尖轨伸缩位移均会不利。因此，限位器子母块宜居中布置，并在道岔设计中采用最优的子母块间隙。

二、限位器的阻力位移特性分析

限位器螺栓扭矩变化将影响其阻力位移特性，此外，若采用哈克或施必牢螺栓联结或采用胶接技术，限位器所能提供的阻力也将会大为增加。设限位器子母块贴靠后相对位移为 1 mm，限位器阻力为 3×10^4 kN/m（小阻力）、6×10^4 kN/m（中阻力）、12×10^4 kN/m（大阻力），其他计算参数同基本工况。基本轨附加温度力、钢轨伸缩位移以及限位器及间隔铁受力等比较如表 4.34 所示。

表 4.34　限位器阻力对无缝道岔的影响比较

限 位 器 阻 力	小阻力	中阻力	大阻力
直基本轨附加温度力（kN）	257.3	263	266.6
附加温度力增加幅度（%）	24.4	24.9	25.3
曲导轨末端位移（mm）	11.0	10.8	10.7
长心轨跟端位移（mm）	2.9	2.9	2.9
限位器最大作用力（kN）	69.5	85.3	105.5
间隔铁最大作用力（kN）	202.6	202.9	203.1

由表 4.34 可见，限位器阻力增大，基本轨附加温度力、限位器所受作用力有所增大，间隔铁所受作用力略有增加，尖轨跟端伸缩位移有所减小。总的来看，限位器阻力变化对无缝道岔受力与变形的影响不明显，这主要是由于计算中所采用的道床纵向阻力较大，限位器在温度力的传递过程中所起的作用相对较小的缘故。在扣件纵向阻力较小、限位器子母块间隙较小以及轨温变化幅度较大且限位器对基本轨附加温度力增加影响也较大时，其阻力变化才会对无缝道岔受力与变形的影响较大，此时应根据尖轨尖端的容许位移、基本轨及限位器的强度等指标综合确定合理的限位器阻力。

三、限位器数量与安装位置分析

在大号码道岔中，为控制尖轨的伸缩位移，通常设置多个限位器，以增大限位器阻力。但导轨在不同位置其伸缩位移是不一样的，越靠近尖轨尖端，其伸缩位移就越大，因此，在不同位置设置限位器，对导轨伸缩位移的阻碍作用是不一样的。选择在现有限位器前增设一限位器、现有限位器后增设一限位器、将现有限位器前移一枕跨以及后移一枕跨四种方式与现有方式作对比分析，其他计算参数同基本工况。各种限位器布置方式对无缝道岔受力与变形的影响如表 4.35 所示。

表 4.35　限位器布置方式对无缝道岔受力与变形的影响比较

限位器布置方式	前增设	后增设	现有方式	前　移	后　移
直基本轨附加温度力（kN）	274.4	264.7	263.0	269.2	257.2
附加温度力增加幅度（%）	26.0	25.1	24.9	25.5	24.4
直基本轨最大位移（mm）	3.2	3.1	3.1	3.1	3.1
曲导轨末端位移（mm）	−1.7	−1.7	−1.7	−1.7	−1.7
曲尖轨跟端位移（mm）	10.4	10.7	10.8	10.5	11.1
长心轨跟端位移（mm）	2.9	2.9	2.9	2.9	2.9
前限位器最大作用力（kN）	69.2	61.3	85.3	101.6	69.8
后限位器最大作用力（kN）	40.0	30.6	—	—	—
前限位器子母块开始贴靠时轨温变化幅度（℃）	45.5	46.0	46.0	45.5	47.5
后限位器子母块开始贴靠时轨温变化幅度（℃）	49.5	51.0	—	—	—
间隔铁最大作用力（kN）	203.3	203.0	202.9	203.2	202.7

由表 4.35 可见，限位器数量越多，限位器位置越靠近尖轨尖端，限位器阻碍导轨伸缩的作用就越大，则限位器总的阻力就越大，基本轨附加温度力也越大，因而导轨伸缩位移就越小，对心轨伸缩位移及间隔铁作用力的影响也不明显，这与前面限位器阻力变化后的影响规律是一致的。而限位器数量越多，单个限位器所受的作用力就越小，靠近尖轨尖端附近的限位器承受的作用力最大。

四、小　结

限位器子母块间隙越小，在同样的轨温变化幅度下，两钢轨的相对位移就越大，则限位器所提供的阻力也越大；限位器阻力梯度越大，在相同的位移条件下，所提供的阻力就越大；限位器数量越多，其位置越靠近尖轨尖端，所提供的阻力也越大。

限位器阻力对无缝道岔受力与变形的影响是相矛盾的，其阻力越大，基本轨附加温度力、基本轨伸缩位移、间隔铁所承受的作用力也越大，而尖轨跟端、心轨跟端伸缩位移就越小，当限位器在向基本轨传递温度力的过程中所起作用越大时，该影响效果就越明显。

上述分析表明，在前述基本计算条件下，尖轨跟端伸缩位移每减小 1 mm，基本轨附加温度力增大 25 kN 左右，限位器所承受的作用力增大 70～100 kN，基本轨伸缩位移增加 0.2 mm，心轨跟端位移减小 0.05 mm，间隔铁所承受的作用力增大 1 kN 左右。因此，应根据不同的线路条件、道岔形式、轨温变化幅度以及限位器强度条件、基本轨强度条件、岔前线路稳定性条件、尖轨所容许的伸缩位移等因素进行综合分析，以确定最优的限位器数量、布置方式、联结形式及螺栓扭矩等。

第十二节　间隔铁阻力对无缝道岔受力与变形的影响分析

影响间隔铁阻力的因素主要有间隔铁数量、间隔铁的联结方式（螺栓联结或胶接）或螺栓扭矩大小，即间隔铁的阻力位移特性曲线。下面将分析间隔铁阻力对无缝道岔的影响。

一、间隔铁数量分析

改变联结导轨末端与心轨的间隔铁数量，在其他计算参数不变的情况下，基本轨附加温度力、钢轨伸缩位移以及限位器及间隔铁受力等比较如表 4.36 所示。

由表 4.36 可见，导轨末端与心轨间所设置的间隔铁数量越多，总的间隔铁阻力就越大，而单个间隔铁所承受的作用力则越小，心轨跟端位移及导轨末端反向位移

表 4.36　间隔铁数量对无缝道岔的影响比较

间隔铁数量（个）	2	3	4	5
直基本轨附加温度力（kN）	252.6	260.1	266.9	271.5
附加温度力增加幅度（%）	23.9	24.6	25.3	25.7
直基本轨最大位移（mm）	2.9	3.1	3.2	3.3
曲尖轨跟端位移（mm）	10.6	10.8	10.9	11.0
曲导轨末端位移（mm）	−2.6	−2.0	−1.6	−1.3
长心轨跟端位移（mm）	4.2	3.4	2.9	2.6
限位器最大作用力（kN）	79.0	82.7	86.9	90.0
间隔铁最大作用力（kN）	271.6	206.3	172.1	149.2
总的间隔铁作用力（kN）	543.2	618.0	688.0	745.0

也越小，这对限制心轨位移、减小间隔铁受力比较有利。因间隔铁阻力即为心轨传递给导轨的温度力，因此，当间隔铁阻力越大时，尖轨跟端伸缩位移、限位器受力、基本轨附加温度力、基本轨伸缩位移就越大，但影响效果不是十分显著。只有当扣件纵向阻力较小时，才会有更多的间隔铁阻力通过限位器传递给基本轨。

二、间隔铁阻力位移特性

间隔铁螺栓扭矩变化将影响其阻力位移特性。此外，若采用哈克或施必牢螺栓联结、或采用胶接技术，间隔铁所能提供的阻力也将会大为增加。设间隔铁的线性阻力为 $2.5×10^4$ kN/m（小阻力）、$5×10^4$ kN/m（中阻力）、$25×10^4$ kN/m（大阻力），其他计算参数同基本工况。基本轨附加温度力、钢轨伸缩位移以及限位器及间隔铁受力等比较如表 4.37 所示。直基本轨温度力分布、曲导轨温度力分布、直基本轨伸缩位移分布、曲导轨伸缩位移分布、基本轨附加温度力及尖轨跟端位移随轨温变化的比较如图 4.50 至图 4.55 所示。

表 4.37　间隔铁阻力对无缝道岔的影响比较

间隔铁阻力	小阻力	中阻力	大阻力
直基本轨附加温度力（kN）	248.9	263	285.7
附加温度力增加幅度（%）	23.6	24.9	27.1
直基本轨最大位移（mm）	2.9	3.1	3.5
曲尖轨跟端位移（mm）	10.6	10.8	11.2
曲导轨末端位移（mm）	-2.9	-1.7	0.1
长心轨跟端位移（mm）	4.4	2.9	1.3
限位器最大作用力（kN）	78.7	85.3	99.2
间隔铁最大作用力（kN）	161.3	202.9	316.2

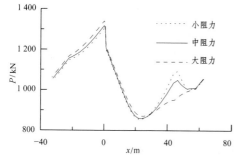

图 4.50　直基本轨温度力分布

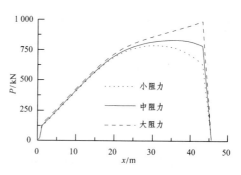

图 4.51　曲导轨温度力分布

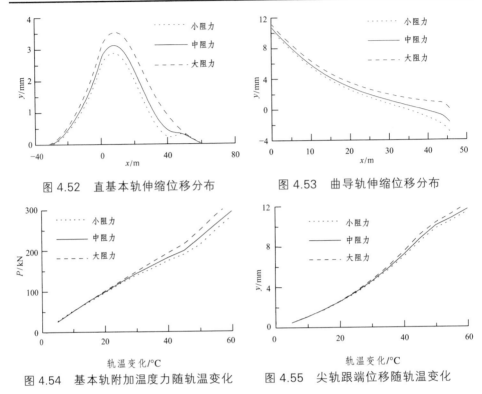

图 4.52　直基本轨伸缩位移分布　　　　图 4.53　曲导轨伸缩位移分布

图 4.54　基本轨附加温度力随轨温变化　　图 4.55　尖轨跟端位移随轨温变化

由表 4.37 及图 4.50 至图 4.55 可见,间隔铁阻力梯度增大,间隔铁所承受的作用力就增大,心轨跟端伸缩位移则减小,尖轨跟端伸缩位移增大,导轨末端反向位移减小,同时基本轨附加温度力、限位器所承受的作用力以及基本轨最大伸缩位移均有所增大,这与增设间隔铁数量的效果相同。在轨温变化幅度较大时,这种影响规律更为明显。在大阻力情况下,导轨末端已不存在反向位移,基本轨对应处的附加温度力峰消失。

间隔铁阻力梯度增加时虽然间隔铁承受的作用力增大,但其联结的两钢轨相对位移却有所降低,此时大部分阻力是由间隔铁与钢轨间的摩擦力提供的。在小阻力情况下,虽然间隔铁承受的作用力较小,但其联结的两钢轨相对位移却很大,已超过螺栓孔间隙,大部分阻力由螺栓弯曲提供,对螺栓及螺栓孔的受力均不利。

三、小　结

增加间隔铁数量,确保间隔铁螺栓扭矩,采用新型紧固结构或胶接技术,均可增大间隔铁阻力。

间隔铁阻力越大，心轨跟端的伸缩位移越小，同时也将有更多的温度力由心轨传递给导轨，继而传递给基本轨。因此，限位器所受的作用力、尖轨跟端位移、基本轨附加温度力、基本轨伸缩位移均有所增大，随着扣件纵向阻力降低，其增加幅度将更为显著。

增加间隔铁数量，对单个间隔铁的受力十分有利；增加间隔铁紧固力，对间隔铁螺栓的受力也是有利的。可见，增加间隔铁阻力对间隔铁受力、减小心轨伸缩位移是有利的。

总之，宜根据无缝道岔中各项控制指标进行综合分析，确定合理的间隔铁阻力。

第十三节　相邻线路及道岔铺设轨温差对无缝道岔受力与变形的影响

在跨区间无缝线路设计中，无缝道岔被视为一个单元轨节，它与相邻单元轨节焊连时，因两单元轨节施工锁定轨温不一致可能会存在铺设轨温差，这对无缝道岔的受力与变形也有一定的影响。

一、相邻线路轨温差的影响分析

设无缝道岔两侧线路锁定轨温较无缝道岔低 5℃、10℃、15℃，当无缝道岔轨温升高 55℃ 时，铺设轨温差对无缝道岔受力与变形的影响如表 4.38 所示。直基本轨温度力比较、直基本轨位移比较、最大附加温度力随轨温变化、心轨跟端位移随轨温变化分别如图 4.56 至图 4.59 所示。

表 4.38　铺设轨温差对无缝道岔的影响比较

铺设轨温差（℃）	0	5	10	15
直基本轨附加温度力（kN）	263.0	275.4	285.3	301.6
附加温度力增加幅度（%）	24.9	26.1	27.0	28.6
直基本轨最大位移（mm）	3.1	3.1	3.2	3.2
曲尖轨跟端位移（mm）	10.8	10.8	10.8	10.9
长心轨跟端位移（mm）	2.9	3.2	3.6	4.2
限位器最大作用力（kN）	85.3	90.9	95.3	102.9
间隔铁最大作用力（kN）	202.9	209.7	218.5	229.2

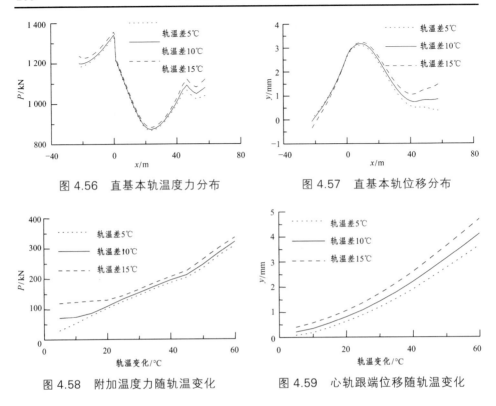

图 4.56   直基本轨温度力分布   图 4.57   直基本轨位移分布

图 4.58   附加温度力随轨温变化   图 4.59   心轨跟端位移随轨温变化

由表 4.38 及图 4.56 至图 4.59 可见，无缝道岔与相邻线路轨温差越大，传递至无缝道岔中的温度力也越大，因此，基本轨附加温度力、基本轨伸缩位移、心轨跟端位移、限位器与间隔铁作用力均随着轨温差的增大而增大，尖轨跟端位移也略有增大。若无缝道岔锁定轨温低于相邻线路的锁定轨温，则在降温情况下，同样会增加基本轨附加温度力及各钢轨的伸缩位移。可见，控制无缝道岔与相邻线路的铺设轨温差，对降低无缝道岔的受力与变形是十分必要的。

二、顺接道岔铺设轨温差的影响分析

设两无缝道岔异向顺接，左侧道岔前线路较左侧道岔锁定轨温低 5°C，右侧道岔较左侧道岔锁定轨温低 5°C，右侧道岔后线路锁定轨温较右侧道岔低 5°C，其他计算参数同基本工况。当无缝道岔轨温升高 55°C 时，铺设轨温差对无缝道岔受力与变形的影响如表 4.39 所示。

表 4.39　铺设轨温差对顺接道岔的影响比较

有无铺设轨温差	无		有	
道岔名称	左侧道岔	右侧道岔	左侧道岔	右侧道岔
直基本轨附加温度力（kN）	276.4	211.0	294.3	201.2
附加温度力增加幅度（%）	26.2	20.0	27.9	19.1
直基本轨最大位移（mm）	3.3	3.5	3.4	3.8
曲尖轨跟端位移（mm）	10.9	11.2	11.1	11.5
长心轨跟端位移（mm）	3.5	2.9	4.5	3.3
限位器最大作用力（kN）	88.2	72.2	99.0	65.8
间隔铁最大作用力（kN）	204.0	201.9	218.5	207.8

　　由表 4.39 可见，两相邻道岔及与区间线路存在铺设轨温差时，右侧道岔将把更大的温度力传递给左侧道岔，因而左侧道岔中基本轨附加温度力、尖轨和基本轨及心轨的伸缩位移、限位器及间隔铁受力均有所增加。同时，计算结果表明，若相邻道岔及线路的铺设轨温差较大，对左侧道岔的受力及变形影响将更大。

三、小号码道岔铺设轨温差的影响分析

　　与上述 18 号道岔一样，若道岔与相邻道岔、道岔与相邻线路的铺设轨温差均为 5℃，对提速 12 号可动心轨单开道岔受力与变形的影响如表 4.40 所示。

表 4.40　小号码道岔铺设轨温差的影响比较

道岔铺设形式	单组道岔		顺接道岔左侧道岔	
道岔号码	18	12	18	12
直基本轨附加温度力（kN）	275.4	255.5	294.3	347.8
附加温度力增加幅度（%）	26.1	24.2	27.9	32.9
直基本轨最大位移（mm）	3.1	2.3	3.4	3.7
曲尖轨跟端位移（mm）	10.8	9.7	11.1	10.8
长心轨跟端位移（mm）	3.2	5.2	4.5	7.6
限位器最大作用力（kN）	90.9	92.1	99.0	122.6
间隔铁最大作用力（kN）	209.7	205.0	218.5	229.5

由表 4.40 可见，道岔号码越小，铺设轨温差对心轨跟端位移的影响越大，特别是当两道岔顺接时，心轨跟端位移、基本轨附加温度力、限位器及间隔铁作用力等增幅十分明显，这主要是由于道岔号码较小时，道岔长度较短，区间线路大的温度力传递至右侧道岔后未被右侧道岔完全承受，又传递至左侧道岔，因而道岔顺接时轨温差的影响要比单组道岔大一些。对接时也是一样，且道岔号码越小，对道岔群的影响越明显，若铺设轨温差大于 5℃，其影响将进一步加剧。

四、固定辙叉无缝道岔铺设轨温差的影响

设无缝道岔与相邻道岔、道岔与相邻线路的铺设轨温差均为 5℃，对提速 12 号固定辙叉单开道岔受力与变形的影响如表 4.41 所示。

表 4.41　固定辙叉无缝道岔铺设轨温差的影响比较

道岔铺设形式	单组道岔		顺接道岔左侧道岔	
辙叉形式	可动心轨	固定辙叉	可动心轨	固定辙叉
直基本轨附加温度力（kN）	255.5	306.7	347.8	386.8
附加温度力增加幅度（%）	24.2	29.1	32.9	36.6
直基本轨最大位移（mm）	2.3	2.8	3.7	4.2
曲尖轨跟端位移（mm）	9.7	10.8	10.8	12.9
限位器最大作用力（kN）	92.1	161.4	122.6	211.4

由表 4.41 可见，无论是单组道岔或是两道岔顺接，铺设轨温差对固定辙叉无缝道岔受力与变形的影响都很大，固定辙叉中基本轨附加温度力、基本轨位移、尖轨跟端位移、限位器作用力均比可动心轨道岔要大得多，当两道岔顺接时，增幅十分明显，若铺设轨温差大于 5℃，其影响将进一步加剧。

五、道床纵向阻力变化时铺设轨温差的影响

设道床纵向阻力为 $r = 6.1 \text{ kN/m}$，无缝道岔与相邻道岔、道岔与相邻线路的铺设轨温差均为 5℃，对 18 号可动心轨单开道岔受力与变形的影响如表 4.42 所示。

表 4.42　道床纵向阻力变化时铺设轨温差的影响比较

道岔铺设形式	单组道岔		顺接道岔左侧道岔	
道床纵向阻力（kN/m）	9.9	6.1	9.9	6.1
直基本轨附加温度力（kN）	275.4	312.3	294.3	356.6
附加温度力增加幅度（%）	26.1	29.6	27.9	33.8
直基本轨最大位移（mm）	3.1	4.4	3.4	5.4
曲尖轨跟端位移（mm）	10.8	12.1	11.1	12.9
长心轨跟端位移（mm）	3.2	4.2	4.5	6.9
限位器最大作用力（kN）	90.9	94.9	99.0	119.4
间隔铁最大作用力（kN）	209.7	210.9	218.5	218.4

由表 4.42 可见，道床纵向阻力降低，无论是单组道岔或是两道岔顺接，铺设轨温差对无缝道岔受力与变形的影响均较大阻力时大得多。单组道岔中，小阻力情况下附加温度力增长 13.4%，尖轨跟端位移增长 12.0%，心轨跟端位移增长 31.3%；两道岔顺接时，小阻力情况下左侧道岔基本轨附加温度力增长 21.2%，较单组道岔大阻力时增长 29.5%，尖轨跟端位移增长 16.2%，心轨跟端位移增长 53.3%，较单组道岔大阻力时增长 116%。可见，增大道床纵向阻力是减缓铺设轨温差对无缝线路影响的重要措施。

六、半焊情况下铺设轨温差的影响

半焊情况下，设无缝道岔与相邻道岔、道岔与相邻线路的铺设轨温差均为 5℃，对 18 号可动心轨单开道岔受力与变形的影响如表 4.43 所示。

表 4.43　半焊情况下铺设轨温差的影响比较

道岔铺设形式	单组道岔		顺接道岔左侧道岔	
焊接形式	全　焊	半　焊	全　焊	半　焊
直基本轨附加温度力（kN）	275.4	245.7	294.3	251.2
附加温度力增加幅度（%）	26.1	23.3	27.9	23.8
直基本轨最大位移（mm）	3.1	2.5	3.4	2.6
曲尖轨跟端位移（mm）	10.8	10.1	11.1	10.1
长心轨跟端位移（mm）	3.2	3.2	4.5	3.8
限位器最大作用力（kN）	90.9	277.6	99.0	278.6
间隔铁最大作用力（kN）	209.7	181.6	218.5	193.1

　　由表 4.43 可见，半焊情况下，道岔与相邻线路、相邻道岔铺设轨温差对无缝道岔受力与变形的影响要小于全焊情况，但曲基本轨处限位器作用力较大，较无铺设轨温差时略有增加。从这点来看，采用半焊方式，可减缓铺设轨温差的影响。

七、小　结

　　若无缝道岔与相邻线路或相邻道岔间存在铺设轨温差，在升温或者是降温情况下，将有更大的温度力由相邻线路或道岔传递至无缝道岔上，导致基本轨附加温度力、尖轨及心轨的伸缩位移、限位器及间隔铁的受力增大。

　　铺设轨温差越大、两道岔顺接或对接、道岔号码越小、采用固定辙叉、道床纵向阻力越小、采用全焊方式，这些因素使得铺设轨温差对无缝道岔受力及变形的影响加大。因此，严格控制铺设轨温差，提高道床纵向阻力，可在一定程度上减缓铺设轨温差的影响。

第十四节　其他因素对无缝道岔受力与变形的影响分析

一、无缝道岔阻力组合分析

1. 计算参数

　　通过前面的分析可见，道床纵向阻力、扣件纵向阻力、间隔铁阻力、限位器阻力对无缝道岔各项受力与变形指标的影响规律是一样的。单独改变一项阻力，可能对某些指标是有利的，而对另一些指标是不利的。因此，这四项阻力参数应合理匹配，确保各项指标均在容许限度内。选择如表 4.44 所示的几种阻力组合进行对比分析。

表 4.44　线路阻力组合

阻力组合	道床纵向阻力（kN/m）	扣件纵向阻力（kN/组）	限位器阻力（kN/m）	间隔铁阻力（kN/m）
1	6.1	11.5	3×10^4	2.5×10^4
2	6.1	23.0	3×10^4	2.5×10^4
3	6.1	23.0	3×10^4	25×10^4
4	6.1	11.5	12×10^4	25×10^4
5	15.2	11.5	3×10^4	2.5×10^4
6	15.2	11.5	12×10^4	2.5×10^4
7	15.2	23.0	3×10^4	2.5×10^4
8	15.2	23.0	12×10^4	25×10^4

2. 阻力变化对无缝道岔受力与变形的影响分析

在表 4.44 中所示各种阻力的组合条件下，当轨温变化幅度分别为 55℃ 及 40℃ 时，无缝道岔中各部件的受力及变形比较如表 4.45、表 4.46 所示。

表 4.45　轨温变化幅度为 55℃ 时无缝道岔受力及变形比较

阻力组合	1	2	3	4	5	6	7	8
直基本轨附加温度力（kN）	247.5	263.5	293.8	301.9	168.0	218.8	210.0	243.8
附加温度力增加幅度（%）	23.4	25.0	27.8	28.6	15.9	20.7	19.9	23.1
直基本轨最大位移（mm）	3.4	4.3	5.0	4.7	1.3	1.8	2.0	2.4
曲尖轨跟端位移（mm）	13.8	11.6	12.5	12.9	12.2	10.1	9.6	9.8
长心轨跟端位移（mm）	6.2	5.1	2.0	2.1	4.6	4.5	3.9	0.9
限位器最大作用力（kN）	142.7	19.8	38.5	262.1	151.3	250.5	30.3	56.3
间隔铁最大作用力（kN）	186.2	158.1	299.3	301.8	174.0	177.4	150.7	328.2

表 4.46　轨温变化幅度为 40℃ 时无缝道岔受力及变形比较

阻力组合	1	2	3	4	5	6	7	8
直基本轨附加温度力（kN）	159.6	214.1	236.0	192.6	99.2	103.7	157.8	168.7
附加温度力增加幅度（%）	20.8	27.9	30.7	18.2	12.9	13.5	20.6	22.0
直基本轨最大位移（mm）	2.2	3.0	3.5	2.9	0.8	0.9	1.4	1.6
曲尖轨跟端位移（mm）	9.6	7.3	8.0	10.1	8.5	8.4	5.9	6.2
长心轨跟端位移（mm）	3.7	3.1	1.1	1.3	2.9	2.9	2.5	0.5
限位器最大作用力（kN）	29.0	0.0	0.0	62.3	34.9	46.8	0.0	0.0
间隔铁最大作用力（kN）	122.7	105.2	234.1	229.9	117.3	117.4	102.6	253.7

由表 4.45、表 4.46 可见，在不同的阻力组合情况下，无缝道岔受力及变形差别较大。

（1）当扣件纵向阻力越大、道床纵向阻力越小时，基本轨附加温度力越大，同时其伸缩位移也越大。在此情况下，若间隔铁阻力增大，基本轨附加温度力及位移将更大。

（2）当扣件纵向阻力越小、道床纵向阻力越小、间隔铁阻力越大、限位器阻力越小时，尖轨跟端伸缩位移越大。

（3）当道床纵向阻力越小、间隔铁阻力越小、扣件纵向阻力越小时，心轨跟端伸缩位移越大。

（4）当扣件纵向阻力越小、间隔铁阻力越大、限位器阻力越大时，限位器所受作用力越大。

（5）当道床纵向阻力越小、间隔铁阻力越大、扣件纵向阻力越小时，间隔铁所受作用力越大。

二、爬行对无缝道岔的影响

由于长轨条在列车制动与启动较多的线路区段以及长大坡道或变坡点附近容易产生不均匀的爬行现象，而这种爬行又会受到道岔的阻碍作用，因此便导致道岔的受力变形规律更为复杂。

（一）爬行所引起的无缝线路爬行附加力

1. 线路爬行的原因

无缝线路固定区的温度力从理论上说是均匀分布的，但实际上并非如此。受各种原因所引起的纵向力作用，长轨条常在凹形变坡点、道口、曲线起迄点、桥头、制动与牵引地段、伸缩区与固定区交界处存在纵向压力峰的现象，导致长轨条产生不均匀的拉伸和压缩，这便称为线路的爬行。

列车作用于线路上的纵向力主要有三种：

① 移动轮载施加于钢轨上的纵向力，它与轮载、车速、轨道弹性等因素有关，在任何轨道条件下均存在，但爬行力量值较小，以 UIC50 轨为例，单个车轮所引起的爬行力约为 0.12 kN；

② 坡道分力，这是引起长大坡道上无缝线路爬行的主要因素，曾在 16.5‰ 的下坡道上发现长轨条端部向坡底方向移动了 97 mm，因此，我国规定铺设无缝线路的最大坡度为 12‰，按 105 kN 的轮载计算，坡度为 12‰ 的坡道分力约为 1.26 kN；

③ 牵引力或制动力，常发生在进、出站附近，作用力较大，铁道科学研究院曾测试出 50 kg/m 钢轨的制动应力可达 18.8 MPa，每轨约合制动力 120 kN。

2. 爬行力所引起的爬行附加力

无论是何种原因引起的纵向力，均视为作用于长钢轨上的集中力 P，如图 4.60 所示，在该着力点的前后相应存在着受压和受拉区。钢轨受到纵向力作用后产生位移，当外力归零后，由于道床纵向阻力的塑性性质，钢轨位移不能恢复到零，在钢轨内存在残余内力，见图 4.61。在承载与卸载的过程中，钢轨始终存在变形相容条件，即拉压面积相等。道床纵向阻力梯度为 r。

设列车向前移动 $\mathrm{d}x$ 后（为离散化分析，将车轮连续作用于钢轨上的纵向力模拟为一系列离散作用于钢轨上的集中纵向力，其大小为纵向力分布与纵向力作用间隔的乘积），又在新的钢轨着力点上产生一集中纵向力 P，此时钢轨的受力与变形是在上一步残余内力与位移的基础上发生变化，如图 4.62 所示。它不是简单的温度力叠加，而是要保持道床纵向阻力的塑性性质和钢轨变形相容条件。去掉纵向力后，又出现新的残余内力，见图 4.63。为简化计算，此处未考虑列车振动对残余内力的放散作用，但爬行附加力的分布规律与考虑列车振动是一致的。

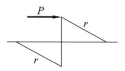

图 4.60 纵向力 P 作用下的温度力图

图 4.61 去掉纵向力后的残余温度力图

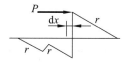

图 4.62 P 移动 dx 后的温度力图

图 4.63 移动并去掉 P 后的残余温度力图

3. 影响因素分析

按照以上的思路，每隔 dx 距离作用一纵向力 P，然后卸载，通过计算机编程，即可模拟某区段范围内爬行力所引起的爬行附加力。设线路为 60 kg/m 钢轨，混凝土枕，爬行力为坡道分力，取值 1.26 kN，道床纵向阻力为 9.1 kN/m，爬行力作用区段 $x = 1$ m，爬行力作用间隔 dx 取值 0.01 m。当该区段范围内爬行力作用次数 $N = 1$ 时，爬行附加力如图 4.64 所示，当作用次数 $N = 1\,000$ 时，爬行附加力如图 4.65 所示，此时爬行附加力影响范围距该区段前后约为 0.5 m。各种因素对最大爬行附加压力、最大爬行附加拉力、最大位移的影响如表 4.47 所示。

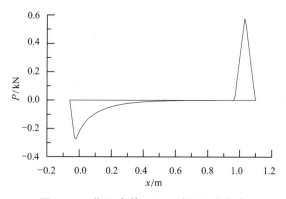

图 4.64 作用次数 $N = 1$ 时爬行附加力

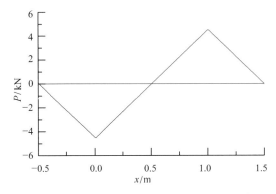

图 4.65   作用次数 $N = 1\ 000$ 时爬行附加力

表 4.47   各种因素对爬行附加力及位移的影响

（基本工况： $P = 1.26\ \mathrm{kN}$ ， $r = 9.1\ \mathrm{kN/m}$ ， $x = 1\ \mathrm{m}$ ， $dx = 0.01\ \mathrm{m}$ ， $N = 10$ ）

工 况	$dx = 0.1\ \mathrm{m}$	$dx = 0.01\ \mathrm{m}$	$dx = 0.001\ \mathrm{m}$	$x = 1\ \mathrm{m}$	$x = 10\ \mathrm{m}$	$x = 100\ \mathrm{m}$
最大附加压力（kN）	0.37	1.50	1.60	1.50	1.53	1.53
最大附加拉力（kN）	0.27	1.21	1.27	1.21	1.21	1.21
最大伸缩位移（μm）	0.011	0.22	0.24	0.22	0.25	0.25
工 况	$N = 1$	$N = 100$	$N = 1\ 000$	$P = 12.6\ \mathrm{kN}$	$P = 126\ \mathrm{kN}$	$r = 6.4\ \mathrm{kN/m}$
最大附加压力（kN）	0.58	3.54	4.50	7.48	36.0	1.52
最大附加拉力（kN）	0.27	3.47	4.50	7.43	36.0	1.23
最大伸缩位移（μm）	0.025	0.96	1.4	3.9	89.0	0.29

分析表明，爬行力作用间隔越小（即为纵向力离散单元长度），所引起的爬行附加力越大，钢轨伸缩位移也越大。但当该间隔小到一定程度后，温度力与位移增加幅度不大，计算量却成比例增加，因此取爬行力作用间隔为 0.01 m，既可满足精度要求，又可节省计算量。爬行力作用的区段长度对最大附加温度力和位移影响不大，而作用次数却有比较明显的影响，随着作用次数增加，爬行力逐渐增大，且最大附加压力与拉力逐渐相等，与单一集中纵向力引起的附加温度力图相似。爬行力越大，引起的附加温度力与位移也越大，由于道床纵向阻力的塑性性质，决定了它们不是成比例增大的；爬行力越大，拉、压附加温度力越接近相等。线路纵向阻力越小，爬行附加力与位移就越大。

爬行区段越长，形成如图 4.65 所示的爬行附加力所需要的爬行力作用次数就越多，否则爬行附加力将如图 4.64 所示。在分析爬行附加力对无缝道岔的影响时，可以只考虑如图 4.65 所示的岔前或岔后线路的爬行附加力。根据《铁路线路维修规则》规定，固定区爬行量不宜大于 20 mm，反算出 60 kg/m 钢轨混凝土枕线路的最大爬行附加力约为 538.9 kN，出现在爬行区段的端部。在岔前或岔后进站信号机与出站信号机附近，列车开始或结束制动以及牵引处即为爬行区段的端部，距离道岔前后端的距离约为 40~80 m。

（二）考虑区间线路爬行时的计算理论

无缝道岔计算理论仍采用有限单元法，计算中考虑无缝道岔轨道一定的计算长度，并建立钢轨边界节点温度力与位移的协调关系。道岔前后无爬行时，端部节点的温度力 P_0 与位移 u_0 的关系为

$$P_0 = P_t \pm \sqrt{2rEA|u_0|} \qquad (4.1)$$

式中　P_t——固定区温度力；

　　　r——道床纵向阻力；

　　　E——弹性模量；

　　　A——钢轨截面面积。

设温度压力为正、钢轨位移由岔后向岔前移动为正，则当岔后节点位移为负或岔前节点位移为正时，式中取正号，反之取负号。

岔后线路有爬行时，设端部节点距爬行区段端部的距离为 X_r，爬行区段端部的伸缩范围为 X_0（最大爬行附加力与道床纵向阻力之比）。根据两者关系不同，岔后钢轨可能存在的温度力分布如图 4.66 中实线 1~4 所示（分别代表不同的端部温度力）。

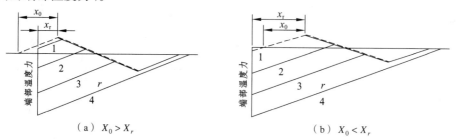

（a）$X_0 > X_r$　　　　　　　　　（b）$X_0 < X_r$

图 4.66　岔后线路爬行区段温度力分布

根据岔后线路温度力图，即可得到无缝端部节点温度力与位移间类似于式（4.1）的关系。同样，当岔前线路有爬行时，也可以得到无缝端部节点温度力与位移的关系。

根据以上温度力平衡方程以及力与位移的协调关系和边界条件，即可建立求解钢轨温度力与位移的非线性方程组，采用牛顿迭代法求解。

（三）岔后线路爬行距离对无缝道岔的影响分析

设线路阻力为 9.9 kN/m，区间线路最大爬行量为 20 mm，岔后线路爬行方

向指向岔前，最大爬行附加力为 566.9 kN，其影响范围在爬行区段前为 57.4 m。设道岔最后一根长岔枕距最大爬行力距离为 40 m、50 m、60 m，其他计算参数同基本工况，则基本轨附加温度力、钢轨伸缩位移以及限位器及间隔铁受力等比较如表 4.48 所示。直基本轨温度力分布、直基本轨伸缩位移分布、基本轨附加温度力及心轨跟端位移随轨温变化的比较如图 4.67 至图 4.70 所示。

表 4.48　岔后线路爬行对无缝道岔的影响比较

岔后线路爬行距离（m）	无爬行	40	50	60
直基本轨附加温度力（kN）	263.0	316.6	279.3	266.6
附加温度力增加幅度（%）	24.9	30.0	26.5	25.3
直基本轨最大位移（mm）	3.1	3.9	3.4	3.2
曲尖轨跟端位移（mm）	10.8	11.8	11.1	10.8
长心轨跟端位移（mm）	2.9	5.2	4.1	2.9
限位器最大作用力（kN）	85.3	129.4	94.2	84.9
子母块贴靠时轨温变化（℃）	46.0	45.5	45.8	46.0
间隔铁最大作用力（kN）	202.9	241.2	230.3	215.4

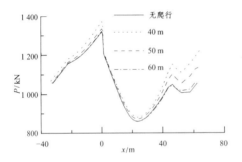

图 4.67　直基本轨温度力分布

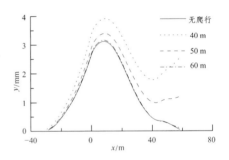

图 4.68　直基本轨伸缩位移分布

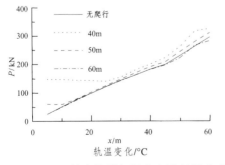

图 4.69　基本轨附加温度力随轨温变化

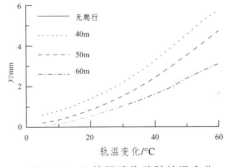

图 4.70　心轨跟端位移随轨温变化

　　由表 4.48 及图 4.67 至图 4.70 可见，岔后线路爬行，将使部分附加温度力传递至心轨与基本轨上，导致心轨跟端伸缩位移大幅度增加，继而导致间隔铁阻力增大并向岔前传递，致使尖轨跟端伸缩位移增大、限位器受力增大、基本轨附加温度力及伸缩位移增大，且爬行区段距道岔越近，爬行附加力对无缝道岔的受力及变形影响也越大。在轨温变化幅度较低时，区间线路爬行对无缝道岔受力与变形的影响更大，基本轨附加温度力的增加幅度也较大，最大可达 100% 以上。当轨温降低且岔后线路向反方向爬行时，对无缝道岔受力与变形的影响规律是一致的。

（四）岔前线路爬行距离对无缝道岔的影响分析

　　当岔前线路爬行指向岔尾，在线路阻力及爬行量相同的情况下，设道岔第一根岔枕距最大爬行力距离为 30 m、40 m、50 m。基本轨附加温度力、钢轨伸缩位移以及限位器及间隔铁受力等比较如表 4.49 所示。直基本轨温度力分布、直基本轨伸缩位移分布、基本轨附加温度力及尖轨跟端位移随轨温变化的比较如图 4.71 至图 4.74 所示。

表 4.49　岔前线路爬行对无缝道岔的影响比较

岔前线路爬行距离（m）	无爬行	30	40	50
直基本轨附加温度力（kN）	263.0	314.1	285.4	263.9
附加温度力增加幅度（%）	24.9	29.7	27.0	25.0
直基本轨最大位移（mm）	3.1	2.7	2.9	3.1
曲尖轨跟端位移（mm）	10.8	10.3	10.6	10.8
长心轨跟端位移（mm）	2.9	2.8	2.9	2.9
限位器最大作用力（kN）	85.3	101.7	94.0	85.9
子母块贴靠时轨温变化（℃）	46.0	45.5	45.9	46.0
间隔铁最大作用力（kN）	202.9	203.7	203.6	202.9

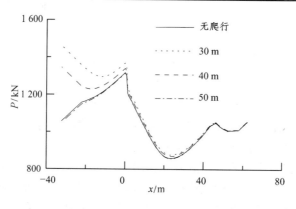

图 4.71　直基本轨温度力分布

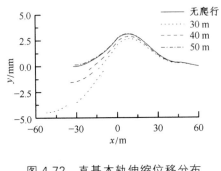

图 4.72 直基本轨伸缩位移分布

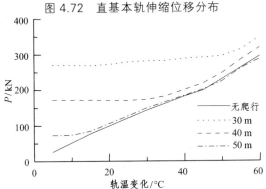

图 4.73 基本轨附加温度力随轨温变化

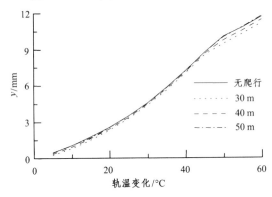

图 4.74 尖轨跟端位移随轨温变化

由表 4.49 及图 4.71 至图 4.74 中可见，岔前线路爬行，将有部分温度力传递至转辙器部分基本轨上，阻碍了基本轨的伸缩位移，致使基本轨附加温度力增大，伸缩位移减小，同时导致限位器阻力增大，尖轨跟端伸缩位移减小，心轨伸缩位移略有减小，间隔铁作用力略有增加，但影响不大。同时，岔前线路爬行区段距道岔越近影响越显著。因尖轨跟端至道岔首端有较长的一段距离，缓和了线路爬行的影响，故在相同的爬行距离下，岔前线路爬行对无缝道岔受力与变形的影响要小于岔后爬行。在轨温变化幅度较低时，因线路爬行的影响范围已伸入道岔区内，基本轨所承受的附加温度力主要为爬行力，故附加温度力增长幅度较大。当轨温下降且岔前线路向反方向爬行时，对无缝道岔受力与变形的影响规律是一致的。

（五）最大爬行量对无缝道岔的影响分析

以岔后线路爬行为例，设区间线路的最大爬行量为 10 mm、15 mm、20 mm，在其他计算参数相同的情况下，对无缝道岔受力与变形的影响如表 4.50 所示。

表 4.50　最大爬行量不同时对无缝道岔的影响比较

最大爬行量（mm）	10	15	20
爬行距离（m）	40.6	49.7	57.4
最大爬行力（kN）	400.9	491.0	566.9
直基本轨附加温度力（kN）	246.2	261.4	279.3
附加温度力增加幅度（%）	23.3	24.8	26.5
直基本轨最大位移（mm）	3.0	3.1	3.4
曲尖轨跟端位移（mm）	10.6	10.8	11.1
长心轨跟端位移（mm）	2.7	2.6	4.1
限位器最大作用力（kN）	91.6	84.4	94.2
间隔铁最大作用力（kN）	207.2	195.3	230.3

由表 4.50 可见，爬行量越小，爬行附加力就越小，其影响范围也越小；在爬行区段距离道岔尾部相同的情况下，基本轨附加温度力越小，各钢轨的伸缩位移、限位器及间隔铁的受力均越小，即线路爬行的影响越小。因此，在跨区间无缝线路中，特别是在无缝道岔前后一定范围内，应尽量降低线路爬行的允许量，以减缓对无缝道岔的影响。

（六）道床纵向阻力变化时线路爬行对无缝道岔的影响分析

设道床纵向阻力为 $r = 6.1\ kN/m$，其他计算参数同基本工况，当岔后线路爬行（最大爬行量 20 mm，距离岔后长岔枕 50 m）或岔前线路爬行（最大爬行量 20 mm，距离岔前 40 m）时，对无缝道岔受力与变形的影响比较如表 4.51 所示。

表 4.51　道床纵向阻力变化时线路爬行对无缝道岔的影响比较

爬行出现位置	岔后线路		岔前线路	
线路阻力（kN/m）	9.9	6.1	9.9	6.1
直基本轨附加温度力（kN）	279.3	333.1	285.4	336.1
附加温度力增加幅度（%）	26.5	31.6	27.0	31.8
直基本轨最大位移（mm）	3.4	5.9	2.9	3.9
曲尖轨跟端位移（mm）	11.1	13.5	10.6	11.5
长心轨跟端位移（mm）	4.1	7.0	2.9	3.5
限位器最大作用力（kN）	94.2	118.2	94.0	99.5
子母块贴靠时轨温变化（℃）	45.8	44.8	45.9	45.3
间隔铁最大作用力（kN）	230.3	234.7	203.6	203.2

由表 4.51 可见，道床纵向阻力越小，无论是岔后线路爬行还是岔前线路爬行，其附加温度力的影响范围伸入道岔区就越长，对无缝道岔受力与变形的影响也越大，即基本轨附加温度力增大、伸缩位移增大，限位器及间隔铁受力增大，尖轨跟端与心轨跟端伸缩位移增大。总之，道床纵向阻力越大，区间线路爬行时道岔中各部件的受力与变形均将增大。可见，增大道床纵向阻力是减缓区间线路爬行对无缝道岔影响的重要措施之一。

（七）扣件纵向阻力变化时线路爬行对无缝道岔的影响分析

设扣件为弹条 I 型，其他计算参数同基本工况，当岔后线路爬行（最大爬行量 20 mm，距离岔后长岔枕 50 m）或岔前线路爬行（最大爬行量 20 mm，距离岔前 40 m）时，对无缝道岔受力与变形的影响比较如表 4.52 所示。

表 4.52　扣件纵向阻力变化时爬行对无缝道岔的影响比较

爬行出现位置	岔后线路		岔前线路	
扣件类型	弹条 III 型扣压力损失 15%	弹条 I 型	弹条 III 型扣压力损失 15%	弹条 I 型
直基本轨附加温度力（kN）	279.3	266.2	285.4	264.5
附加温度力增加幅度（%）	26.5	25.2	27.0	25.1
直基本轨最大位移（mm）	3.4	2.9	2.9	2.3
曲尖轨跟端位移（mm）	11.1	12.3	10.6	11.7
长心轨跟端位移（mm）	4.1	4.8	2.9	3.1
限位器最大作用力（kN）	94.2	219.3	94.0	216.0
子母块贴靠时轨温变化（℃）	45.8	35.5	45.9	35.7
间隔铁最大作用力（kN）	230.3	253.2	203.6	218.0

由表 4.52 可见，扣件纵向阻力降低，可在一定程度上减缓爬行对基本轨附加温度力、伸缩位移的影响，但会增大尖轨跟端和心轨跟端的伸缩位移，增大间隔铁所承受的作用力，并大大增加限位器所承受的作用力。综合来看，增大扣件纵向阻力，对保证道岔各部件的受力与变形均在容许限度内是有利的。

（八）半焊情况下线路爬行对无缝道岔的影响分析

设无缝道岔采用半焊形式，其他计算参数同基本工况，当岔后线路爬行（最大爬行量 20 mm，距离岔后长岔枕 50 m）或岔前线路爬行（最大爬行量 20 mm，距离岔前 40 m）时，对无缝道岔受力与变形的影响比较如表 4.53 所示。

表 4.53 半焊情况下爬行对无缝道岔的影响比较

爬行出现位置	岔后线路		岔前线路	
焊接形式	全 焊	半 焊	全 焊	半 焊
直基本轨附加温度力（kN）	279.3	248.2	285.4	259.4
附加温度力增加幅度（%）	26.5	23.5	27.0	24.6
直基本轨最大位移（mm）	3.4	2.6	2.9	2.3
曲尖轨跟端位移（mm）	11.1	10.2	10.6	9.9
长心轨跟端位移（mm）	4.1	3.7	2.9	2.9
限位器最大作用力（kN）	94.2	276.6	94.0	310.8
子母块贴靠时轨温变化（℃）	45.8	35.2	45.9	35.0
间隔铁最大作用力（kN）	230.3	190.4	203.6	178.6

由表 4.53 可见，采用半焊形式，可以减缓线路爬行对基本轨附加温度力、基本轨伸缩位移、尖轨及心轨跟端位移、间隔铁作用力的影响，但是会显著增加限位器所承受的作用力，岔后线路爬行与不爬行相比增加幅度不大，但岔前线路爬行与不爬行相比增加幅度较大。综合比较来看，不宜采用半焊方式来缓解线路爬行对无缝道岔的影响。

（九）小号码道岔情况下线路爬行对无缝道岔的影响分析

以提速 12 号可动心轨单开道岔为例，其他计算参数同基本工况，当岔后线路爬行（最大爬行量 20 mm，距离岔后长岔枕 50 m）或岔前线路爬行（最大爬行量 20 mm，距离岔前 40 m）时，对无缝道岔受力与变形的影响比较如表 4.54 所示。

表 4.54   小号码道岔情况下爬行对无缝道岔的影响比较

爬行出现位置	岔后线路		岔前线路	
道 岔 号 码	18	12	18	12
直基本轨附加温度力（kN）	279.3	310.8	285.4	249.4
附加温度力增加幅度（%）	26.5	29.4	27.0	23.6
直基本轨最大位移（mm）	3.4	3.7	2.9	1.9
曲尖轨跟端位移（mm）	11.1	11.1	10.6	9.2
曲导轨末端位移（mm）	− 1.0	1.9	− 1.7	− 0.8
长心轨跟端位移（mm）	4.1	8.1	2.9	4.3
限位器最大作用力（kN）	94.2	124.6	94.0	86.8
子母块贴靠时轨温变化（℃）	45.8	44.0	45.9	43.5
间隔铁最大作用力（kN）	230.3	233.4	203.6	195.0

由表 4.54 可见，岔后线路爬行对小号码道岔的影响要比大号码道岔大得多，特别是心轨跟端位移、基本轨附加温度力、限位器所受作用力的增加幅度较明显；而当岔前线路爬行时，大号码道岔中除心轨跟端位移外，其他各项指标的影响均较小号码道岔大。总的来看，岔后线路爬行对小号码道岔影响较大，而岔前线路爬行对大号码道岔影响较大。

（十）固定辙叉线路爬行对无缝道岔的影响分析

以提速 12 号固定辙叉单开道岔为例，其他计算参数同基本工况，当岔后线路爬行（最大爬行量 20 mm，距离岔后长岔枕 50 m）或岔前线路爬行（最大爬行量 20 mm，距离岔前 40 m）时，对无缝道岔受力与变形的影响比较如表 4.55 所示。

表 4.55   不同辙叉类型时爬行对无缝道岔的影响比较

爬行出现位置	岔后线路		岔前线路	
辙 叉 类 型	可动心轨	固定辙叉	可动心轨	固定辙叉
直基本轨附加温度力（kN）	310.8	343.7	249.4	293.7
附加温度力增加幅度（%）	29.4	32.6	23.6	27.8
直基本轨最大位移（mm）	3.7	4.1	1.9	2.4
曲尖轨跟端位移（mm）	11.1	12.5	9.2	10.3
限位器最大作用力（kN）	124.6	196.0	86.8	151.8
子母块贴靠时轨温变化（℃）	44.0	39.5	43.5	42.5

　　由表 4.55 可见，无论是岔后线路爬行还是岔前线路爬行，对固定辙叉式无缝道岔的影响均较可动心轨无缝道岔大得多，这主要是由于可动心轨道岔中心轨与翼轨间采用间隔铁联结，减小了部分温度力的传递，缓和了线路爬行对无缝道岔的影响。因此，在固定辙叉式无缝道岔中，更应注意区间线路的爬行状况，在养护维修中尽量减小爬行量，缓和其对无缝道岔受力与变形的影响。

（十一）顺接道岔群线路爬行对无缝道岔的影响分析

　　以两道岔异向顺接为例，其他计算参数同基本工况，当岔后线路爬行（最大爬行量 20 mm，距离岔后长岔枕 50 m）或岔前线路爬行（最大爬行量 20 mm，距离岔前 40 m）时，对无缝道岔受力与变形的影响比较如表 4.56 所示。

表 4.56　两道岔顺接时爬行对无缝道岔的影响比较

爬行出现位置	岔后线路			岔前线路		
道　岔	单组道岔	左侧道岔	右侧道岔	单组道岔	左侧道岔	右侧道岔
直基本轨附加温度力（kN）	279.3	278.9	228.6	285.4	292.7	211.9
附加温度力增加幅度（%）	26.5	26.4	21.7	27.0	27.7	20.1
直基本轨最大位移（mm）	3.4	3.4	3.8	2.9	3.0	3.5
曲尖轨跟端位移（mm）	11.1	11.1	11.6	10.6	10.7	11.2
曲导轨末端位移（mm）	−1.0	−1.0	−0.8	−1.7	−1.4	−1.6
长心轨跟端位移（mm）	4.1	3.9	4.2	2.9	3.5	2.9
限位器最大作用力（kN）	94.2	94.3	80.0	94.0	96.8	72.5
间隔铁最大作用力（kN）	230.3	230.0	229.2	203.6	204.7	201.9

　　由表 4.56 可见，当岔后线路爬行时，左侧道岔受力及变形与单组道岔差别不大，右侧道岔中尖轨跟端位移及心轨跟端位移均有所增大，左右侧道岔中钢轨受力与变形均比无爬行时大；当岔前线路爬行时，对左侧道岔受力与变形影响较大，右侧道岔中钢轨受力与变形也均较无爬行时大。总的来看，线路爬行对道岔群的影响比对单组道岔的影响略大，特别是岔前线路的爬行影响较大。

（十二）小　结

　　区间线路爬行会产生爬行附加力，若爬行区段距离道岔较近，爬行力的影响范围伸入道岔区后，将会把更多的温度力传递给无缝道岔，从而增加无缝道岔中钢轨的受力与变形。爬行区段距离道岔越近、道床纵向阻力越小、爬行量越大、间隔铁阻力越大或采用固定辙叉无缝道岔时，爬行对无缝道岔的受力及变形影响也就越大。岔后线路爬行对小号码道岔的影响更为严重，应予以充分注意。

采用半焊方式，可减缓爬行对无缝道岔受力与变形的影响，但会大大增加限位器所承受的作用力。限制爬行量的大小，增大道床纵向阻力，采用合适的间隔铁阻力等措施，可减缓爬行对无缝道岔受力与变形的影响。

三、其他影响因素分析

1. 区间与道岔线路阻力不同的影响分析

当岔区与区间线路所采用轨枕类型不同、岔区或区间刚进行了起道等维修作业后，岔区与区间道床纵向阻力可能会不相同。设区间线路道床纵向阻力为 $r=6.1\,\text{kN/m}$ 或 $r=9.9\,\text{kN/m}$，道岔区内道床纵向阻力为 $r=9.9\,\text{kN/m}$ 或 $r=6.1\,\text{kN/m}$，无缝道岔受力及变形比较如表 4.57 所示。

表 4.57　线路阻力不同时无缝道岔受力及变形比较

区间及道岔线路阻力（kN/m）	9.9/9.9	6.1/9.9	9.9/6.1
直基本轨附加温度力（kN）	262.9	261.4	284.4
附加温度力增加幅度（%）	24.9	24.8	26.9
直基本轨最大位移（mm）	3.1	3.2	4.3
曲尖轨跟端位移（mm）	10.8	10.9	11.9
长心轨跟端位移（mm）	2.9	3.0	3.4
限位器最大作用力（kN）	85.3	84.2	82.7
间隔铁最大作用力（kN）	202.9	205.1	198.4

由表 4.57 可见，降低区间线路道床纵向阻力，基本轨附加温度力及限位器受力略有降低，各钢轨伸缩位移及间隔铁受力略有增大，但变化幅度均较小，总之对无缝道岔受力及变形影响不大。而降低道岔区内道床纵向阻力，基本轨附加温度力、心轨及尖轨跟端伸缩位移均有较大幅度增长，由此可见，道岔区道床纵向阻力对无缝道岔受力及变形影响较大。

2. 岔枕抗弯刚度的影响分析

将岔枕抗弯刚度缩小至 1/1 000，以突出岔枕弯曲刚度的作用，此时对无缝道岔受力及变形比较如表 4.58 所示。

表 4.58　岔枕抗弯刚度对无缝道岔的影响比较

轨温变化幅度	35℃		55℃	
岔枕抗弯刚度（kN·m²）	17 352.0	缩小至 1/1 000	17 352.0	缩小至 1/1 000
直基本轨附加温度力（kN）	162.2	141.5	262.9	253.5
附加温度力增加幅度（%）	24.2	21.1	24.9	24.0
直基本轨最大位移（mm）	1.7	1.5	3.1	2.8
曲尖轨跟端位移（mm）	5.8	7.4	10.8	11.4
长心轨跟端位移（mm）	1.4	1.7	2.9	3.4
限位器最大作用力（kN）	0.0	0.0	85.3	168.4
间隔铁最大作用力（kN）	135.1	142.3	202.9	220.5

由表 4.58 可见，岔枕抗弯刚度越大，通过岔枕弯曲向基本轨传递的温度力就越大，因而基本轨附加温度力、基本轨伸缩位移也越大，同时尖轨跟端位移、心轨跟端位移、限位器所受作用力就越小。这也说明了岔枕弯曲变形能够传递部分温度力，所起的作用与扣件纵向阻力是一致的。

第十五节　结　论

通过前面 112 种工况的分析与比较可以看出，影响无缝道岔受力与变形的因素很多，影响程度也不一样，需要在无缝道岔的设计、制造、铺设及养护维修中给予充分考虑。各种因素对无缝道岔受力及变形的影响归纳如下：

（1）随着轨温变化幅度的增大，无缝道岔中各部件的受力及变形均随之增大，这是影响无缝道岔受力与变形的一个主要因素。

（2）道岔号码越大、道岔越长，各部件的受力与变形越大，特别是因尖轨、心轨自由伸缩段长度增加，尖轨尖端位移、心轨尖端位移均有较大幅度的增长。因此，大号码无缝道岔的设计、铺设应较小号码道岔有更加严格的要求。

（3）不同辙叉结构形式的无缝道岔钢轨受力与变形规律差别较大。因固定辙叉无缝道岔中心轨与导轨通过固定辙叉联结成一体，心轨传递给导轨继而传递给基本轨的作用力较大，致使尖轨跟端伸缩位移以及限位器所受的作用力也较大。

长翼轨可动心轨道岔中的部分温度力可以传递给导轨、外侧基本轨，因而基本轨附加温度力、尖轨与基本轨伸缩位移、限位器所受的作用力均较大，心轨伸缩受到阻碍，其伸缩位移较小。

短翼轨可动心轨道岔中，因心轨末端受到叉跟座阻力，其温度力通过岔枕直接传递给外侧基本轨，而未传递给导轨，因而基本轨受力与变形、尖轨跟端伸缩位移、限位器作用力均较小，基本轨最大作用力反而出现在心轨跟端附近，心轨伸缩所受到的阻碍作用较小，但其尖端伸缩位移较大，不是理想的无缝道岔结构。

（4）辙跟结构形式对基本轨附加温度力、尖轨跟端伸缩位移有比较大的影响。限位器辙跟结构既允许尖轨跟端有一定的伸缩位移，又控制其伸缩位移不致过大，即在道岔扣件纵向阻力较大时降低基本轨附加温度力，在扣件纵向阻力较小时控制尖轨伸缩位移，是一种传力相对合理的辙跟结构。

（5）对接道岔将增加基本轨附加温度力，但对钢轨伸缩位移及限位器、间隔铁受力影响较小；顺接道岔对左侧道岔基本轨受力、心轨跟端伸缩位移及限位器和间隔铁受力均不利，但对右侧道岔反而比较有利；渡线道岔对钢轨及传力部件受力、钢轨伸缩位移的影响都较小。同向对接与异向对接、同向顺接与异向顺接在全焊情况下受影响的规律相同，只是受影响的基本轨不同而已。总之，顺接道岔影响较大，对接道岔次之，渡线道岔最小。

道岔号码越小，则对接、顺接两种连接形式对无缝道岔的受力及变形影响就越大。两组固定辙叉无缝道岔对接时，基本轨附加温度力增幅较大，在顺接时基本轨附加温度力、尖轨跟端伸缩位移增幅也十分明显。当道床纵向阻力较小时，不同的连接形式对无缝道岔的受力及变形影响十分严重。

（6）半焊情况下，基本轨受力与变形、心轨跟端位移、间隔铁受力均有所降低，但对曲基本轨一侧限位器受力极为不利，且尖轨跟端附近轨缝变化值较大；道岔区全焊情况下，基本轨附加温度力、各传力部件受力、尖轨及心轨跟端伸缩位移均有所降低，但岔后接头轨缝变化较大。

在轨温变化幅度不大、道床及扣件纵向阻力较大、限位器强度足够及两尖轨伸缩位移差不过大的情况下，半焊方式可减缓无缝道岔中各钢轨的受力与变形，但在无法满足上述条件的情况下，不宜采用。无论是单组道岔还是不同连接方式的道岔群，无论是大号码道岔还是小号码道岔，无论是可动心轨辙叉还是固定辙叉，以上的变化规律是一致的。

（7）扣件纵向阻力越小，通过岔枕传递给基本轨的温度力就越小，在轨温变化幅度较大的情况下，通过限位器传递的温度力也越大。扣件纵向阻力减小，虽然使基本轨最大附加温度力有所降低，但尖轨跟端及心轨跟端的伸缩位移均将增大，同时限位器所受的作用力会大大增加，间隔铁的受力也有所增加，限位器子母块开始贴靠时的轨温变化幅度也越低，即限位器所起的限制尖轨伸缩位移的作用就越大。道床纵向阻力越大、道岔号码越大，对扣件纵向阻力的影响也将越大。综合来看，在能确保钢轨强度的条件下，采用大阻力扣件对无缝道岔的受力与变形是比较有利的。

（8）道床纵向阻力越小，基本轨附加温度力及其影响范围就越大，同时基本轨伸缩位移、尖轨跟端与心轨跟端的伸缩位移也越大，限位器及间隔铁作用力受道床纵向阻力的影响也较小。综合来看，增加道床纵向阻力，对减小基本轨受力、控制尖轨及心轨的伸缩位移十分有利，因此，宜在无缝道岔养护维修中尽量增加道床纵向阻力。

（9）限位器子母块间隙越小，在同样的轨温变化幅度下两钢轨的相对位移则越大，限位器所提供的阻力也越大；限位器阻力梯度越大，在相同的位移条件下所提供的阻力就越大；限位器数量越多，其位置越靠近尖轨尖端，所提供的阻力也越大。

限位器阻力越大，基本轨附加温度力、基本轨伸缩位移、间隔铁所承受的作用力也越大，而尖轨跟端、心轨跟端伸缩位移就越小。当限位器在向基本轨传递温度力的过程中所起的作用越大时，该影响效果就越明显。

（10）间隔铁阻力越大，心轨跟端的伸缩位移就越小，同时也将有更多的温度力由心轨传递给导轨，继而传递给基本轨。因此，限位器所受的作用力、尖轨跟端位移、基本轨附加温度力、基本轨伸缩位移均会有所增大。随着扣件纵向阻力的降低，其增加幅度将更为显著。

增加间隔铁数量对单个间隔铁的受力十分有利；增加间隔铁紧固力，对间隔铁螺栓的受力也是有利的。因此，增加间隔铁阻力对间隔铁受力、减小心轨伸缩位移是有利的。

（11）若无缝道岔与相邻线路或相邻道岔间存在铺设轨温差，在升温或者是降温情况下，将有更大的温度力由相邻线路或道岔传递至无缝道岔上，导致基本轨附加温度力、尖轨及心轨的伸缩位移、限位器及间隔铁的受力增大。

铺设轨温差越大、两道岔顺接或对接、道岔号码越小、采用固定辙叉、道床纵向阻力越小、采用全焊方式，这些因素导致铺设轨温差对无缝道岔受力及变形的影响加大。因此，严格控制铺设轨温差，提高道床纵向阻力，在确保限位器强度的条件下采用半焊方式，均可以在一定程度上减缓铺设轨温差的影响。

（12）改变区间线路纵向阻力，对无缝道岔受力及变形影响不大。而改变道岔区内道床纵向阻力，则对无缝道岔受力及变形影响较大。

（13）岔枕抗弯刚度越大，通过岔枕弯曲向基本轨传递的温度力就越大，导致基本轨附加温度力、基本轨伸缩位移就越大，同时尖轨跟端位移、心轨跟端位移、限位器所受作用力也越小。

总之，通过综合分析我们可以看到：轨温变化幅度越大、线路爬行量越大、与相邻线路及道岔的铺设轨温差越大，对无缝道岔各部件的受力及变形就越不利，而采用不同的焊接形式、不同的辙跟结构、不同的辙叉结构、不同的扣件纵向阻力、不同的道床纵向阻力和间隔铁及限位器阻力等，对无缝道岔中部分指标是有利的，而对另一些指标是不利的。要将各种影响因素综合分析，精心设计，合理优化，才能确保无缝道岔各部件的受力及变形均在容许限度内，才能确保无缝道岔的正常使用和较大的容许铺设轨温范围。

第五章　特殊地段上的无缝道岔

随着跨区间无缝线路的推广应用，铺设于隧道内及洞口附近、无砟轨道上及桥梁上的道岔也逐渐无缝化。在这些特殊地段上，因道岔轨温变化规律、轨道基础、线路下部结构等与路基上有砟轨道不同，致使无缝道岔的受力与变形规律又有新的变化。本章将探讨在这些特殊地段上铺设无缝道岔的设计理论与方法。

第一节　隧道洞口处的无缝道岔

根据观测，隧道内外无缝线路轨温和气温有如下变化规律[7]：

① 无论夏季或冬季，隧道内的轨温与气温基本相近；

② 夏季，隧道内气温、轨温分别比隧道外低 20℃ ~ 30℃；

③ 冬季，隧道内气温、轨温均高于隧道外 3℃ ~ 8℃；

④ 气温和轨温的变化，从隧道内向隧道外有一个过渡段。过渡段的长度因隧道长短、方向和通风条件的不同而不同，一般为 10 ~ 50 m。

若无缝道岔布置在隧道洞口处，则由于隧道内外特殊的温度条件，导致无缝道岔各轨条的轨温由隧道内向隧道外有一个过渡区。该轨温过渡区的存在使布置在隧道内外的无缝道岔与普通地段的无缝道岔的受力特点有很大不同。隧道内外轨温差越大，轨温变化梯度就越高。根据温度力原理，在这些轨温不同的区段，其钢轨温度力也会不同且出现温度力过渡区。但是，这种温度力的升降是由于钢轨轨温变化幅度不同造成的，它与无缝线路伸缩区温度力变化的原因不同。无缝线路伸缩区温度力的变化梯度不但与道床纵向阻力有关，而且还与该段钢轨轨温变化幅度密切相关。

无缝道岔布置在隧道内外时，由于有多根钢轨参与温度力的传递，因此，无缝道岔内各轨条间本已很复杂的承力、传力和变形关系变得更加复杂。

一、计 算 模 型

利用 ANSYS 通用软件，建立铺设于隧道洞口的无缝道岔计算模型。将钢轨简化成与 60 kg/m 轨截面相同的梁，将轨枕简化为梯形截面梁；扣件、限位器、间隔铁均采用非线性弹簧单元模拟。考虑道岔钢轨的纵向位移，为了尽可能减小边界条件的影响，模型长度在道岔区前后各取 100 m。

模型中地基弹簧单元一端固定，另一端与轨枕节点位移耦合；扣件弹簧单元的一端与钢轨节点位移耦合，另一端与轨枕节点位移耦合；限位器、间隔铁弹簧单元的两端均与钢轨节点位移耦合；钢轨端部用非线性弹簧固定，表示道岔的边界条件。模型采用七种材料分别模拟钢轨、轨枕、扣件、限位器、间隔铁、地基弹簧和边界弹簧等。无缝道岔模型如图 5.1 所示。

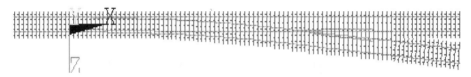

图 5.1   无缝道岔整体模型

模型中的非线性部分采用多线性等向强化材料模拟。ANSYS 中的多线性材料是根据 Von Miss 屈服准则和等向强化假设，以多条直线段来表示应力—应变关系曲线。所以，根据实测的力与位移的关系可以导出非线性材料的材料特性曲线，继而用于模型中的非线性弹簧。

以 60 kg/m 钢轨 12 号可动心轨提速无缝道岔为例进行计算分析。该道岔的结构特点为：混凝土岔枕；弹条Ⅲ型扣件；尖轨跟端设一组限位器，限位器子母块间隙 7 mm；长心轨跟端与长翼轨间由 4 个间隔铁联结，短心轨为斜接头，跟端与翼轨间由 3 个间隔铁联结，联结螺栓均为 $\Phi 27$，螺栓扭矩为 900 N·m；直侧股钢轨均焊接；单组道岔，道岔前后线路无爬行，铺设时道岔与区间线路锁定轨温一致；最大轨温变化幅度为 50℃；道岔导曲线半径为 350.717 5 m；当区间线路为Ⅲ型混凝土枕、枕间距为 0.6 m 时，区间线路道床纵向阻力取值 9.88 kN/m。

二、无缝道岔温度力及位移

假定无缝道岔正好布置在隧道洞口附近，一端位于洞外，另一端位于洞内，并考虑以下两种工况：一种是岔后升温幅度较大，最高升温 50℃，岔前升温幅度较小，升温仅 20℃，存在 10 m 的轨温过渡段；另一种是岔前升温幅度较大，最高升温 50℃，岔后升温幅度较小，升温仅 20℃，存在 10 m 的轨温过渡段。

1. 岔后升温幅度较大

当岔后升温幅度较大时，道岔位移如图 5.2 所示。各钢轨的温度力分布如图 5.3 所示，图中横坐标零点表示尖轨跟端位置，负值表示道岔前端距跟端距离，正值表示道岔后端距跟端距离（以下各图中相同）。各钢轨的位移分布如图 5.4 所示。

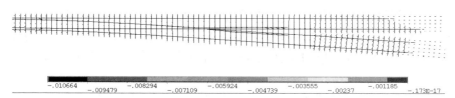

图 5.2　道岔整体位移图

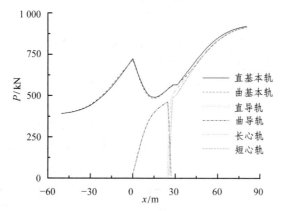

图 5.3　钢轨温度力分布图

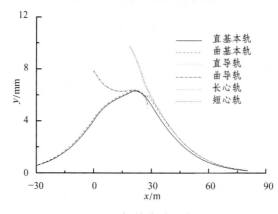

图 5.4　钢轨位移分布图

由图 5.3 可见，无缝道岔中基本轨、导轨、心轨的温度力图有较大差异，这主要是由于它们的受力特点不同所造成的。而直基本轨与曲基本轨、曲导轨与直导轨、长心轨与短心轨的受力比较相似。可见，在全焊情况下直侧股的受力在有轨温过渡段的情况下仍基本上是对称的。

岔后升温 50℃，区间线路固定区温度力为 942.0 kN；岔前升温 20℃，区间线路固定区温度力为 377.2 kN。在岔枕位移和限位器的共同作用下，基本轨最大温度力为 723.4 kN，出现在限位器处。基本轨在道岔前段的温度力分布与升温幅度均匀时的温度力分布基本一致，而在道岔后段的温度力分布则因为轨温变化过渡段的存在以及岔枕阻力的共同作用从岔前向岔后有一个过渡段。

导轨前端受到限位器作用力，后端受到间隔铁作用力，整个轨条温度力均小于固定区温度力。导轨末端翼轨与心轨间采用四组间隔铁联结，其中曲导轨末端四组间隔铁阻力分别为 115 kN、116 kN、116 kN、119 kN，直导轨末端四组间隔铁阻力分别为 103 kN、110 kN、110 kN、114 kN，导轨末端温度力与间隔铁总阻力相等。从间隔铁受力情况来看，各间隔铁所受作用力基本相等。可见，每一个间隔铁均在温度力的传递过程中起作用。导轨处于轨温过渡段，其温度力变化趋势与升温幅度均匀时大致相似，但其最大温度力小于升温均匀时的导轨最大温度力。间隔铁阻力也小于升温均匀时的间隔铁阻力。

从图 5.4 中可以看出，基本轨、导轨、心轨的位移图有较大的差别，这与温度力图的变化是类似的。基本轨伸缩位移在限位器附近达到最大值，直基本轨的最大位移约为 6.3 mm，曲基本轨的最大位移约为 6.4 mm。曲导轨在限位器处最大位移约为 7.8 mm，直导轨在限位器处最大位移约为 7.8 mm。若尖轨自由伸缩，则曲尖轨尖端位移为 10.6 mm，直尖轨尖端位移为 10.7 mm。若心轨自由伸缩，且短心轨为斜接头形式时，心轨尖端位移为 9.7 mm。

从位移大小及图形分析，在此种工况下，基本轨、导轨、心轨的位移图与升温幅度均匀时的位移图有较大差别：基本轨的最大位移比升温均匀时的最大位移有很大幅度的增加，这在基本轨爬行严重时将有可能引起转换器部分出现较大的轨距及方向不平顺；心轨尖端位移也有较大增加，心轨第一牵引点处卡阻及转换凸缘爬台的可能性增大了；尖轨尖端自由伸缩时的位移有所减小，这主要是由于岔前升温幅度较小的缘故。

2. 岔前升温幅度较大

当岔前升温幅度较大时，道岔位移如图 5.5 所示。钢轨的温度力分布如图 5.6 所示。钢轨位移分布如图 5.7 所示。

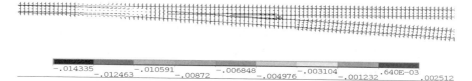

-.014335 -.012463 -.010591 -.00872 -.006848 -.004976 -.003104 -.001232 .640E-03 .002512

图 5.5 道岔整体位移图

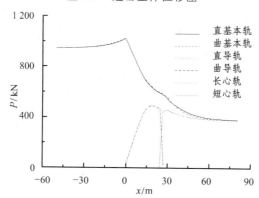

图 5.6 钢轨温度力分布图

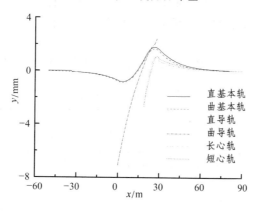

图 5.7 钢轨位移分布图

由图 5.6 可见，岔前升温 50℃ 时，区间线路固定区温度力为 942.0 kN，岔后升温 20℃ 时，区间线路固定区温度力为 377.2 kN。在岔枕位移和限位器的共同作用下，基本轨在道岔前端出现温度力峰，最大温度力为 1 025 kN，出现在限位器处。由于限位器承受有作用力，该作用力以集中力的形式传递给基本轨，因而基本轨温度力在该处有突变。道岔前段温度力分布与升温幅度均匀时的温度力基本一致，而后段温度力因为轨温变化过渡段的存在以及岔枕阻力的共同作用从岔前向岔后基本呈下降趋势，一直下降到右侧固定区温度力值。

导轨前端受到限位器作用力，后端受到间隔铁作用力，整个轨条温度力均小于固定区温度力。导轨末端翼轨与心轨间采用四组间隔铁联结，曲导轨末端四组间隔铁阻力分别为 107 kN、113 kN、113 kN、119 kN，直导轨末端四组间隔铁阻力分别为 104 kN、110 kN、111 kN、116 kN。导轨末端温度力与间隔铁总阻力相等。从间隔铁受力情况来看，各间隔铁所受作用力基本相等。与上一种升温方式类似，导轨处于轨温过渡段，其温度力变化趋势与升温幅度均匀时大致相似，但其最大温度力小于升温均匀时的导轨最大温度力。间隔铁阻力也小于升温均匀时的间隔铁阻力。

从图 5.7 中可以看出，基本轨、导轨、心轨的位移图与上一种升温方式下基本轨、导轨、心轨的位移图有很大区别。基本轨伸缩位移在长心轨的间隔铁处达到最大值 1.8 mm，之后逐渐下降，并出现反向位移。曲导轨在限位器处最大位移约为 7.1 mm，直导轨在限位器处最大位移约为 7.1 mm。若尖轨自由伸缩，则曲尖轨尖端位移为 14.3 mm，直尖轨尖端位移为 14.3 mm。若心轨自由伸缩，且短心轨为斜接头形式时，心轨尖端位移为 2.68 mm。

从以上位移及图形分析可知，在此种工况下，基本轨、导轨、心轨的位移图与升温幅度均匀时的位移图有较大差距，与上一种升温方式也有很大不同。这种道岔布置方式对无缝道岔的受力及变形较为有利。

3. 计算结果比较

与表 3.15 中路基上无缝道岔的计算结果进行比较，其结果见表 5.1。

表 5.1　计算结果比较

计　算　项　目	路基上无缝道岔	隧道洞口无缝道岔岔后升温幅度较大	隧道洞口无缝道岔岔前升温幅度较大
尖轨跟端处基本轨温度力（kN）	1 168.30	723.40	1 025.00
直基本轨最大位移（mm）	2.75	6.30	1.80
辙跟处直导轨位移（mm）	9.86	7.80	7.10
长心轨跟端位移（mm）	4.34	5.020	− 2.00
间隔铁作用力（kN）	140.50	119.00	119.00
限位器作用力（kN）	54.60	0.00	0.00

从表 5.1 中可见：

（1）当道岔尖轨位于隧道洞内、心轨位于隧道洞外时，在夏季洞外钢轨升温幅度大，洞内升温幅度小，此时整组道岔位于无缝线路伸缩区，其基本轨及心轨伸缩位移均较铺设于路基上的要大，易发生心轨卡阻及转辙器出现方向不平顺，因此，应加强洞外岔后线路的防爬锁定。

（2）当道岔尖轨位于隧道洞外、心轨位于隧道洞内时，在夏季洞外钢轨升温幅度大，洞内升温幅度小，此时整个无缝道岔单元轨节位于无缝线路向洞内伸缩和向洞外伸缩的交汇区，钢轨温度力及位移均小于路基上无缝道岔。但基本轨会发生拉压伸缩变化，因此，对于曲基本轨保持其扣件的锁定能力十分重要，以确保不产生较大的方向不平顺。

总之，无缝道岔布置于隧道洞口附近，因洞内外钢轨温差较大，致使整组无缝道岔爬行较严重，需加强对道床及扣件的锁定，且在站场设计中应尽可能避免将无缝道岔布置在洞口附近。

第二节　无砟轨道上的无缝道岔

铺设于有砟轨道基础上的跨区间无缝线路设计理论经过不断完善和发展，已基本弄清和掌握了有砟轨道无缝道岔受力和变形的规律。随着客运专线的建设，无砟轨道即将在我国广泛应用，而铺设于无砟轨道基础上的无缝道岔的受力变形规律目前还有待于深入研究。本节将通过对铺设于这两种轨道基础上的无缝道岔受力变形规律的比较分析，为无缝道岔推广应用于无砟轨道上提供依据。

一、计算理论

1. 计算原理

与有砟道岔上的无缝道岔计算理论一样，采用有限单元法，以岔枕支承点划分钢轨与岔枕单元，将节点位移及钢轨节点温度力视为变量。钢轨节点两端纵向力与扣件纵向阻力相平衡，钢轨两相邻节点位移差与该钢轨单元释放的温度力成正比。岔枕视为侧向支承于弹性地基上的有限长梁，岔枕所受的扣件纵向阻力与道床纵向阻力相平衡。尖轨跟端限位器或间隔铁、长翼轨末端间隔铁是无缝道岔中的重要传力部件，计算中其阻力与钢轨相对位移关系采用实测值，并将该作用力视为作用于钢轨中部的集中力。计算运用的软件是基于 ANSYS 通用软件平台而开发的。

2. 计算参数

以秦沈客运专线 60 kg/m 钢轨 18 号可动心轨无缝道岔为例进行计算分析。

该道岔的结构特点为：混凝土岔枕；弹条Ⅲ型扣件；尖轨跟端设一组限位器，
限位器子母块间隙 7 mm；长心轨跟端与长翼轨间由四块间隔铁联结，联结螺
栓均为 $\Phi27$，螺栓扭矩为 900 N·m；直侧股钢轨均焊接；道岔前后线路无爬
行，铺设时道岔与区间线路锁定轨温一致；最大轨温变化幅度为 55℃；限位器
及间隔铁阻力采用实测值；岔区扣件纵向阻力取 12.5 kN/组，钢轨相对岔枕纵
向位移 2 mm 时达到极限阻力；有砟轨道岔枕纵向阻力采用沿枕长的实测平均
值 4.6 kN/m；无砟轨道岔枕与混凝土道床视为刚性联结，计算中其阻力取极大
值 1 000 kN/m；有砟轨道区间线路纵向阻力取值 10 kN/m；无砟轨道区间线路
阻力取值 16.7 kN/m。其他计算参数按秦沈客运专线道岔结构取值。

二、计 算 分 析

1. 岔枕传力作用比较

当轨温变化幅度为 30℃ 时，辙跟限位器子母块尚未贴靠，里轨未通过限
位器向基本轨传递纵向力。

有砟和无砟轨道无缝道岔基本轨附加温度力及里轨温度力比较如图 5.8、
图 5.9 所示，纵坐标零点为道岔始端。在有砟道岔中，道岔里轨发生伸缩时，
通过扣件将部分纵向力传递至岔枕上，并带动岔枕纵向移动，又通过两侧扣件
带动基本轨纵向移动，从而实现了里轨纵向力向基本轨的传递，其尖轨跟端处
基本轨最大附加温度力为 114.3 kN。而在无砟道岔中，因岔枕不能纵向移动，
因此无法将里轨纵向力向基本轨传递，其基本轨附加温度力为 0 kN，可见无砟
道岔中岔枕不起传力作用。

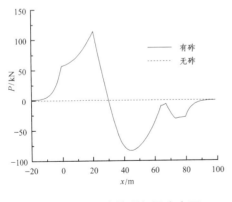

图 5.8　基本轨附加温度力图

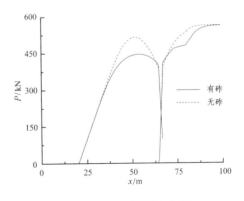

图 5.9　里轨温度力图

有砟道岔中尖轨尖端伸缩位移为 12.6 mm，心轨尖端伸缩位移为 5.1 mm；

无砟道岔中尖轨及心轨尖端伸缩位移分别为 11.6 mm、4.8 mm，较有砟道岔略小。可见无砟轨道上铺设无缝道岔是可行的，里轨相当于无缝线路伸缩区，基本轨相当于无缝线路固定区。

2. 限位器传力作用比较

当轨温变化幅度为 55℃ 时，辙跟限位器子母块贴靠，里轨将通过限位器向基本轨传递部分纵向力。有砟和无砟轨道无缝道岔基本轨附加温度力及里轨温度力比较如图 5.10、图 5.11 所示。在有砟道岔中，限位器与岔枕同时起着传递纵向力的作用，基本轨最大附加温度力约为 218.5 kN，限位器所受纵向力为 138.5 kN；无砟道岔中，仅限位器向基本轨传递纵向力，因而基本轨最大附加温度力较小，约为 106.1 kN，限位器所受纵向力为 220.5 kN，较有砟道岔大，这主要是由于无砟道岔中限位器对应基本轨处的纵向位移较小，限位器子母块相对变形较大，致使限位器须提供更大的纵向阻力。有砟道岔中尖轨及心轨尖端伸缩位移分别为 23.8 mm 和 9.8 mm；无砟道岔中尖轨及心轨尖端伸缩位移分别为 21.9 mm、9.3 mm，均小于有砟道岔。可见，当轨温变化幅度较大时，无砟道岔中基本轨附加温度力、尖轨及心轨伸缩位移均小于有砟道岔，但不利的影响是限位器受力及变形较大，应采用多个限位器来共同传力。

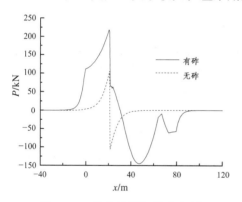

图 5.10　基本轨附加温度力图

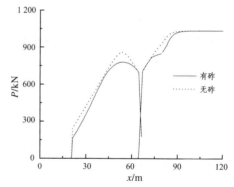

图 5.11　里轨温度力图

3. 辙跟间隔铁作用比较

改变道岔尖轨跟端传力结构。假定设置两组间隔铁代替限位器，间隔铁为高强度螺栓联结，螺栓扭矩为 900 N·m。当轨温变化幅度为 55℃ 时，有砟和无砟轨道无缝道岔基本轨附加温度力比较如图 5.12 所示。有砟道岔中，间隔铁与岔枕同时起着传递纵向力的作用，基本轨最大附加温度力约为 345.1 kN，单个间隔铁所受最大纵向力为 254.1 kN；无砟道岔中，仅间隔铁向基本轨传递纵向力，因而基本轨最大附加温度力较小，约为 241.3 kN，单个间隔铁所受纵向

力为 274.8 kN，较有砟道岔略大。有砟道岔中尖轨及心轨尖端伸缩位移分别为
19.4 mm 和 10.0 mm；无砟道岔中尖轨及心轨尖端伸缩位移分别为 16.7 mm 和
9.2 mm，均小于有砟道岔。可见，尖轨跟端采用间隔铁结构，在轨温变化幅度
较大时，所得结论与采用限位器结构的相同。

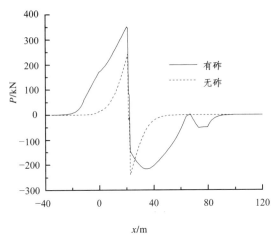

图 5.12　基本轨附加温度力比较

与限位器相比，辙跟为间隔铁时，尖轨尖端伸缩位移可明显减小，但基本
轨附加温度力及传力部件所受纵向力明显增大。无砟道岔中，若采用限位器，子
母块贴靠后的相对纵向位移为 2.9 mm；若采用两孔间隔铁，尖轨与基本轨的最
大相对位移为 3.9 mm，螺栓所受剪应力为 239 MPa，在容许限度 264 MPa 内。
无砟道岔中，因道床横向阻力相当大，无缝线路稳定性不成问题，其结构设计
可根据钢轨强度、转换锁闭结构容许伸缩位移、传力部件螺栓容许强度等因素
综合确定。考虑到卡阻是我国在无缝道岔应用中存在的主要问题，建议辙跟可
采用间隔铁结构。

4. 扣件纵向阻力的影响

当轨温变化幅度为 55℃、扣件纵向阻力从 0～20 kN/组变化时，有砟及无
砟轨道基础上道岔尖轨尖端伸缩位移、基本轨附加温度力、限位器所受纵向力
的变化规律比较如图 5.13 至图 5.15 所示。

随着扣件纵向阻力的增大，两种轨道基础上道岔的尖轨尖端伸缩位移均逐
渐减小。但在有砟道岔中，当扣件纵向阻力大于 10 kN/组时，尖轨伸缩位移减
小趋势变缓，也就是说，再进一步增大扣件纵向阻力对减缓尖轨尖端伸缩位移
效果已不十分明显；而在无砟道岔中，随着扣件纵向阻力增大，尖轨尖端伸缩
位移减缓趋势一直较明显，因而在无砟道岔中宜尽可能采用大阻力扣件。

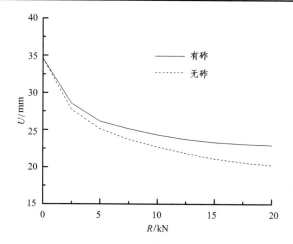

图 5.13 尖轨伸缩位移随扣件纵向阻力变化

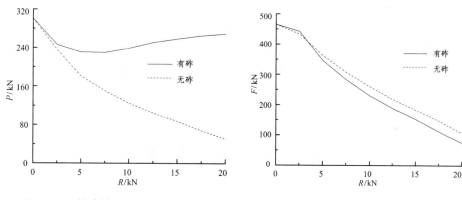

图 5.14 基本轨附加温度力随扣件 纵向阻力变化

图 5.15 限位器受力随扣件 纵向阻力变化

　　两种轨道基础上的道岔基本轨附加温度力随扣件纵向阻力变化的规律不一样。在有砟道岔中，当扣件纵向阻力大于 5 kN/组后，基本轨附加温度力随扣件纵向阻力的增大而缓慢增大，一方面扣件纵向阻力增大后，尖轨伸缩位移减小，通过限位器传递的纵向力有所减小；另一方面里轨作用于岔枕上的纵向力在增大，继而传递至基本轨上的纵向力也在增大，两者的综合作用导致基本轨附加温度力还在增大。在无砟道岔中，基本轨附加温度力随扣件纵向阻力的增大而明显降低，这主要是无砟道岔中只有限位器传递纵向力，扣件纵向阻力只有单方面的影响。

　　两种轨道基础上道岔限位器的纵向力随扣件纵向阻力的增大而显著降低，但在同样的扣件纵向阻力情况下，无砟道岔中限位器的受力要大于有砟道岔。

可见，在无砟道岔中若采用纵向阻力相对较大的扣件，其尖轨伸缩位移、基本轨附加温度力、甚至限位器所受纵向力均有可能小于有砟道岔，此时铺设成跨区间无缝线路较有砟轨道更为有利。

三、小　结

通过上述分析，可以得到以下结论：

（1）有砟道岔中岔枕与尖轨跟端限位器同时起着传递纵向力的作用，而在无砟道岔中仅尖轨跟端限位器起传力作用。

（2）随着扣件纵向阻力的增大，有砟道岔中尖轨伸缩位移有所降低，限位器纵向力明显降低，而基本轨附加温度力则有所增大；无砟道岔中尖端伸缩位移、限位器纵向力及基本轨附加温度力均显著降低。在无砟道岔中宜采用较大的扣件纵向阻力。

（3）无砟轨道中无缝线路稳定性较好，可采用间隔铁结构来减缓尖轨伸缩位移及卡阻现象的发生。

（4）无砟道岔中采用较大纵向阻力扣件时，较有砟道岔更有利于铺设成跨区间无缝线路。

第三节　桥上无缝道岔

随着高速铁路、客运专线、快速客货混跑铁路和城市轨道交通的建设与发展，由于环保要求或地形的限制，将会有越来越多的道岔设置在大桥、特大桥或高架结构上，其中也包括部分无缝道岔需设置在桥上。

在桥上铺设无缝道岔，是无缝线路发展中遇到的又一个重大技术课题，不能单独用桥上无缝线路或无缝道岔的理论来分析解决桥上无缝道岔的问题。桥上铺设无缝道岔，综合了桥上无缝线路、无缝道岔的技术特点和难点，是迄今为止无缝线路方面难度最大的课题。虽然国内外都对桥上无缝线路、无缝道岔做了较多的研究，但都是对二者独立地进行研究。到目前为止，国内外都没有对在桥上铺设无缝道岔进行过较为系统的研究，也缺少在桥上铺设无缝道岔的应用经验。

当桥上铺设无缝道岔后，除了桥梁与无缝道岔间的纵向相互作用规律会影响桥梁结构形式、支座布置等设计外，同时还会影响无缝道岔的结构设计、道岔与桥梁的相对布置（即车站咽喉设计），桥梁与无缝道岔间还存在竖向动力耦合作用。由于道岔本身是列车限速的关键设备，存在着较大的结构不平顺，车—岔—桥的耦合作用无疑会增大岔区内轮轨动力响应，严重情况下还有可能引起尖轨及心轨强度储备不足、列车运行平稳性与安全性降低，引起列车直侧向过岔时限速，这就要求在桥梁结构的形式、岔桥相对位置等设计中还得考虑车—岔—桥的竖向耦合振动的影响，否则研究桥梁与无缝道岔间的纵向相互作用规律的前提条件是不适宜的。

通常车站咽喉处道岔是成群布置的，可能会出现多股道及多组道岔同时位于桥梁上。此时若桥面较宽，从保证道岔侧股不发生扭曲变形及桥梁墩台不发生扭曲变形的角度考虑，多股道桥面应为一个整体。当桥面较宽时，其横向变形同样会引起道岔直侧股线型的变化，继而影响车—岔—桥的耦合振动，因此，还需要研究桥梁结构及支座布置对道岔横向变形的影响。同时因道岔导曲线半径较小，其纵向力的横向分力还会通过支座传递至墩台上。

通过以上分析可见，桥梁与无缝道岔的相互作用规律不能只考虑两者间的纵向耦合作用，还要考虑两者间的竖向及横向相互作用规律，这是一个复杂的系统研究，其难度涉及桥上无缝线路、无缝道岔、道岔动力学、车—岔—桥耦合动力学等前沿性研究课题，而这些前沿性课题的综合研究，正是客运专线建设中十分重要的关键性技术难题。

一、桥上无缝道岔设计原则

根据车—岔—桥竖向及横向耦合动力学的研究，以及国外高速铁路建设中对桥上铺设无缝道岔的认识，在研究桥梁与道岔间的纵向相互作用规律时，需考虑如下的原则。

（1）道岔转辙器及辙叉部分不得跨越梁缝。由于转辙器及辙叉部分存在可动的尖轨及心轨，则该处存在着不可避免的道岔结构不平顺，若其跨越梁缝，与梁端转角及梁缝等不平顺叠加，将会导致该处轮轨动力作用增加，有可能会因减载率及脱轨系数超限而限速，严重时有可能会使尖轨及心轨折断而导致行车安全。

（2）道岔导曲线部分不宜跨越梁缝。道岔导曲线半径较小（12号道岔为350 m，18号道岔为860～1 100 m），当其跨越梁缝时，两跨梁相对伸缩将导致导曲线发生侧向变形（对直股而言，只产生纵向压缩变形），致使扣件受到较大横向作用力，严重时将会造成道岔方向不平顺；梁端水平折角也会引起道岔方向不平顺；若两跨梁的横向伸缩变形（横向固定支座相反、两跨梁梁面整体性能不同或两跨梁墩台结构不同）相差较大，也会导致道岔出现超限的方向不平顺。因此，从保证道岔平顺性角度考虑，导曲线也不宜跨越梁缝。此外，道岔焊接接头也不宜置于梁缝上。

综合以上两点，道岔应置于连续梁、刚构等整体梁上，而不宜置于简支梁上；对单渡线可视为整组道岔，将整个单渡线置于整跨梁上。

（3）整组道岔所在桥面应为整体式结构。在横向，若单渡线、单组道岔跨越横向梁缝，则可能由于两片梁的纵向错动（制动力等作用下产生）较大而导致道岔变形严重，因此，应将整组道岔置于整体桥面上。

（4）道岔首尾距离梁端宜在 40 m 以上，困难条件下也应在 20 m 以上。

由于道岔与桥梁间的纵向相互作用较复杂，在梁端通常是附加纵向力较大处，若作用于道岔上（或者距离道岔较近）将导致道岔受力与变形加剧，导致卡阻、限位器变形等现象发生，影响无缝道岔的正常使用。

（5）整组道岔所在梁体的竖向挠度不宜大于梁体计算跨度的 1/2 000，水平挠度不宜大于梁体计算跨度的 1/4 000，梁体最大扭转角小于 0.5‰，竖向自振频率应大于 40 m 常用简支梁自振频率。

道岔是高速铁路中的限速设备，目前是按照路基上所允许的各种几何不平顺条件下确定的容许通过速度，其安全储备量本身要小于区间轨道。若道岔置于桥梁上时，桥体的竖向及水平挠度、自振频率限值应大于区间轨道。

（6）简支梁及连续梁支座应有纵向固定横向自由、纵向固定横向固定、纵向自由横向固定、纵向自由横向自由四种类型。

在纵向，固定支座宜设置在道岔中间，如单渡线道岔，若固定支座设置在两道岔尾部对接处，由于结构对称，因温度变化而引起的墩台纵向力最小。同样，固定支座位于道岔中心附近时，道岔所受附加作用力也最小。

在横向，固定支座也宜设置在桥面中间附近，这样桥面的横向位移较小，对道岔横向变形影响也较小。整体桥面与分开式桥面相连接的两跨梁处，应优化固定支座的布置，使相邻两跨梁桥面横向相对位移最小，其相对横向位移不宜大于 1.5 mm，避免梁缝附近梁面横向相对位移过大而导致道岔方向不平顺。

（7）要考虑墩台纵向、横向水平刚度，其纵向水平刚度不能低于桥上无缝线路相关规范要求；其横向水平刚度宜大于纵向水平刚度 2~3 倍，采用整体式结构，主要是要保证作用于道岔上的轮轨横向力、风载、温度荷载等引起的墩台横向位移不大于 2 mm，否则将导致严重的道岔方向不平顺。

对于承受各线传递至墩台上的纵向力差异较大的情况，如单渡线前后墩台，道岔一线传递的纵向力大小、方向与另一线可能差异较大，则要在墩台设计中增加抗剪切、抗扭转检算。

（8）道岔前后最好不设钢轨伸缩调节器，若桥梁温度跨度过大而不得不设置伸缩调节器时，伸缩调节器应距离道岔头尾距离在 40 m 以上，避免因道岔尖轨及心轨伸缩位移过大而卡阻。

（9）桥梁截面型式宜采用抗弯刚度较大的整体箱梁结构，两侧站线为了梁跨布置与施工的方便，可采用 T 型梁或道岔梁结构。

（10）道岔不得布置在路桥过渡段上。若咽喉区部分道岔正好位于路桥过渡段上时，应采取特殊设计，将路桥过渡段设计成与桥梁具有相同支承刚度的结构形式。

二、岔—桥—墩—体化纵向相互作用计算原理

桥上无缝道岔与桥上无缝线路有很大的差别。从线路结构看，桥上无缝线路的线路形式比较单一，在全桥范围内，每跨梁上的线路情况均相同，而桥上无缝道岔则不同，由于道岔结构的复杂性，每一跨梁上的线路情况均不相同，因此，在计算时必须考虑道岔和梁的相互位置关系。

从理论计算上看，桥上无缝线路均布置在无缝线路固定区，其伸缩力是由于桥梁的伸缩引起的，与钢轨的温度变化幅度无关。而桥上无缝道岔则不同，由于道岔结构存在伸缩区，即使桥梁不伸缩，钢轨的温度变化也会引起道岔和桥梁的相互作用。因此，在计算桥上无缝道岔纵向力时，应根据实际的钢轨温度变化幅度进行计算。

为了研究桥上无缝道岔的受力和变形情况，从整个线桥系统出发，基于非线性有限单元法建立了岔—桥—墩一体化模型，并考虑了影响纵向力分布的两个重要因素：线路纵向阻力和桥梁下部结构的纵向水平刚度。

（一）计算假定

（1）道岔尖轨与可动心轨前端可自由伸缩，不考虑辙叉角大小的影响。

（2）钢轨按支承节点划分有限杆单元，只发生纵向位移；岔枕按钢轨支承点划分有限杆单元，可发生纵向位移和转角。

（3）扣件纵向阻力与钢轨、岔枕的相对位移为非线性关系，作用于钢轨节点和岔枕节点上，方向为阻止钢轨相对岔枕位移（不考虑钢轨与岔枕间的相对扭转）。

（4）道床纵向阻力以单位岔枕长度的阻力计，与岔枕的位移呈非线性关系。在简化计算时，可将道床纵向阻力视为常量，道床纵向阻力沿岔枕长度方向均匀分布。

（5）考虑间隔铁阻力对钢轨伸缩位移的影响，间隔铁阻力与钢轨间的位移

呈非线性关系。为简化计算，也可视为常量。

（6）考虑辙跟限位器在基本轨与导轨间所传递的作用力，设道岔铺设时限位器子母块位置居中，间隔为 7～10 mm。当子母块贴靠时，限位器阻力与两钢轨间的相对位移呈非线性关系。

（7）假设桥梁固定支座能完全阻止梁的伸缩，活动支座抵抗伸缩的阻力可略而不计，暂不考虑支座本身的纵向变形，固定支座承受的纵向力全部传递至墩台上。梁在支座外的悬出部分在计算伸缩量时可不予考虑。其他支座形式，需根据其受力特点另外进行数学简化。

（8）在计算伸缩力时，梁的温度变化仅为单纯的升温或降温，不考虑梁温升降的交替变化，一般取一天之内的最大梁温差计算梁的伸缩量。

（9）桥上无缝道岔钢轨的伸缩力、挠曲力、断轨力均以最大轨温变化幅度作为计算条件，对挠曲力、伸缩力、断轨力、制动力分别计算，不考虑叠加影响。

（10）有砟桥上不考虑梁端头道砟断面所传递的纵向力，假设道床所承受的纵向阻力全部传递至桥梁墩台上。

（11）桥梁墩台顶纵向刚度假定为线性，包含在支座顶面纵向水平力作用下的墩身弯曲、基础倾斜、基础平移及橡胶支座剪切变形等引起的支座顶面位移。桥梁墩台及基础的竖向刚度即为桥梁支座竖向刚度。

（12）岔枕与桥梁、钢轨与路基间的纵向约束阻力均假定为纵向弹簧约束。

（13）桥上无缝道岔若设置有伸缩调节器，假定其纵向约束阻力为零；若设置有普通接头，假设接头阻力为定值；若考虑伸缩调节器的纵向阻力时，视为普通接头。

（二）线—桥—墩一体化计算模型

线—桥—墩一体化计算模型如图 5.16 所示。

在该模型中，道岔里轨发生伸缩位移后，带动岔枕纵向移动和偏转，一部分作用力通过扣件传递给基本轨，一部分作用力通过岔枕传递给道床再传递给桥梁。桥梁因伸缩或挠曲在梁面上产生纵向位移，墩台因道岔上传下来的力在墩顶产生纵向位移，并带动桥梁产生纵向位移。同时，梁的位移通过道床传到

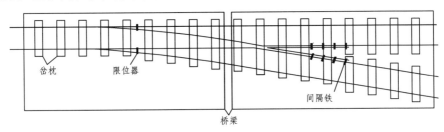

（a）桥上无缝道岔模型平面图

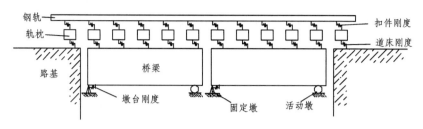

（b）桥上无缝道岔模型立面图

图 5.16　线—桥—墩—体化计算模型

道岔上，会导致钢轨中的纵向力重新分布，进而再影响桥梁的受力与变形。可见，钢轨、岔枕、桥梁及墩台是一个相互作用、相互影响的耦合系统，只有建立一体化模型，才能弄清道岔及桥梁的受力变形规律。该系统中各种阻力按非线性阻力考虑，同时也可考虑常阻力和线性阻力。道岔可为单组或道岔群，桥梁可为简支梁、连续梁或其他梁型。为消除边界影响，桥台两端考虑铺设一定长度的一般路基轨道。

（三）计算方法

1. 钢轨及岔枕

采用与路基上无缝道岔计算原理一样的方法划分钢轨、岔枕梁单元，建立各节点受力与变形协调条件，见式（3.79）至式（3.87）。

2. **桥梁初始纵向位移**

为简化计算，假定桥梁上翼缘在温度力及列车荷载作用下的纵向位移 u_b 为已知，在叠加墩顶纵向位移后与钢轨形成一个相互作用的系统。u_b 的计算如下：

（1）桥梁在温度力作用下的伸缩位移。对于简支梁或连续梁，若梁因增温 Δt 而伸长，则梁各截面将向梁的活动端位移，位移为

$$u_{bi} = \alpha l_i \Delta t \qquad\qquad (5.1)$$

式中　　u_{bi} —— 梁截面 i 的位移量；

　　　　l_i —— 梁截面 i 至固定支座的距离；

　　　　α —— 线胀系数（钢为 11.8×10^{-6}/℃，钢筋混凝土为 10×10^{-6}/℃）。

对于钢桁梁、钢拱或混凝土拱、组合梁等特殊桥梁形式，则需要专用的桥梁软件或有限元分析软件来计算桥梁上翼缘在温度变化下的伸缩位移。

（2）桥梁在列车荷载作用下的挠曲位移。梁在列车荷载作用下将产生挠曲变形，对简支梁而言，其上翼缘收缩，下翼缘伸长，梁的各截面产生转角。由于桥梁一端为固定支座，其下翼缘的伸长将受到固定支座的约束，因而梁挠曲时，梁各截面的位移实际上是梁的平移和旋转的组合。梁上翼缘发生位移后，

将和伸缩位移一样，通过桥面结构与轨道的联结，带动钢轨产生位移，从而形成附加纵向力。

按照桥梁设计的相关规定，桥梁竖向挠度计算不计冲击力，因而桥梁上翼缘的纵向位移计算也不考虑冲击系数。为简便计，对于客货混运铁路桥梁荷载按中—活载换算为均布荷载计算，对于客运专线和高速铁路按 ZK 活载换算为均布荷载计算。

为了能使桥上无缝道岔计算模型具有更广泛的适用性和灵活性，采用有限单元法计算梁的挠曲位移，将梁离散成有限长梁单元，每一单元节点有竖向位移及转角两个未知量，将墩台竖向支承刚度视为弹簧支承，其刚度假定为桥梁基础支承刚度。

所有的梁单元均采用欧拉梁假定，不计轴力和剪切影响，采用有限单元法计算得到梁单元各截面的转角 θ_i。设该截面处梁的中和轴至上翼缘的距离为 h_{1i}，固定支座处截面转角为 θ_0，梁的中和轴至下翼缘的距离为 h_{20}，则梁各截面上翼缘的纵向位移为

$$u_{bi} = \theta_i h_{1i} + \theta_0 h_{20} \tag{5.2}$$

对于连续刚构，因墩台与桥梁固结在一起，在上述计算理论中还需考虑墩台的变形，将墩台也视为有限长梁，在墩台与桥梁相连处补充截面转角相等这一位移协调条件，同样可得到连续刚构桥梁的挠曲位移。

对于其他特殊形式的桥梁结构，需采用专用软件计算在列车荷载作用下的梁上翼缘的纵向位移。列车荷载作用下梁上翼缘的纵向位移与列车荷载形式、入桥方向、入桥距离等均有关，需假设列车荷载分段进入梁内，计算最不利的挠曲力。双线桥挠曲位移应按双线加载计算。在计算断轨力和制动力时，不考虑桥梁上翼缘的位移，此时只考虑墩台顶的纵向位移，因而桥梁上翼缘各处位移与固定支座处位移相等。

3. 计算补充条件

补充 N 个固定支座墩台纵向位移的未知量，在第 i 个梁跨上，轨枕跨数为 M，每根轨枕传到桥梁上的力为

$$R_{ij} = Q_j \cdot L_s \tag{5.3}$$

墩台纵向位移为

$$\delta_i = -\frac{1}{K_i} \sum_{j=1}^{M} R_{ij} \tag{5.4}$$

该梁上翼缘对应于钢轨节点处的梁的纵向位移为

$$u_{ij} = u_{bi} + \delta_i \tag{5.5}$$

考虑到桥上轨条的结构，还需补充纵向力及位移的协调条件。当计算长轨条两端位于固定区时，钢轨第一个节点及最后一个节点处的温度力与位移协调条件为

$$P_1 = P_t, \quad y_1 = 0$$
$$P_n = P_t, \quad y_n = 0 \tag{5.6}$$

若长轨条两端为普通接头，且固定区温度力大于接头阻力 P_H，则边界条件如下式所示，否则可视为固定区。

$$P_1 = P_H, \quad P_n = P_H \tag{5.7}$$

若桥梁两端钢轨计算长度不足，钢轨边界节点温度力与位移间存在如下关系，即

$$y_1 = \frac{(P_1 - P_t)^2}{2EAr} \tag{5.8}$$

式中　r——线路阻力梯度。

若钢轨伸缩调节器中心位于第 i 节点与第 $i+1$ 节点间，则这两个节点间的位移协调条件将不存在，改为温度力的平衡条件，即

$$P_{i+1} = 0 \tag{5.9}$$

若该处为普通接头，或者是考虑伸缩调节器基本轨与尖轨的阻力时，上述温度力协调条件变为

$$P_{i+1} = P_H \tag{5.10}$$

（四）求解方法

由于钢轨、岔枕、梁体及墩台的位移是相互作用的，又由于梁岔间的约束阻力为非线性，因而需采用迭代法求解。在每一步迭代过程中，应用上一步计算出的墩台位移，重新计算梁上翼缘各对应节点的纵向位移，然后求得在新的平衡条件下岔枕位移、钢轨位移与钢轨纵向力，再利用梁岔间的约束阻力求得墩台的纵向位移，进而作下一步迭代计算，直到每一个平衡方程的误差平方和小于某一误差限为止。

三、桥上无缝道岔设计要点

1. 设计要求

采用岔—桥—墩一体化计算模型，用有限单元法及牛顿迭代法求解。梁和钢轨的温度仅为单纯的升温或降温，梁采用日温差；考虑固定支座所在处墩台纵向水平刚度；考虑不同扣件类型及有荷、无荷，不同计算工况下的线路纵向阻力。

伸缩力：由于钢轨和梁体温差影响伸缩而产生的梁轨间纵向力，按主力检算。

挠曲力：由于钢轨温差和列车垂直荷载作用使梁体挠曲而产生的梁轨间纵向力，按主力检算。

断轨力：由于钢轨折断产生的梁轨间纵向力，按特殊荷载检算。在无缝线路伸缩区不考虑断轨力，假定两股钢轨不同时折断。

制动力：由于列车紧急制动而产生的梁轨纵向力，按附加力检算。

通常情况下，假定桥上无缝道岔钢轨的各项纵向力相互不影响，可分别单独计算。

由于一般桥上无缝道岔位于车站附近，列车经常制动和启动，因此，可将挠曲力与常规制动力叠加计算。

桥上无缝道岔的设计应满足下列要求：

（1）控制道岔尖轨和心轨尖端的位移，防止尖轨和心轨伸缩位移太大而发生转换卡阻。

（2）考虑桥上无缝道岔钢轨的各项附加力，控制长钢轨纵向压力值，防止桥上无缝道岔特别是岔前线路的胀轨跑道。

（3）控制长钢轨纵向拉力值，以确保钢轨强度。

（4）控制道岔传力部件的力，以确保道岔传力部件的强度。

（5）控制钢轨折断时断缝的拉开值，以确保行车安全。

（6）控制作用于桥梁墩台的纵向水平力值，以确保桥梁的安全使用。

（7）在制动力作用下，以确保无缝道岔强度及稳定性为前提，控制桥梁墩台的最小纵向水平刚度。

（8）为保证道床稳定，为保证制动力作用下梁轨快速相对位移限值不超过 4 mm、有伸缩调节器时的梁轨快速相对位移不超过 30 mm，应控制桥梁墩台的最小纵向水平刚度。

（9）尽量不使用或少使用钢轨伸缩调节器。双向伸缩调节器铺设于连续梁端部时，应确保尖轨不跨越桥梁伸缩缝。钢轨伸缩调节器不宜铺设在竖曲线及曲线地段。在桥梁上考虑铺设钢轨伸缩调节器时，应在基本轨一侧设置不少于100 m的小阻力扣件，同时为便于管理，同一梁跨上最好为同一种扣件。

（10）合理选择轨道部件参数，尽量延长轨节长度。

（11）尽量使桥上无缝道岔锁定轨温与路基无缝线路锁定轨温一致，便于现场管理。

2. 伸缩力计算

进行伸缩力计算时，不考虑轨面制动力及列车竖向荷载，桥梁在温度作用下的伸缩位移、导曲线的伸缩位移和设有伸缩调节器后的轨条伸缩位移为主动荷载，桥梁两端轨条伸入路基上的计算长度不少于边跨长度的3倍（一般应取值100 m以上）。

计算中应将道岔的位置、线路连接情况、桥梁梁跨布置、固定支座布置、梁截面形式，每个墩台顶的一线纵向水平刚度、伸缩调节器中心位置、伸缩调节器两端小阻力扣件范围等参数作为已知条件输入，程序将根据梁型确定其日温差，并由固定支座位置确定其伸缩位移，由小阻力扣件的范围及伸缩区长度确定线路纵向阻力。

计算结果有：每根钢轨的纵向力分布（单位：kN），中轴线即为固定区温度力，由此可确定出附加温度压力和拉力；桥梁及钢轨伸缩位移（单位：mm）；每个传力部件的力（单位：kN）；每根钢轨下的墩台纵向力（单位：kN）及墩台顶的纵向水平位移（单位：mm），该位移与墩台顶纵向水平刚度的乘积的一半即为每根钢轨下的墩台纵向水平力，同时还等于该跨桥梁两端所对应的钢轨纵向力之差；墩台纵向水平力迭代误差，可用于判断是否达到迭代要求。

3. 挠曲力计算

进行挠曲力计算时，不考虑轨面制动力和桥梁的温度变化，桥梁在竖向荷载作用下的挠曲位移、道岔钢轨在温度力作用下的伸缩位移和设有伸缩调节器后的轨条伸缩位移为主动荷载。

因道岔梁的抗弯刚度比普通梁的抗弯刚度大，道岔梁在竖向荷载下的挠曲纵向位移很小。因此，对简支梁、小跨度多跨连续梁和连续刚构上铺设无缝道岔的情况可不检算挠曲力，只对大跨度连续梁上铺设桥上无缝道岔进行检算。检算不易通过的墩台主要位于连续梁相邻处，因此，计算重点应为连续梁边跨及相邻简支梁布载这一工况。

计算中应将道岔布置、线路连接情况、梁跨布置、固定支座布置、桥梁每线截面抗弯刚度、桥梁中性轴距上翼缘和下翼缘的距离、墩台顶纵向水平刚度、伸缩调节器位置、小阻力扣件布置范围、列车荷载类型、荷载入桥类型、每线上列车荷载长度及大小等参数输入，程序将根据荷载位置及桥梁截面特性计算梁跨上翼缘的挠曲位移、小阻力扣件的范围及荷载位置确定线路有荷及无荷纵向阻力。

计算结果有：每根钢轨的纵向力分布（单位：kN），中轴线即为固定区温度力，由此可确定出附加挠曲压力和拉力；桥梁及钢轨位移（单位：mm）；每根钢轨下的墩台纵向力（单位：kN）及墩台顶的纵向水平位移（单位：mm），该位移与墩台顶纵向水平刚度的乘积的一半即为每根钢轨下的墩台纵向水平力，同时还等于该跨桥梁两端所对应的钢轨纵向力之差。

4. 断轨力计算

在进行断轨力计算时，不考虑轨面制动荷载、列车竖向荷载，长轨条因折断后的伸缩位移为主动荷载，检算位置通常为降温条件下钢轨附加拉力较大的地方。计算中假定桥梁墩台不发生扭转，只在多根钢轨的纵向力共同作用下发生纵向水平位移，仍采用前述有限单元法及迭代法求解。

断轨力计算结果有：钢轨纵向力、位移分布，桥梁位移分布，一股钢轨下墩台纵向力等。在确定出钢轨折断处两轨条的相对位移后，即可对断缝值进行检算；在确定墩台纵向水平力后，即可供桥梁专业检算墩台用。

5. 制动力计算

在进行制动力计算时，不考虑桥梁温度变化引起的伸缩位移及竖向荷载引起的挠曲位移，轨面制动力及有伸缩调节器时钢轨伸缩位移为主动荷载。双线桥相当于两线轨道上同时作用有大小相等的轨面制动力。列车制动时作用于轨面上的制动力与列车前进方向相同，牵引时作用于轨面上的启动力与列车前进方向相反。该制动力为列车在紧急情况下作用于桥梁的纵向力。

计算中应将道岔布置、线路连接情况、梁跨布置、固定支座布置、轨面摩擦系数、墩台顶纵向水平刚度、伸缩调节器位置、小阻力扣件布置范围、列车荷载类型、荷载入桥类型、每条线上列车荷载长度及大小等参数输入，程序将根据荷载位置及轨面摩擦系数确定轨面制动力大小及方向、由小阻力扣件的范围及荷载位置确定线路有荷及无荷纵向阻力。

同挠曲力一样，列车荷载可布置在桥梁的不同位置、以不同方向进入桥梁，计算工况相当多。在大坡道上，上坡为牵引工况，下坡为制动工况，作用于轨面的制动力与启动力方向是一样的。为简化计算，一般将列车头部布置在伸缩附加力或挠曲附加力较大处，如连续梁端部及全桥上，列车长度取至桥梁端部，以得到最不利的制动力。

计算结果有：每根钢轨纵向力、位移分布，桥梁位移分布，一股钢轨下墩台纵向力等。确定出不同曲线半径处制动附加压力和制动力拉力，用于无缝线路结构检算。制动力的计算在我国桥上无缝线路的设计中未作为重点，也缺乏相应的测试资料，因而在桥墩的检算中，可将计算出的制动力与桥梁规范作对比，取最不利值供墩台受力检算。

国外在高速铁路桥上无缝线路的设计中，对制动力的计算较为重视，并形成了较完善的理论体系，如列车荷载长度、大小、检算规程等。我国在近年来才开始重视制动力的计算，并从控制钢轨制动附加力的角度考虑，提出了墩台顶最小纵向水平刚度的限制，并制定了相应的规范。国际铁路联盟（UIC）标准中为保证高速铁路道床的稳定性，还制定了制动条件下梁轨快速相对位移限制标准。本书提出的计算结果中除了桥梁的绝对位移外，还有与轨条间的相对位移，可采用该计算结果进行梁轨快速相对位移检算。

在此需要说明的有两点：一是因轨条上作用有轨面制动力，因而钢轨纵向力的变化梯度为线路纵向阻力与制动力之和，墩台上的纵向力为梁跨端部轨条纵向力之差与梁跨上总的制动力之和；二是在长大坡道上，必须采用常规制动方式时，需由运输专业提供制动力集度的大小，该作用力为主力，可与挠曲力叠加计算，即应采用制挠力计算模式。

6. 连续刚构计算

连续刚构因中间桥墩与梁固结，在桥梁温度变化、列车荷载、钢轨折断、轨面制动力的作用下其伸缩位移将受到多个固结桥墩的限制作用，因而线桥墩间的相互作用规律与简支梁、连续梁略有不同。

在连续刚构伸缩力的计算中，首先将固结墩简化为纵向弹簧计算梁的伸缩位移，这时梁的伸缩要受到桥墩的限制，而不是如简支梁、连续梁一样仅与梁长、温度变化幅度和线膨胀系数成正比。连续刚构的温度跨度计算方法也与连续梁不同，当固结墩的纵向水平刚度为无穷大时，即可将该墩视为固定支座所在墩；当固结墩的纵向水平刚度为零时，即可视为活动支座所在墩。可见，连续刚构的温度跨度要小于相同梁跨的连续梁，然后将所有固结墩纵向水平刚度视为并联弹簧，经过连续刚构线桥墩系统受力与变形平衡求解，即可得到连续刚构上翼缘的伸缩位移。因此，将连续刚构各单元节的截面积及固结后每线的墩台顶纵向水平刚度作为已知条件输入，所得到的墩台纵向力是每根钢轨下所有固结墩共同承受的作用力。因各固结墩墩顶纵向位移相同，由各墩顶纵向水平刚度即可得到每墩所承受的纵向水平力。

在挠曲力的计算中，同样也要先将梁与墩视为一体来计算竖向荷载作用下的梁上翼缘的挠曲位移，再将所有固结墩视为并联弹簧，通过迭代法得到最终解。

在断轨力、制动力的计算中，不用先计算梁上翼缘位移，所有固结墩及梁体上各单节点的纵向位移是一致的。

7. 特殊梁型计算

对于一些特殊梁型，铺设无缝道岔的可能性较小，暂不予考虑。

8. 钢轨伸缩调节器的使用

通常在钢轨断缝、无缝线路稳定性和钢轨强度无法满足要求以及改变桥梁结构形式、支座布置方式、扣件布置方式等措施不可行或无效时，才设置钢轨伸缩调节器。有时为了减少墩台的受力，也在长大温度跨度桥梁上设置钢轨伸缩调节器。

桥梁上设置有钢轨伸缩调节器时，因基本轨端头阻力较小（铁科院的试验表明：在 50 kN 左右）、尖轨端头阻力也较小（试验表明：在 110 kN 左右），可将该处视为接头阻力为零的钢轨接头，即与钢轨折断情况类似，因而两端的长轨条伸缩位移较大。当轨条伸缩区位于跨度较小的简支梁上时，其伸缩位移远大于桥梁伸缩位移，这样作用于桥跨上的纵向力也较大，通常是简支梁墩台受力的控制因素，特别是当伸缩调节器位于连续梁端部时，轨条伸缩区的影响范围将长达 3～5 跨（对 32 m 简支梁而言）。因此，应合理布置伸缩调节器的位置，避免与连续梁相邻的简支梁墩台受力超限。这同时也提出了桥梁墩台纵向水平刚度的设计应在全桥均匀过渡，应增大与连续梁相邻的简支梁墩台纵向水平刚度。

钢轨伸缩调节器的工作原理是：当基本轨伸缩时，尖轨应保持不动。为尽量避免基本轨与尖轨发生相对伸缩后引起轨距过大变化，在两钢轨密贴范围采用了曲线型设计，这样尖轨断面薄弱（顶宽 5 mm）的范围较长。在应用中，应尽量使尖轨相对于桥梁的伸缩位移较小，尖轨的伸缩方向与桥梁的伸缩位移方向一致布置是一种较合理的方式。因而单向伸缩调节器布置于梁端时，通常尖轨位于连续梁上，基本轨位于相邻简支梁上；而单向伸缩调节器布置于跨中时，尖轨与桥梁间的相对位移较大，需采用双向伸缩调节器，以缩短尖轨的长度。

因伸缩调节器结构不平顺的存在，在铺设中尖轨不宜跨越梁端缝，不宜位于竖曲线、半径较小的圆曲线及缓和曲线上，以避免各种不利因素的叠加影响。

为了避免尖轨与桥梁的相对位移过大，尖轨一端应采用常阻力扣件；而在基本轨一端，梁轨相对位移较大，为避免钢轨带动桥枕在道床中滑动导致道床丧失稳定性，应采用小阻力扣件。小阻力扣件的布置范围应为整个伸缩区，并为方便现场管理，在同一梁跨上应尽量采用相同的扣件类型。

当长大连续梁桥两边跨布置有两对双向伸缩调节器时，两基本轨所形成的轨条长度不宜太短，这一方面是为了方便管理，另一方面是为了使该轨条在列车制动力作用下不至于产生严重的爬行。只有当线路纵向阻力之和大于轨面制动力之和时，才能避免长轨条的爬行，因而这是该轨条的最短限制长度，当无法满足要求时，可在该轨条中间段布置常阻力扣件。

9. 桥梁墩台检算

桥上无缝道岔纵向力是在考虑了最不利情况下的计算结果，钢轨断轨力、制动力均是在线路纵向阻力已接近或达到临界值时产生的。当由于列车动载的作用产生挠曲力时，伸缩力已有所放散，因此，对墩台进行检算时，同一根钢轨作用在墩台上的各项纵向力不作叠加。无缝线路作用于桥梁墩台的纵向力分主力、附加力和特殊力。伸缩力、挠曲力和制动力（启动力）是经常作用于桥梁墩台的纵向力，断轨力是偶然作用于墩台的纵向力，出现几率较少，按特殊力考虑。

为确保桥梁墩台的安全，作用于墩台的纵向力应考虑最不利情况的组合。不同支座结构传递至墩台上的纵向力按相关桥涵设计规定办理。由于在新建铁路桥梁设计时考虑了无缝线路对墩台的纵向力作用，因此，在进行桥梁设计时，除应按相关桥涵设计规定进行墩台设计检算外，还应进行支座锚固螺栓等部件的强度检算。

桥梁墩台检算用荷载组合有主力、主力＋特殊力的情况，并按线路股数采用不同的纵向力组合。不同的组合方式下，允许应力的提高系数不同。四种荷载组合情况如表 5.2 所示。

表 5.2　桥梁墩台检算用纵向力组合

	序号	纵 向 力 组 合
双线桥梁（渡线）	1	双线的伸缩力或双线的挠曲力
	2	作用于渡线的制挠力或一线制动、另一线启动
	3	一线列车制动或牵引，作用力墩台顶的制动力或牵引力＋另一线两股钢轨作用于墩台顶的伸缩力或挠曲力＋风力等纵向附加力
	4	一线一股钢轨作用于墩台顶的断轨力＋另一股钢轨作用于墩台顶的伸缩力＋另一线两股钢轨作用于墩台顶的伸缩力或挠曲力
三线桥梁	1	三线的伸缩力或三线的挠曲力
	2	作用于渡线的制挠力或一线制动、另一线启动＋第三线的伸缩力或挠曲力
	3	一线制动力＋另两线伸缩力或挠曲力
	4	一线一股钢轨断轨力＋另一股钢轨的伸缩力＋另两线的伸缩力或挠曲力
四线桥梁	1	四线的伸缩力或四线的挠曲力
	2	作用于渡线的制挠力
	3	一线制动力＋一线启动力＋另两线的伸缩力或挠曲力
	4	一线一股钢轨断轨力＋另一股钢轨的伸缩力＋另三线的伸缩力或挠曲力

10. 钢轨强度及无缝线路稳定性检算

目前，各种规范中对桥上无缝线路钢轨强度检算采用的是动应力＋温度应力＋伸缩或挠曲附加应力组合，对无缝线路稳定性检算采用的是温度压力＋伸缩或挠曲附加压力组合。同桥梁墩台一样，这只是其中的一种组合工况。

考虑到列车制动（启动）时钢轨仍会承受较大的制动附加力，为保证动态情况下钢轨的强度及无缝线路的动态稳定性，还应补充主力＋附加力的组合。对于钢轨强度检算，还应补充动应力＋温度应力＋伸缩或挠曲附加应力＋制动附加应力组合检算。考虑到 PD3 钢轨强度极限较高及对钢轨残余应力的认识不足，仍采用相同的安全系数。对于无缝线路稳定性检算，还应补充温度压力＋伸缩或挠曲附加压力＋制动附加压力组合，其安全系数考虑为 1.0。

四、简支梁上的无缝道岔

为研究不同桥梁形式对桥上无缝道岔的影响，以单组 18 号无缝道岔铺设在简支梁上为例，对各种工况下的桥上无缝道岔进行对比分析。

（一）主要计算参数

1. 道　岔

钢轨采用 60 kg/m 轨，有砟轨道线路纵向阻力按 12 kN/枕计算，岔区每枕纵向阻力按枕长分布为 4.6 kN/m，轨枕间距为 0.6 m。

扣件纵向阻力若采用常阻力，Ⅱ型扣件常阻力为 12.5 kN。

道岔限位器阻力采用分段线性阻力，当限位器子母块贴靠、两轨相对位移小于 1 mm 时，限位器阻力取值 1.5×10^5 kN/m；当两轨相对位移大于 1 mm 时，限位器阻力取值 6×10^4 kN/m，限位器子母块间隙取值 7 mm。

道岔间隔铁阻力采用线性阻力，取值 5×10^4 kN/m。

2. 桥　梁

桥梁的升温幅度取混凝土梁的日温差，为 15℃。

桥台的墩台纵向刚度为 1×10^7 kN/m，中间简支梁桥墩的刚度均为 1×10^5 kN/m，连续梁桥墩刚度为 5×10^5 kN/m。

桥上及路基上扣件常阻力为 70 kN/m。

（二）钢轨温度变化幅度的影响

1. 计算工况

在桥上设置无缝道岔时，由于道岔存在伸缩区，不同的道岔升、降温幅度对道岔钢轨的受力和位移均有影响，进而影响桥梁的受力和位移。以 9 跨 32 m 梁上布置一副 18 号单开道岔为例进行计算，梁岔布置如图 5.17 所示。

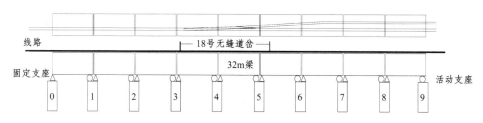

图 5.17　9 跨 32 m 简支梁上布置无缝道岔

2. 基本轨的伸缩附加力

由无缝道岔的结构可知，道岔的尖轨、心轨和导轨的温度力均较小，而基本轨在固定区有较大的温度力，因此，基本轨的伸缩附加力最具有代表性。由图 5.18 可知，当道岔轨温升高 0°C 时，基本轨的温度力与相同桥梁条件的桥上无缝线路相似。随着道岔轨温的升高，钢轨的温度力峰值逐渐增大，最大伸缩附加力峰值出现在设置限位器的位置上，最小伸缩附加力峰值出现在辙叉前的基本轨处。

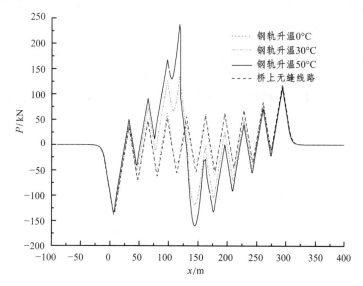

图 5.18　基本轨伸缩附加力

3. 钢轨的伸缩位移

基本轨的伸缩位移如图 5.19 所示。由图可知，随着道岔轨温变化幅度的增大，基本轨的伸缩位移也随之增大。在钢轨升温 50°C 的情况下，基本轨的最大伸缩位移出现在限位器处；当钢轨升温 0°C 时，道岔基本轨的伸缩位移与桥上无缝线路相差不大。

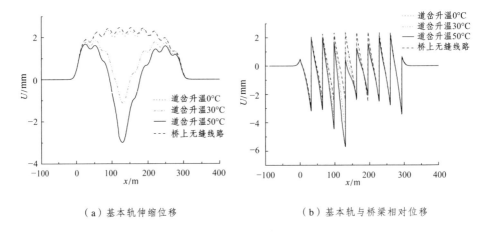

（a）基本轨伸缩位移   （b）基本轨与桥梁相对位移

图 5.19   基本轨伸缩位移

4. 梁的位移和墩台纵向力

不同道岔钢轨升温幅度下梁的位移如图 5.20 所示。随着轨温的升高，道岔范围内梁的纵向位移也随之增大，距道岔越远的梁其位移受温度的影响越小。

不同道岔钢轨升温幅度下墩台所受纵向力见表 5.3。随着轨温的升高，道岔范围内墩台的纵向力也随之增大，且增幅较大。由计算结果可知，即使道岔的温度不变化，桥上无缝道岔和桥上无缝线路的墩台所受纵向力也有较大的差别。

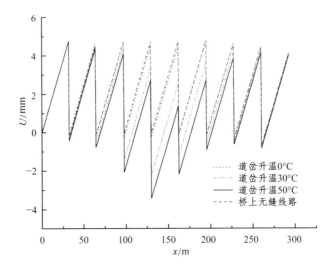

图 5.20   不同道岔钢轨升温幅度下梁的位移

表5.3　不同道岔钢轨升温幅度下墩台所受纵向力　　（单位：kN）

墩台编号 升温幅度	0	1	2	3	4	5	6	7	8
0°C	259.5	33.8	24.0	48.0	56.1	14.6	29.6	62.7	142.1
30°C	272.9	63.9	103.7	286.0	446.1	237.4	113.5	98.1	155.0
50°C	286.1	83.3	152.4	411.0	681.5	431.3	181.0	124.8	165.6
桥上无缝线路	259.0	49.4	26.2	9.6	8.1	17.4	26.7	62.0	142.9

（三）不同桥跨长度的影响

1. 计算工况

在桥梁设计中，可选用不同跨度的桥梁。为了减小计算量，选用四种跨度的简支梁桥上布置无缝道岔。梁—岔布置形式如图 5.21 所示，中间梁跨布置无

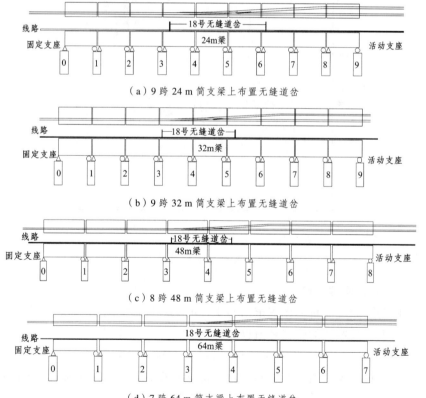

（a）9 跨 24 m 简支梁上布置无缝道岔

（b）9 跨 32 m 简支梁上布置无缝道岔

（c）8 跨 48 m 简支梁上布置无缝道岔

（d）7 跨 64 m 简支梁上布置无缝道岔

图 5.21　不同跨度的梁—岔布置形式

缝道岔，两边布置等跨的简支梁。桥台的墩台纵向刚度为 1×10^7 kN/m，中间桥墩的刚度均为 1×10^5 kN/m。

在以上四种桥跨的桥上无缝道岔计算中，无缝道岔钢轨升温幅度为 50℃，桥梁的升温幅度取混凝土梁的日温差，为 15℃。

2. 基本轨的温度力

不同跨度简支梁桥上无缝道岔基本轨的温度力如图 5.22 所示。24 m、32 m、48 m 简支梁的伸缩力峰值均出现在基本轨设置限位器的位置上。由于 24 m 梁的梁缝与限位器的位置相重合，所以造成两种温度力峰值的叠加，因此，24 m 梁的基本轨伸缩力峰值较大。64 m 梁的情况与其他三种不同，由于梁的长度较大，几乎整副道岔都可以布置在一片梁上，因此，限位器处的温度力峰值并不是基本轨伸缩力的峰值。基本轨的最大伸缩力出现在梁缝附近，随着梁跨长度的增大，基本轨的伸缩力峰值也相应的增大，但增幅并不显著。

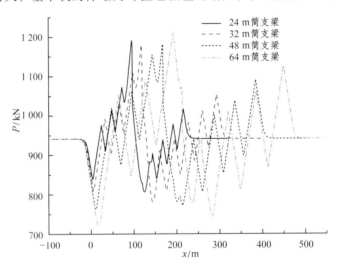

图 5.22　不同跨度简支梁桥上无缝道岔基本轨温度力

3. 钢轨的伸缩位移

不同跨度简支梁桥上无缝道岔基本轨的绝对位移如图 5.23 所示。随着梁跨长度的增大，基本轨的位移峰值也相应的增大。

不同跨度简支梁上 18 号无缝道岔尖轨、心轨与桥梁的相对位移如表 5.4 所示。简支梁桥上无缝道岔心轨和尖轨与桥梁的相对位移与其在梁上所处的位置有关，若尖轨和心轨部分靠近梁缝，就会有较大的梁、轨相对位移；梁的跨度越大，相似位置上的梁、轨相对位移就越大。

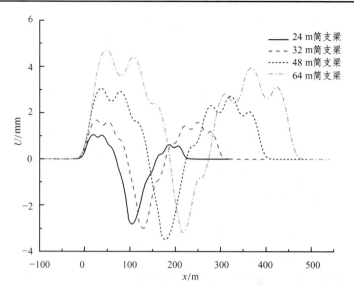

图 5.23　不同跨度简支梁桥上无缝道岔基本轨绝对位移

表 5.4　道岔尖轨和心轨与桥梁的相对位移　　（单位：mm）

位　移 梁　型	尖　轨	心　轨
24 m 简支梁	−20.2	−7.7
32 m 简支梁	−19.1	−8.5
48 m 简支梁	−19.0	−6.7
64 m 简支梁	−16.0	−11.5
路基上无缝道岔钢轨升温 50°C	−19.7	−8.9

4. 墩台所受纵向力

不同跨度的简支梁墩台所受纵向力见表 5.5。跨度越大，无缝道岔范围内的墩台所受纵向力就越大，这一方面是由于桥梁跨度增大致使墩台所受纵向力增加，另一方面是无缝道岔里轨伸缩时传递给墩台纵向力的作用范围随跨长增大了。

表5.5　不同跨度的简支梁桥上无缝道岔墩台所受纵向力　　　　（单位：kN）

墩台编号 简支梁跨度	0	1	2	3	4	5	6	7	8
24 m	225.0	76.4	116.0	249.8	541.1	450.1	332.6	183.9	161.8
32 m	286.1	83.3	152.4	411.0	681.5	431.3	181.0	124.8	165.6
48 m	375.7	82.3	186.2	662.1	727.9	295.7	159.1	207.3	
64 m	457.8	88.2	268.0	1 176.3	717.4	249.5	261.0		

（四）桥墩刚度的影响

1. 计算工况

采用图5.21所示的桥梁和道岔布置形式，分析不同桥墩刚度对桥上无缝道岔的影响。共考虑以下三种工况：

工况1：两边桥台的墩台纵向刚度为 1×10^7 kN/m，其余桥墩的纵向刚度均为 1×10^5 kN/m；

工况2：两边桥台的墩台纵向刚度为 1×10^7 kN/m，其余桥墩的纵向刚度均为 1×10^6 kN/m；

工况3：0#和9#桥墩的纵向刚度为 1×10^7 kN/m，3#、4#、5#桥墩的纵向刚度均为 1×10^6 kN/m，1#、2#、6#、7#和8#桥墩的纵向刚度均为 1×10^5 kN/m，即位于无缝道岔范围内的桥墩刚度比其余桥墩刚度大10倍。

2. 基本轨温度力

不同桥墩刚度的桥上无缝道岔基本轨温度力如图5.24所示。可见，道岔范

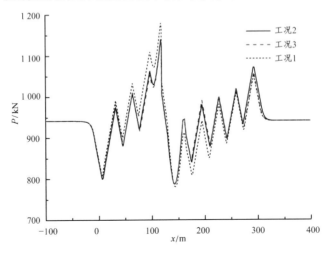

图5.24　不同桥墩刚度的桥上无缝道岔基本轨温度力

围内的桥墩刚度增大，基本轨的温度力会减小，而道岔范围外的桥墩刚度变化对无缝道岔钢轨的温度力影响不大。

3. 钢轨位移

表 5.6 所示为不同桥墩刚度下桥上无缝道岔尖轨和心轨的梁轨相对位移。尖轨跟端位置靠近梁的固定端，当桥墩刚度增大时，梁轨相对位移变小，尖轨尖端梁轨相对位移也变小；而心轨跟端位置靠近梁的活动端，当墩台刚度变大时，梁轨相对位移就变大，心轨尖端的梁轨相对位移也变大。

表 5.6　道岔尖轨和心轨与桥梁的相对位移　　　（单位：mm）

工　况 ＼ 位　移	尖　轨	心　轨
1	− 19.1	− 8.5
2	− 18.8	− 9.4
3	− 18.8	− 9.5
路基上无缝道岔	− 19.7	− 8.9

4. 墩台所受纵向力

不同桥墩刚度的墩台所受纵向力见表 5.7。当道岔范围内的桥墩刚度增大时，墩台的纵向力显著增大，而与道岔相邻的墩台纵向力有所减小，但这种影响只能延续到与道岔相邻的两跨梁。

表 5.7　不同桥墩刚度的墩台所受纵向力　　　（单位：kN）

工　况 ＼ 墩台编号	0	1	2	3	4	5	6	7	8
1	286.1	83.3	152.4	411.0	681.5	431.3	181.0	124.8	165.6
2	261.4	67.2	108.3	423.5	877.9	466.1	96.0	84.1	232.6
3	273.3	55.8	86.2	436.4	886.7	499.7	74.1	81.1	150.6

（五）小　结

（1）桥上无缝道岔钢轨的伸缩力和位移的变化不仅与梁体伸缩有关，还与道岔轨温变化有关。对于不同的道岔轨温，其桥梁和道岔钢轨的受力和位移也不同。道岔轨温变化越大，桥梁和道岔钢轨的受力和位移也越大。当梁体伸缩而道岔轨温不变化时，无缝道岔基本轨伸缩力与桥上无缝线路相同。

（2）在简支梁桥上铺设无缝道岔时，为减小基本轨的伸缩力，应避免将限位器设置在梁缝附近。

（3）不同跨度的简支梁桥上的无缝道岔对道岔传力部件的受力以及心轨、尖轨尖端的梁轨相对位移影响不大，但梁跨越长，道岔基本轨的伸缩力就越大。

（4）桥墩刚度增大可以减小道岔基本轨的伸缩力，但会显著增加墩台的纵向力。

（5）尖轨和心轨尖端与桥梁的相对位移与桥梁和道岔的相对位置有关，若需减小两者的梁轨相对位移，应将其设置在梁跨中附近。

（6）简支梁桥上的无缝道岔对线路和桥梁的影响范围仅在与道岔相邻的两跨梁范围内，两跨梁以外，道岔的影响可忽略不计。

五、连续梁上的无缝道岔

为了避免道岔的动力不平顺与桥梁梁缝处的动力不平顺相叠加，道岔的可动部分不宜跨越梁缝且应与其保持一定的距离。而当道岔铺设在简支梁上时，很难做到可动部分不跨越梁缝。为了保证高速行车的安全，应将道岔铺设在连续梁上。

为研究不同形式的连续梁对桥上无缝道岔的影响，以单组 18 号无缝道岔铺设在连续梁上为例进行对比分析。

（一）不同梁跨布置的连续梁

1. 计算工况

梁岔布置情况和桥墩分布如图 5.25 所示。道岔布置在连续梁上，道岔两边

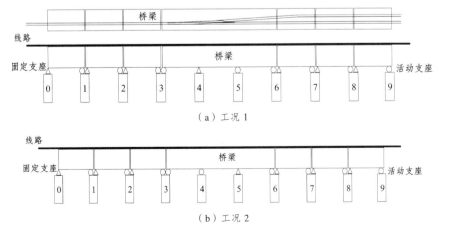

（a）工况 1

（b）工况 2

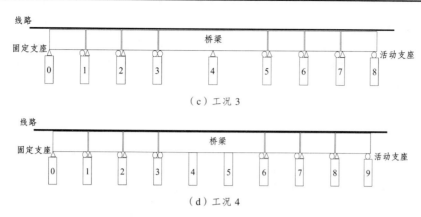

（c）工况 3

（d）工况 4

图 5.25　梁岔布置情况和桥墩分布

布置三跨 32 m 简支梁。两边桥台的墩台纵向刚度为 1×10^7 kN/m，中间桥墩的刚度均为 1×10^5 kN/m。考虑以下四种工况：

工况 1：三跨 32 m 连续梁，固定支座位于道岔前端；

工况 2：三跨 32 m 连续梁，连续梁固定支座位于道岔后部；

工况 3：两跨 48 m 连续梁，固定支座位于梁中间；

工况 4：三跨 32 m 连续刚构桥。

2. 钢轨温度力

道岔钢轨升温 50℃ 时，无缝道岔基本轨纵向力如图 5.26 所示。桥上无缝道岔范围内并未出现最大温度力峰值，钢轨的最大温度力出现在道岔前端连续梁和简支梁的交界处，最小温度力出现在辙叉前。工况 1 和工况 4 的温度力峰值较小，工况 2 的温度力峰值最大。

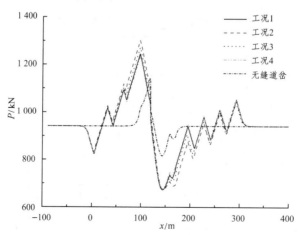

图 5.26　四种工况下无缝道岔基本轨纵向力的比较

3. 钢轨位移

无缝道岔钢轨升温 50℃ 时，道岔尖轨及心轨尖端与桥梁的相对位移比较如表 5.8 所示。四种工况中的相对位移均小于路基上无缝道岔，工况 4 位移最大，工况 2 位移最小。

表 5.8　道岔尖轨及心轨尖端与桥梁的相对位移比较　　（单位：mm）

位　移 ＼ 工　况	1	2	3	4	路基上无缝道岔
尖轨尖端	− 13.9	− 13.5	− 13.7	− 14.1	− 19.7
心轨尖端	− 6.9	− 6.3	− 6.7	− 7.1	− 8.9

4. 墩台所受纵向力

表 5.9 所列为各种计算工况下的桥梁墩台所受纵向力。由计算结果可知，由于道岔的影响，桥上无缝道岔与桥上无缝线路的墩台所受纵向力不相同。虽然工况 1 和工况 2 的梁跨布置情况相似，但由于连续梁固定墩的位置不同，所以墩台所受纵向力也大不相同。工况 1 的固定墩位于限位器附近，处在道岔导轨伸缩区的前端，因此，固定墩需承受较大的纵向力；工况 2 的固定墩位于辙叉附近，处在道岔伸缩区的后端，因此，固定墩承受的力相对较小；工况 3 的固定墩位于伸缩区中间，因此，该工况下固定墩所受纵向力介于工况 1 和工况 2 之间，工况 4 的连续梁有两个固定墩，由于墩台与梁固结，刚度较大，因此，墩台所受纵向力较大，除此之外，其余墩台所受纵向力与工况 1 较为相似。

表 5.9　各种工况下桥梁墩台所受纵向力　　（单位：kN）

工　况	固定支座编号	1	2	3	4	5	6	7
1	无缝道岔	319.5	152.9	302.3	1 212.9	204.5	134.7	168.4
	无缝线路	557.3	105.9	159.8	27.4	− 101.8	4.7	120.2
2	无缝道岔	333.0	183.4	365.5	861.8	344.6	187.0	187.9
	无缝线路	587.4	150.3	257.7	− 363.3	8.2	54.3	139.9
3	无缝道岔	326.0	167.0	330.9	1 023.2	285.3	164.9	180.7
	无缝线路	571.7	127.2	207.1	− 172.1	− 42.3	31.6	130.3
4	无缝道岔	315.1	149.3	289.4	1 257.2	190.8	129.0	166.2
	无缝线路	575.5	133.6	220.9	− 210.4	− 35.7	34.3	131.4

（二）桥墩刚度的影响

以上四种计算工况的桥梁形式不变，只将连续梁的固定支座刚度由 $1 \times 10^5 \, \text{kN/m}$ 增加到 $1 \times 10^7 \, \text{kN/m}$，以桥梁升温 15℃、道岔钢轨升温 50℃ 为条件进行计算。

1. 钢轨纵向力

中间桥墩刚度增大后，各工况下无缝道岔直基本轨纵向力比较如图 5.27 所示。与图 5.26 比较可知，桥墩刚度增大，则各基本轨的纵向力峰值减小。当固定墩刚度较大时，工况 1 的基本轨伸缩力峰值最小，其值比路基上无缝道岔的基本轨温度力还小；工况 2 的伸缩力最大，工况 3 次之，工况 4 与工况 3 较为接近。

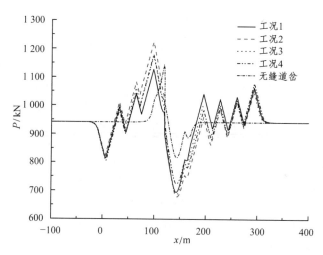

图 5.27 增大桥墩刚度后各种工况下的无缝道岔基本轨纵向力

2. 钢轨位移

桥墩刚度增大后，各工况下道岔尖轨及心轨尖端与桥梁的相对位移如表 5.10 所示。与表 5.8 相比较，桥墩刚度增大，尖轨和心轨与桥梁的相对位移也有所增大，但增幅不大。

表 5.10 道岔尖轨及心轨尖端与桥梁的相对位移 （单位：mm）

位移 ＼ 工况	1	2	3	4	路基上无缝道岔
尖轨尖端	− 15.0	− 14.2	− 14.6	− 15.2	− 19.7
心轨尖端	− 8.8	− 7.3	− 8.1	− 7.9	− 8.9

3. 墩台所受纵向力

桥墩刚度增大后，各工况下墩台所受纵向力见表5.11。与表5.9比较可见，连续梁固定墩的纵向刚度越大，其墩台所受纵向力也越大。由于连续梁的固定墩承担了较多的道岔传给桥梁的力，所以与其相邻的简支梁的墩台所受纵向力有所减小。

表5.11　各种工况下桥梁墩台所受纵向力　　　　　（单位：kN）

工况	固定支座编号	1	2	3	4	5	6	7
1	无缝道岔	287.2	92.2	173.4	1 811.8	− 1.0	49.3	136.0
	无缝线路	556.5	104.9	157.1	45.7	− 108.7	1.3	118.8
2	无缝道岔	311.7	142.6	280.9	1 326.0	163.7	117.6	162.6
	无缝线路	607.5	177.6	317.0	− 617.3	86.2	86.3	151.8
3	无缝道岔	298.7	118.1	225.2	1 559.4	86.4	86.4	151.6
	无缝线路	582.2	140.8	238.7	− 290.7	− 10.4	45.1	135.7
4	无缝道岔	272.3	124.4	269.7	1 520.2	106.7	81.2	248.7
	无缝线路	520.0	179.9	354.6	− 427.2	2.4	59.5	243.8

（三）小　结

（1）单组无缝道岔铺设在连续梁上时，采用连续刚构的桥梁形式最为有利。若采用一般的连续梁形式，固定墩的墩台纵向力很大，对墩台受力极为不利。

（2）将无缝道岔的传力部件设置在连续梁固定墩附近，可以减小道岔可动部分的纵向位移和传力部件的纵向力。

（3）提高桥梁的墩台刚度可以减小钢轨的纵向力，但如果墩台原有刚度已很大，再提高墩台的刚度对减小钢轨伸缩力效果不明显，而且增加墩台刚度会增大道岔传给墩台的纵向力，对墩台受力也不利。

（4）计算结果表明，桥上无缝道岔连续梁两边的简支梁固定支座的布置方式对道岔钢轨和桥梁的受力和位移影响很大，在简支梁靠连续梁的一端设置固定支座最为有利。

六、桥上无缝道岔群

1. 两组渡线逆向对接

图5.28所示为两组渡线异向对接时与不同梁型桥的相互位置情况，两渡线间的夹直线长度为6.25 m。

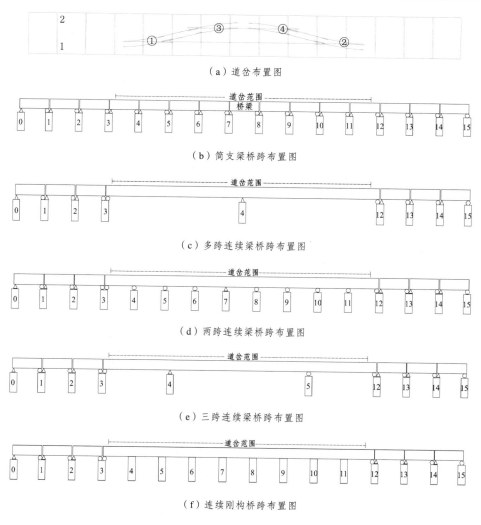

（a）道岔布置图

（b）简支梁桥跨布置图

（c）多跨连续梁桥跨布置图

（d）两跨连续梁桥跨布置图

（e）三跨连续梁桥跨布置图

（f）连续刚构桥跨布置图

图 5.28　两组渡线异向对接时与不同梁型桥的相对位置

在道岔群范围内，不连续钢轨的温度力较小，因此，最大的伸缩力出现在图 5.28（a）中的 1# 和 2# 钢轨上。由图 5.29 可知，当渡线布置在简支梁上时，1# 和 2# 钢轨的最大伸缩力与渡线布置在路基上相差不大，当渡线布置在连续梁上时，两根钢轨的最大伸缩力位于连续梁两端。根据不同梁型的计算结果可知，两根钢轨的最大伸缩力并未出现在道岔区域内，与普通无缝线路相似，最大伸缩力出现在温度跨度最大的位置。梁型的温度跨度越大，伸缩力峰值也越大。

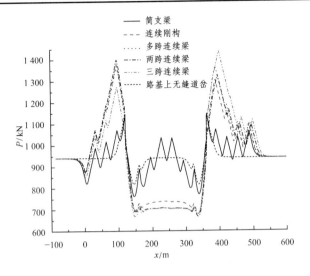

（a）1# 钢轨伸缩力

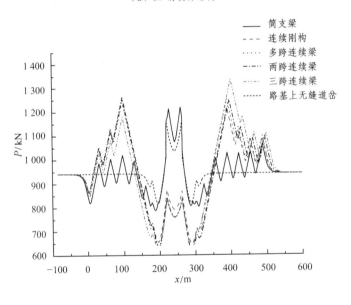

（b）2# 钢轨伸缩力

图 5.29   渡线布置在简支梁上时的钢轨伸缩力

　　表 5.12 所示为各道岔在不同桥梁上尖轨和心轨的伸缩位移。简支梁上道岔的尖轨和心轨伸缩位移比连续梁上的大 40% 左右，与铺设在路基上的道岔尖轨和心轨的伸缩位移相近。

表 5.12　道岔尖轨和心轨与桥梁的相对位移　　（单位：mm）

位移 \ 梁型	尖轨尖端与桥梁的相对位移				心轨尖端与桥梁的相对位移			
	1# 道岔	2# 道岔	3# 道岔	4# 道岔	1# 道岔	2# 道岔	3# 道岔	4# 道岔
简支梁	− 18.5	19.1	21.7	− 20.9	− 8.4	8.5	7.0	− 9.7
多跨连续	− 13.2	13.2	15.2	− 15.2	− 6.3	6.1	7.0	− 6.9
两跨连续	− 12.9	13.8	15.3	− 15.2	− 6.2	6.2	7.2	− 6.6
三跨连续	− 13.7	13.3	15.1	− 15.2	− 6.2	6.2	6.6	− 6.9
连续刚构	− 13.2	13.9	15.9	− 15.9	− 6.4	6.5	7.2	− 6.8
无缝道岔	− 19.6	19.6	19.6	− 19.6	− 9.0	9.0	9.0	− 9.0

各种工况下墩台所受纵向力见表 5.13。由计算结果可知，在铺设道岔的范围内，不同梁型的墩台所受纵向力相差较大。道岔铺设在简支梁上时，位于道岔伸缩部分的桥墩的墩台所受纵向力较大。道岔铺设在连续梁上时，由于道岔

表 5.13　各种工况下墩台所受纵向力　　（单位：kN）

梁型 \ 墩台编号	简支梁	多跨连续	两跨连续	三跨连续	连续刚构
0	530.7	696.8	712.7	647.6	703.0
1	94.0	345.3	371.5	267.3	355.5
2	132.7	641.7	689.2	496.7	661.2
3	280.3	0.0	—	0.0	0.0
4	362.0	0.0	—	—	− 26.4
5	− 31.6	0.0	—	—	− 26.4
6	− 300.9	0.0	0.0	—	− 26.4
7	9.9	32.2	− 165.7	662.3	− 26.4
8	344.8	0.0	—	—	− 26.4
9	− 13.6	0.0	—	—	− 26.4
10	− 392.2	0.0	—	—	− 26.4
11	− 232.6	0.0	—	0.0	− 26.4
12	− 74.9	− 586.9	− 547.7	− 723.8	− 496.4
13	14.1	− 248.1	− 224.8	− 327.3	− 197.0
14	118.0	4.9	15.9	− 32.6	28.3
15	0.0	0.0	0.0	0.0	0.0

群在纵向上是对称结构，因此固定支座位于道岔群和桥梁的中部时，桥梁的墩台所受纵向力较小；若固定支座离桥梁中间位置较大时，该固定支座的墩台纵向力较大。

2. 两渡线异向异线顺接

道岔与桥梁的相互位置关系如图 5.30 所示，两渡线为异向异线顺接，渡线间的夹直线长度为 6.25 m。桥梁类型及桥跨布置见图 5.28（b）~（f），中间主桥为连续梁或简支梁，两端各为三跨简支梁。

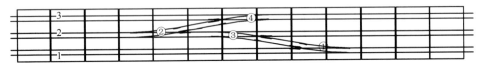

图 5.30　道岔布置图

1# 及 3# 钢轨伸缩力如图 5.31 所示。钢轨伸缩力最大值出现在梁端，均较路基上无缝道岔最大值大，且桥梁温度跨度越大，钢轨伸缩力就越大。从两钢轨纵向力比较来看，无缝道岔越靠近桥梁端部，其钢轨纵向力越大。

表 5.14 所示为各道岔在不同桥梁上尖轨和心轨的伸缩位移。简支梁上道岔的尖轨与桥梁的相对伸缩位移较路基上无缝道岔还要大，连续梁上尖轨和心轨与桥梁的相对位移要小于路基上无缝道岔。由于桥梁也在伸缩，对于转辙机等电务设备安装在桥梁上的情况，道岔尖轨和心轨是否发生卡阻只与梁、轨的相对位移有关，事实上有部分道岔尖轨及心轨伸缩位移的绝对值还要大于路基上无缝道岔。

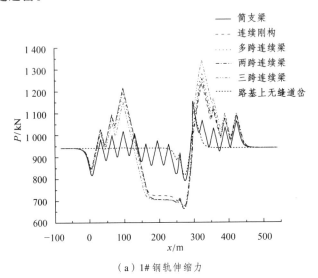

（a）1# 钢轨伸缩力

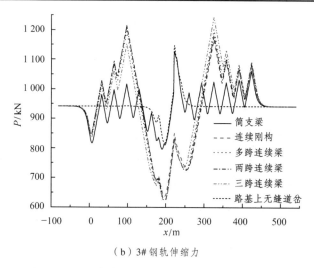

（b）3#钢轨伸缩力

图 5.31　两渡线异向异线顺接时的钢轨伸缩力

表 5.14　道岔心轨和尖轨与桥梁的相对位移　　　（单位：mm）

位移 梁型	尖轨尖端与桥梁的相对位移				心轨尖端与桥梁的相对位移			
	1#道岔	2#道岔	3#道岔	4#道岔	1#道岔	2#道岔	3#道岔	4#道岔
简支梁	19.4	−18.9	−20.7	15.1	9.3	−9.6	−11.4	7.2
多跨连续	13.8	−13.8	−15.2	15.1	6.3	−6.4	−6.7	6.6
两跨连续	14.0	−13.6	−15.2	15.1	6.3	−6.3	−6.6	6.7
三跨连续	13.5	−14.0	−15.2	15.0	6.2	−6.4	−6.9	6.4
连续刚构	14.2	−13.7	−15.7	15.6	6.4	−6.5	−6.7	6.8
无缝道岔	19.6	−19.7	−19.8	19.6	9.0	−9.6	−9.0	9.0

表 5.15 为各工况下墩台所受纵向力。从表中可以看出，与连续梁相邻的简

表 5.15　各种工况下墩台所受纵向力　　　（单位：kN）

梁型 墩台编号	简支梁	多跨连续	两跨连续	三跨连续	连续刚构
0	782.4	967.6	987.6	923.1	988.1
1	121.6	396.0	427.4	328.1	428.2
2	154.8	737.8	798.1	603.0	799.8
3	299.8	0.0	—	—	0.0
4	455.8	0.0	—	—	−53.3

续表　5.15

墩台编号＼梁型	简支梁	多跨连续	两跨连续	三跨连续	连续刚构
5	109.7	0.0	0.0	0.0	− 53.3
6	19.3	44.2	− 218.2	590.9	− 53.3
7	− 125.8	0.0	—	0.0	− 53.3
8	− 460.5	0.0	—	—	− 53.3
9	− 252.6	0.0	—	—	− 53.3
10	− 73.0	− 654.2	− 589.0	− 776.2	− 543.3
11	46.5	− 238.2	− 211.2	− 313.0	− 179.4
12	177.4	60.0	81.5	36.0	85.4
13	0.0	0.0	0.0	0.0	0.0

支梁墩台所受纵向力相对较大，当道岔布置在连续梁中部或反对称布置时，连续梁墩台较小，这主要是由于两道岔里轨伸缩力传递方向相反、纵向力相互抵消所致。

3. 两渡线异向异线对接

道岔与桥梁的相互位置关系如图 5.32 所示，两渡线为异向异线对接，渡线间的夹直线长度为 6.25 m。桥梁类型及桥跨布置见图 5.28（b）~（f），中间主桥为连续梁或简支梁，两端各为三跨简支梁。

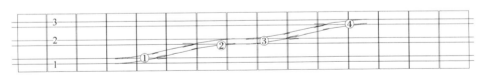

图 5.32　道岔布置图

1# 及 3# 钢轨伸缩力如图 5.33 所示。与前述布置工况相比，这种工况下无缝道岔更加靠近桥梁端部，因此钢轨纵向力较大。其中 3# 钢轨最大纵向力为 1 457.4 kN，较固定区温度力增大了 54.8%，这给钢轨强度及无缝线路稳定性均带来了极为不利的影响。因此，在桥上无缝道岔设计中无缝道岔与桥梁相对位置、桥梁形式及跨度的设计均是相当重要的。

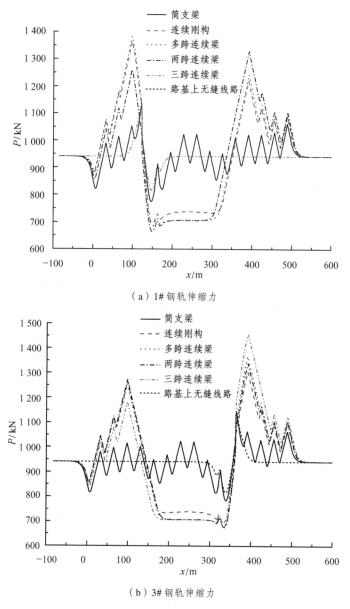

（a）1# 钢轨伸缩力

（b）3# 钢轨伸缩力

图 5.33　两渡线异向异线对接时的钢轨伸缩力

　　表 5.16 所示为各道岔在不同桥梁上尖轨和心轨的伸缩位移。从表中可以看出，3# 道岔在简支梁上因与桥梁伸缩位移相反，因此，其尖轨、心轨与桥梁的相对位移要大一些；1# 及 4# 道岔在连续梁上因尖轨及心轨伸缩位移方向与桥梁伸缩方向相同，因而与桥梁的相对位移要小一些。

表 5.16　道岔心轨、尖轨尖端与桥梁的的相对位移　　　（单位：mm）

位移 梁型	尖轨尖端与桥梁的相对位移				心轨尖端与桥梁的相对位移			
	1# 道岔	2# 道岔	3# 道岔	4# 道岔	1# 道岔	2# 道岔	3# 道岔	4# 道岔
简支梁	− 18.7	21.3	− 20.8	19.2	− 8.9	7.0	− 10.5	9.1
多跨连续	− 13.3	15.2	− 15.2	13.3	− 6.2	7.0	− 6.9	6.2
两跨连续	− 13.3	15.2	− 15.2	13.5	− 6.2	7.1	− 6.8	6.2
三跨连续	− 13.8	15.1	− 15.3	12.7	− 6.2	6.6	− 7.5	6.1
连续刚构	− 13.4	15.9	− 15.9	13.9	− 6.4	7.2	− 6.8	6.5
无缝道岔	− 19.6	19.6	− 19.6	19.6	− 9.0	9.0	− 9.0	9.0

　　表 5.17 为各工况下墩台所受纵向力。从表中可以看出，连续梁温度跨度越大，与连续梁相邻的简支梁墩台所受纵向力也越大，如三跨连续梁中的 12#墩台，所受纵向力达 1 028.3 kN，这是 6 根钢轨作用在墩台的纵向力之和，第三股道作用于该墩台上的纵向力最大，对整体墩台而言，其受力并非是均匀的。

表 5.17　各种工况下墩台所受纵向力　　　（单位：kN）

梁型 墩台编号	简支梁	多跨连续	两跨连续	三跨连续	连续刚构
0	779.1	1 026.6	1 046.0	954.7	1 036.2
1	116.7	490.3	522.1	376.6	505.7
2	143.6	916.3	974.5	699.4	944.2
3	275.3	0.0	0.0	0.0	0.0
4	395.1	0.0	—	—	− 35.3
5	− 24.7	0.0	—	—	− 35.3
6	− 309.1	0.0	—	—	− 35.3
7	6.5	62.7	− 196.0	966.3	− 35.3
8	344.8	0.0	—	—	− 35.3
9	− 7.6	0.0	—	—	− 35.3
10	− 404.1	0.0	—	—	− 35.3
11	− 224.2	0.0	—	0.0	− 35.3
12	− 64.5	− 839.8	− 779.5	− 1 028.3	− 709.8
13	42.2	− 349.3	− 315.8	− 463.3	− 276.8
14	186.9	20.5	33.1	− 36.2	53.2
15	0.0	0.0	0.0	0.0	0.0

4. 两道岔异向顺接

道岔与桥梁的相互位置关系如图 5.34 所示，两道岔为异向顺接，渡线间的夹直线长度为 6.25 m。桥梁类型及桥跨布置见图 5.28（b）~（f），中间主桥为连续梁或简支梁，两端各为三跨简支梁。

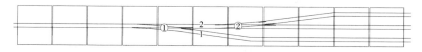

图 5.34　道岔布置图

1# 及 2# 钢轨伸缩力如图 5.35 所示。从图中可以看出，无缝道岔中基本轨

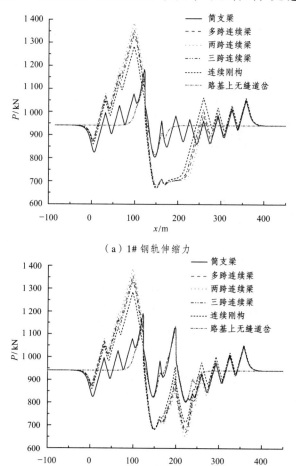

（a）1# 钢轨伸缩力

（b）2# 钢轨伸缩力

图 5.35　两道岔异向顺接时的钢轨伸缩力

的最大纵向力出现在尖轨跟端附近，桥上无缝线路中钢轨纵向力出现在活动支座梁端处，这两个位置距离越近，钢轨中附加压力就越大；同样，无缝道岔中附加拉力最大值出现在导曲线上靠近辙叉一侧，桥上无缝线路中钢轨附加拉力出现在固定支座梁端处，这两个位置越近，钢轨中附加拉力就越大。因此，在桥上无缝道岔设计中应避免这些位置的重合，减缓道岔里轨及桥梁伸缩引起的钢轨伸缩附加力。

表 5.18 所示为各道岔在不同桥梁上尖轨和心轨的伸缩位移。从表中可以看出，2#道岔因尖轨及心轨伸缩位移方向与桥梁伸缩位移方向相反，因此，其尖轨、心轨与桥梁的相对位移较大，且大于路基上无缝道岔。分析表明，道岔越靠近桥梁端部，这种钢轨相对位移就越大，越易发生卡阻，因此，在设计中宜将道岔布置在连续梁固定支座附近。

表 5.18　道岔尖轨和心轨尖端与桥梁的相对位移　　（单位：mm）

位　移 梁　型	尖轨尖端与桥梁的相对位移		心轨尖端与桥梁的相对位移	
	1#道岔	2#道岔	1#道岔	2#道岔
简支梁	− 20.0	− 21.1	− 10.4	− 11.4
多跨连续	− 13.3	− 16.5	− 6.4	− 9.5
两跨连续	− 13.1	− 16.0	− 6.3	− 8.5
三跨连续	− 13.4	− 16.9	− 6.5	− 10.3
连续刚构	− 13.8	− 17.8	− 6.8	− 11.8
无缝道岔	− 19.8	− 19.9	− 9.7	− 9.1

表 5.19 为各种工况下墩台所受纵向力。因两组道岔传递给连续梁的纵向力方向一致，因此，连续梁固定支座处墩台纵向力较大，最大值达到了 2 964.6 kN。改变固定支座所在位置，可减缓墩台纵向力，但有可能会增大梁轨位移，应综合予以考虑。

表 5.19　各种工况下墩台所受纵向力　　（单位：kN）

梁　型 墩台编号	简支梁	多跨连续	两跨连续	三跨连续	连续刚构
0	276.5	364.5	372.8	358.7	342.7
1	63.1	200.1	214.8	190.2	163.4
2	103.5	372.3	398.0	354.8	306.1
3	415.4	0.0	0.0	0.0	0.0

续表　5.19

梁型 墩台编号	简支梁	多跨连续	两跨连续	三跨连续	连续刚构
4	840.2	0.0	—	—	832.4
5	734.5	2 837.1	2 617.1	2 964.6	832.4
6	778.7	0.0	—	—	832.4
7	587.8	0.0	—	0.0	832.4
8	332.4	306.3	392.0	250.2	112.9
9	202.0	190.9	229.5	173.2	112.0
10	240.2	235.9	256.8	236.2	206.4
11	0.0	0.0	0.0	0.0	0.0

5. 两道岔异向对接

道岔与桥梁的相互位置关系如图 5.36 所示，两道岔为异向对接，渡线间的夹直线长度为 6.25 m。桥梁类型及桥跨布置见图 5.28（b）~（f），中间主桥为连续梁或简支梁，两端各为三跨简支梁。

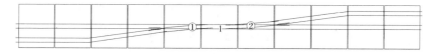

图 5.36　道岔布置图

1#钢轨纵向力如图 5.37 所示。在路基上无缝道岔中，两道岔里轨伸缩位移

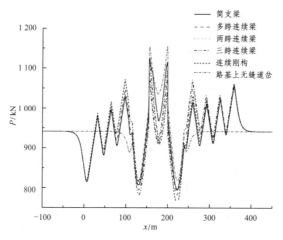

图 5.37　1# 钢轨纵向力

方向相反，因而在基本轨中形成较大的伸缩附加力；在桥上无缝道岔中，特别是在连续梁上，因固定支座位于中间，桥梁伸缩位移方向与道岔里轨伸缩位移方向相反，减缓了两道岔间的相互影响，因而基本轨中的纵向附加力还要小于路基上无缝道岔。图 5.38 为 1# 钢轨伸缩位移，受桥梁伸缩影响，1# 钢轨纵向伸缩位移沿线路方向分布极不均匀。

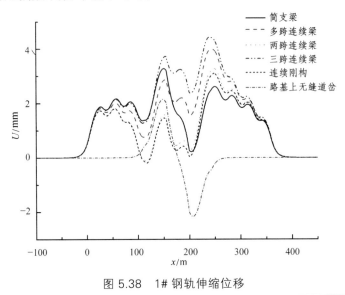

图 5.38　1# 钢轨伸缩位移

表 5.20 所示为各道岔在不同桥梁上尖轨和心轨的伸缩位移。两道岔因尖轨及心轨伸缩位移方向与桥梁伸缩位移相反，因此其尖轨、心轨的梁轨相对位移较大，且大于路基无缝道岔。这种布置方式对心轨伸缩位移极为不利，卡阻发生的几率大大增加。

表 5.20　道岔尖轨、心轨尖端与桥梁的相对位移　　（单位：mm）

位　移　梁　型	尖轨尖端与桥梁的相对位移		心轨尖端与桥梁的相对位移	
	1# 道岔	2# 道岔	1# 道岔	2# 道岔
简支梁	20.0	− 19.6	10.0	− 12.0
多跨连续	19.2	− 18.9	15.4	− 14.8
两跨连续	19.9	− 18.2	16.6	− 13.6
三跨连续	18.7	− 19.4	14.6	− 15.7
连续刚构	19.9	− 18.2	16.5	− 13.3
无缝道岔	19.7	− 19.7	9.0	− 9.0

　　道岔中传力部件在各工况下所受纵向力如表 5.21 所示。因桥梁与里轨伸缩位移方向相反，减缓了基本轨与里轨的相对纵向位移，因此，尖轨跟端限位器的受力较路基上无缝道岔有所降低。桥上无缝道岔翼轨末端间隔铁受力均大于路基上无缝道岔，应加强该处的结构设计和养护。

表 5.21　道岔传力部件的纵向力　　　　（单位：kN）

纵向力 梁　型	最大限位器纵向力		最大间隔铁纵向力	
	1# 道岔	2# 道岔	1# 道岔	2# 道岔
简支梁	121.9	− 110.3	174.5	− 167.1
多跨连续	108.5	− 101.4	176.9	− 174.0
两跨连续	118.1	− 85.5	181.3	− 169.3
三跨连续	99.6	− 111.4	174.0	− 177.2
连续刚构	121.4	− 85.8	181.7	− 168.8
无缝道岔	130.3	− 130.1	160.3	− 160.0

　　表 5.22 为各种工况下墩台所受纵向力。因两组道岔传递给连续梁的纵向力方向相反，因此，连续梁固定支座处墩台纵向力较小，这种布置方式对墩台受力最为有利，但对尖轨和心轨伸缩位移、翼轨末端间隔铁受力不利。

表 5.22　各种工况下墩台所受纵向力　　　　（单位：kN）

梁　型 墩台编号	简支梁	多跨连续	两跨连续	三跨连续	连续刚构
0	498.2	508.6	522.5	499.6	523.5
1	46.4	62.0	82.0	49.1	83.4
2	19.4	57.3	104.3	25.9	107.6
3	− 30.4	0.0	0.0	0.0	0.0
4	− 1.4	0.0	—	—	− 35.9
5	− 1.4	51.6	− 113.0	156.6	− 35.9
6	− 1.4	0.0	—	—	− 35.9
7	− 1.4	0.0	—	0.0	− 35.9
8	83.6	− 12.6	30.6	− 45.4	50.1
9	72.2	40.9	57.9	32.2	61.5
10	137.2	125.1	136.1	126.1	133.1
11	0.0	0.0	0.0	0.0	0.0

6. 小 结

（1）道岔群铺设在简支梁上时，长钢轨的伸缩力和伸缩位移比铺设在连续梁上时要小，但道岔可动部分的伸缩位移以及传力部件的纵向力均比连续梁上的大，简支梁桥墩纵向力也较大。综合比较后可得出结论：道岔群应铺设在连续梁桥上。

（2）道岔群铺设在连续梁上时，道岔群内长钢轨的最大伸缩力和伸缩位移出现在连续梁的端部（道岔群范围以外）。在道岔区范围内会出现钢轨伸缩力峰值，但数值很小。这是因为铺设道岔群的连续梁较长，其端部简支梁墩台受力较大。

（3）道岔群铺设在连续梁上时，若桥梁伸缩位移方向与道岔里轨伸缩位移方向相反，则道岔与桥梁的相对位移较大，易发生卡阻，且道岔越靠近桥梁端部，桥梁与道岔的相对位移就越大。

（4）道岔群铺设在连续梁上时，若两道岔里轨伸缩所传递给桥梁的纵向力方向相反，则桥墩受力较小；若方向相同，则桥墩受力很大。从减小墩台受力的角度考虑，如果道岔群在纵向受力上是近似对称的结构，则道岔群的对称线应尽量与连续梁的对称线相重合，且桥梁固定支座应设置在对称线附近。这样设置桥梁和道岔可大大减小连续梁固定墩的墩台纵向力。

七、设有伸缩调节器的桥上无缝道岔

1. 计算工况

桥跨布置为 (3×32) m 简支梁 +(40+40+40) m 连续梁 + (3×32) m 简支梁。简支梁固定支座在左端，连续梁上布置一组 60 kg/m 钢轨 18 号单开道岔，分别考虑岔前或岔后布置一组伸缩调节器的两种情况。

（1）连续梁左端布置一组单向伸缩调节器，左端三跨简支梁上布置 WJ-2 型小阻力扣件（线路纵向阻力为 4.34 kN/m），道岔尖轨尖端指向左端，连续梁固定支座位于第二跨右端，计算中考虑不设伸缩调节器、伸缩调节器距离岔首 40 m 和伸缩调节器距离岔首 20 m 三种工况（工况 1～3）。

（2）连续梁右端布置一组单向伸缩调节器，右端三跨简支梁上布置 WJ-2 型小阻力扣件，道岔尖轨尖端指向左端，连续梁固定支座位于第一跨右端，计算中考虑不设伸缩调节器、伸缩调节器距离岔尾 40 m 和伸缩调节器距离岔尾 20 m 三种工况（工况 4～6）。

2. 岔前设置伸缩调节器

岔前设置钢轨伸缩调节器时的基本轨纵向力分布如图 5.39 所示。工况 2 中道岔各钢轨的伸缩位移如图 5.40 所示。设置钢轨伸缩调节器后，道岔中的附加

温度压力峰消失，限位器所受纵向力由 28.2 kN 降为 0，翼轨末端间隔铁受力由
149.3 kN 降为 126.9 kN 和 109.0 kN，可见设置伸缩调节器对道岔钢轨的受力是
较为有利的。但此时钢轨的伸缩位移较大，基本轨最大伸缩位移为 36.4 mm，
尖轨尖端最大伸缩位移为 28.1 mm，心轨尖端伸缩位移为 13.0 mm；而尖轨尖
端相对于岔枕的纵向位移为 10.5 mm，尖轨尖端处的梁轨相对位移为 19.2 mm，
岔枕相对于桥梁的纵向移动为 8.7 mm；心轨尖端相对于岔枕的纵向位移为
5.5 mm，心轨尖端处的梁轨相对位移为 10.5 mm，岔枕相对于桥梁的纵向移动
为 5.0 mm。可见，道岔纵向爬行较为严重，这是否会影响道岔的几何状态还有
待于在铺设实践中检验。计算结果还表明，伸缩调节器距离岔首越近，对无缝
道岔的受力就越有利，但钢轨位移及纵向爬行量也越大。

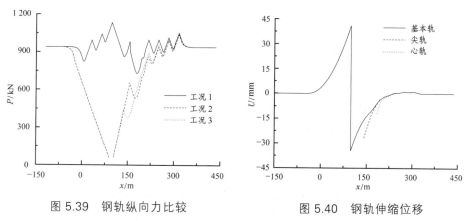

图 5.39　钢轨纵向力比较　　　　　　　图 5.40　钢轨伸缩位移

表 5.23 为各种工况下墩台所受纵向力。设置伸缩调节器后，改变了各墩台
的受力，连续梁墩台所受纵向力大幅度增加，且道岔越靠近连续梁左端，墩台

表 5.23　各种工况下墩台所受纵向力　　　　　（单位：kN）

工况 墩台编号	1	2	3
0	295.9	432.2	432.2
1	131.3	432.2	432.2
2	258.2	440.2	440.2
5	1 223.3	3 179.6	3 345.5
6	243.6	504.9	400.6
7	147.9	241.4	205.5
8	170.5	203.3	191.0

纵向力就越大,这主要是由于伸缩调节器尖轨与道岔尖轨伸缩方向相同,增大了连续梁上的纵向力所致。

3. 岔后设置伸缩调节器

岔后设置钢轨伸缩调节器时,基本轨纵向力分布如图 5.41 所示。工况 2 中道岔各钢轨的伸缩位移如图 5.42 所示。在不设钢轨伸缩调节器时,基本轨中的最大纵向力要大于在岔前放置伸缩调节器的情况,因此,道岔在桥梁上的布置应避免出现道岔尖轨位于梁跨相对位移较大处附近。在岔后设置伸缩调节器同样可以减缓道岔钢轨中的纵向力。计算结果表明,限位器、间隔铁的受力也大幅度减缓,钢轨伸缩位移较大,基本轨最大伸缩位移为 34.5 mm,尖轨尖端最大伸缩位移为 14.2 mm,心轨尖端伸缩位移为 16.4 mm;而尖轨尖端相对于岔

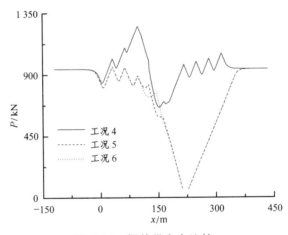

图 5.41　钢轨纵向力比较

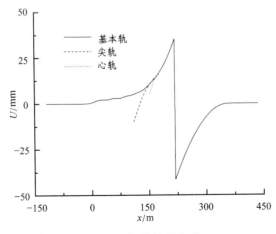

图 5.42　钢轨伸缩位移

枕的纵向位移为 0.9 mm，尖轨尖端处的梁轨相对位移为 1.2 mm，岔枕相对于桥梁的纵向移动为 0.3 mm；心轨尖端相对于岔枕的纵向位移为 3.1 mm，心轨尖端处的梁轨相对位移为 1.6 mm，岔枕相对于桥梁的纵向移动为 1.5 mm。可见，在这种布置工况下道岔纵向爬行较岔前布置伸缩调节器缓和得多。

表 5.24 为各种工况下墩台所受纵向力。由于道岔传递给连续梁的纵向力向左，而桥上无缝线路作用于连续梁上的纵向力向右，两者相互抵消后，连续梁墩台所受纵向力要小于岔前布置伸缩调节器的情况，且伸缩调节器距离岔尾越近，连续梁墩台所受纵向力越小。右端三跨简支梁上布置有四根钢轨，其墩台所受纵向力近似为岔前设置伸缩调节器时左端简支梁墩台纵向力的两倍。

比较墩台纵向力、无缝道岔受力及位移来看，岔后设置伸缩调节器较岔前设置伸缩调节器有利。

表 5.24　各种工况下墩台所受纵向力　　　　　（单位：kN）

墩台编号＼工况	4	5	6
0	285.6	263.6	257.9
1	109.8	63.1	50.9
2	212.2	103.1	71.6
4	1 850.4	2 126.2	2 072.1
6	−61.4	848.4	848.4
7	21.2	864.5	864.5
8	122.8	880.5	880.5

八、转辙机布置于桥上或枕上时的桥上无缝道岔

在第二章中分析了钩型外锁卡阻的原因，即当钢轨伸缩时，带动锁钩一同纵向移动，可能会因为锁钩与外锁闭杆不在同一直线上，造成转换不畅而卡阻。这种情况下需要检算尖轨或心轨相对于转换辙连杆的纵向相对位移。因连杆是与转辙机同时纵向移动的，当转辙机安装在桥面上时，就应检算该处的梁轨相对位移；当转辙机安装在岔枕托板上时，就应检算该处枕轨相对位移。也可能因锁钩与锁闭铁、锁钩与销轴别劲等原因而发生卡阻，这种情况下需要检算尖轨或心轨相对于基本轨、翼轨的纵向位移。

在路基上无缝道岔中，尖轨和心轨的绝对位移要大于它们相对于岔枕、相对于基本轨或翼轨的纵向位移，且相差值不大，因此，在偏于安全的情况下一般只需检

算尖轨、心轨的绝对位移即可。而在桥上无缝道岔中，因桥梁伸缩带动基本轨、岔枕、转辙机均要发生较大的纵向位移，所以就不能只检算尖轨、心轨的绝对位移。

以图 5.25 中工况 1、工况 4 为例，尖轨及心轨的位移如表 5.25 所示。可见，在桥上无缝道岔检算中，要根据转辙机的安装情况，检算梁轨或枕轨相对位移，检算尖轨、心轨相对于基本轨或翼轨的纵向位移，而其绝对位移的检算意义则不大。设计中可取三种相对位移中较大值进行检算。

表 5.25　尖轨、心轨伸缩位移　　　　　　（单位：mm）

工况 位移	1	4	路基上无缝道岔
尖轨绝对位移	22.5	20.8	19.8
尖轨相对于基本轨伸缩位移	16.5	17.6	19.1
尖轨相对于岔枕伸缩位移	16.4	17.4	19.2
尖轨相对于桥梁伸缩位移	15.8	14.7	—
心轨绝对位移	9.5	7.2	8.9
心轨相对于基本轨伸缩位移	6.7	6.1	8.5
心轨相对于岔枕伸缩位移	6.9	6.3	8.4
心轨相对于桥梁伸缩位移	9.1	7.4	—

九、有砟及无砟轨道基础的桥上无缝道岔

同样以图 5.25 中工况 1、工况 4 为例，有砟及无砟轨道基础上钢轨纵向力比较如图 5.43 和图 5.44 所示。无砟轨道基础采用门型钢筋与混凝土桥梁联结成整体，岔

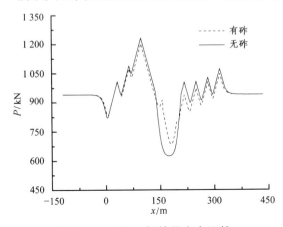

图 5.43　工况 1 钢轨纵向力比较

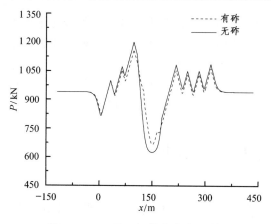

图 5.44　工况 4 钢轨纵向力比较

枕浇筑于混凝土道床板中。由于无砟轨道桥梁日温差计算取值（20℃）高于有砟轨道桥梁（15℃），故钢轨中的最大纵向力高于有砟轨道。其他计算结果的比较如表 5.26 所示。

表 5.26　无砟及有砟轨道基础上钢轨受力与位移的计算结果比较

工　况 道岔基础 力 与 位 移	1		4	
	有　砟	无　砟	有　砟	无　砟
基本轨最大纵向力（kN）	1 203.0	1 232.5	1 161.6	1 201.0
限位器最大受力（kN）	28.2	0.0	26.7	0.0
间隔铁最大受力（kN）	149.3	147.7	137.1	127.8
尖轨尖端绝对位移（mm）	22.5	20.8	20.8	19.5
尖轨尖端相对于岔枕位移（mm）	16.4	12.2	17.4	12.1
尖轨尖端相对于桥梁位移（mm）	15.8	12.2	14.7	12.1
心轨尖端绝对位移（mm）	9.5	6.8	7.2	4.8
心轨尖端相对于岔枕位移（mm）	6.9	6.5	6.3	5.7
心轨尖端相对于桥梁位移（mm）	9.1	6.5	7.4	5.7
连续梁墩台纵向力（kN）	1 223.3	1 315.1	1 850.4	1 852.8

从表 5.26 中可见，因无砟道岔中岔枕未起到传递纵向力的作用，因此，限位器、间隔铁等传力部件所受到的纵向力小于有砟道岔，尖轨及心轨伸缩位移也小于有砟道岔，这对无缝道岔钢轨的受力与变形是有利的。但连续梁端部钢轨中的最大纵向力、连续梁墩台所受纵向力要大于有砟轨道桥梁，这主要是由于不同轨道基础的桥梁日温差取值不同造成的。

十、桥上无缝道岔挠曲力

1. 计算工况

桥上无缝道岔布置见图 5.25（a）所示，桥梁型式、跨度及支座布置见图 5.25（c）所示，连续梁桥面及墩台均为整体结构，简支梁桥面及墩台为分体结构。考虑四种计算工况，工况 1：列车从左至右直向过岔（采用中—活载进行计算）时，连续梁左侧及相邻简支梁布载；工况 2：连续梁全桥布载；工况 3：列车从左至右直向过岔时，连续梁右侧及相邻简支梁布载；工况 4：列车从右至左侧向过岔时，连续梁右侧及相邻简支梁布载。

2. 挠曲力

在桥上无缝线路计算中，通常所关心的是挠曲附加力，而在桥上无缝道岔中，除了因桥梁的挠曲位移而产生的基本轨附加力外，里轨的伸缩也会导致基本轨的附加力。在无缝道岔轨温变化幅度分别为 0℃、50℃ 时，工况 1 中基本轨的挠曲附加力如图 5.45 所示。

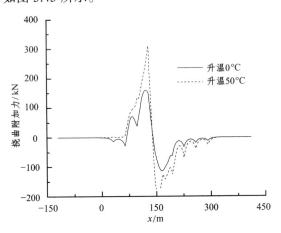

图 5.45   基本轨挠曲附加力比较

在无缝道岔轨温变化幅度在 0℃ 和 50℃ 两种情况下，基本轨挠曲附加力最大值均出现在连续梁端部。无缝道岔轨温变化幅度为 0℃ 时，基本轨附加纵向力为 160.2 kN；轨温变化幅度为 50℃ 时，基本轨附加纵向力为 310.1 kN。可见，在桥梁挠曲和里轨伸缩共同作用下的基本轨附加纵向力要大得多，检算中宜考虑这种工况，这与伸缩力的检算中考虑桥梁伸缩和里轨伸缩共同作用是一致的，均应按主力来进行桥梁墩台的检算。

道岔轨温变化幅度为 50℃ 时，四种工况下钢轨挠曲附加力比较如图 5.46 所示。

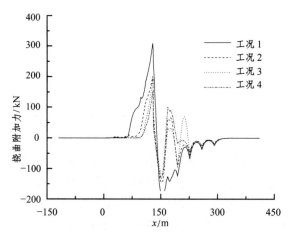

图 5.46 四种工况下钢轨挠曲附加力

由图 5.46 可见，工况 1 中基本轨挠曲附加力最大，其他工况下基本轨挠曲附加力有所减小，但在连续梁右端也出现了挠曲附加压力。当岔后简支梁为整体结构时，工况 3 的直向过岔与工况 4 的侧向过岔对桥梁挠曲位移的影响是一样的。图 5.46 中岔后简支梁为非整体结构，直向过岔时将影响长心轨一侧的钢轨受力，侧向过岔时将影响短心轨一侧的钢轨受力，因此，工况 3 与工况 4 略有不同。

3. 计算结果

道岔轨温变化幅度为 50℃ 时，四种工况下钢轨挠曲力的计算结果比较如表 5.27 所示。

表 5.27 四种工况下钢轨挠曲力比较

工况 力与位移	1	2	3	4
基本轨最大纵向力（kN）	1 251.4	1 143.0	1 135.5	1 093.1
限位器最大受力（kN）	39.5	103.4	124.3	98.1
间隔铁最大受力（kN）	146.0	165.4	171.0	170.8

续表　5.27

工况 力与位移	1	2	3	4
尖轨尖端绝对位移（mm）	23.0	20.4	19.3	18.7
尖轨尖端相对于岔枕位移（mm）	19.8	19.3	19.1	18.5
尖轨尖端相对于桥梁位移（mm）	20.1	19.5	19.6	18.9
心轨尖端绝对位移（mm）	12.3	10.0	9.3	8.7
心轨尖端相对于岔枕位移（mm）	7.0	8.1	8.4	8.5
心轨尖端相对于桥梁位移（mm）	7.2	10.9	12.7	11.7
连续梁墩台纵向力（kN）	1 090.0	1 363.6	1 437.3	1 530.9

　　从表 5.27 中可见，不同的荷载作用工况下，各项计算结果均不相同。从工况 1 至工况 4，基本轨纵向力逐渐减小，尖轨及心轨伸缩位移也逐渐减小，但限位器及间隔铁受力呈增大趋势，连续梁墩台所受纵向力也逐渐增大，这主要是受连续梁上翼缘在荷载作用下纵向位移变化规律的影响所致。因此，应根据荷载的不同作用位置来寻找最不利计算结果进行检算。

十一、桥上无缝道岔断轨力

1. 计算工况

　　桥上无缝道岔布置见图 5.25（a）所示，桥梁型式、跨度及支座布置见图 5.25（c）所示，连续梁桥面及墩台均为整体结构，简支梁桥面及墩台为分体结构。断轨通常发生在钢轨纵向力最大处，一般在连续梁的端部，且一股道上两根钢轨同时折断的可能性较小，可只考虑一根钢轨折断情况。考虑六种计算工况。工况 1：连续梁左端直基本轨前端折断；工况 2：连续梁左端曲基本轨前端折断；工况 3：连续梁右端直基本轨后端折断；工况 4：连续梁右端长心轨后端折断；工况 5：连续梁右端短心轨后端折断；工况 6：连续梁右端曲基本轨后端折断。

2. 断轨力

　　以工况 1 为例，钢轨折断后纵向力分布如图 5.47 所示。直基本轨折断后，在断缝处钢轨纵向力为零。无缝道岔中纵向力较小，但由于岔枕及桥梁的纵向位移增大，导致曲基本轨在对应断缝处的纵向力增加，由 1 159.1 kN 增大至 1 320.7 kN。计算结果表明，直尖轨尖端处岔枕纵向位移为 4.8 mm，曲尖轨尖端处岔枕纵向位移为 24.8 mm，岔枕左右两侧纵向位移相差 20 mm，可见其偏转现象较为严重。

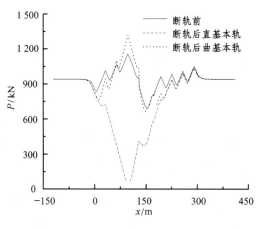

图 5.47 断轨力分布

连续梁右端钢轨折断时，非折断基本轨中纵向力分布如图 5.48 所示。从图中可见，连续梁左端钢轨纵向力分布与断轨前相似，但右端有较大变化，这说明断缝附近岔枕有一定的偏转，并将部分纵向力由折断钢轨传递到了相邻轨条中。因道岔里轨伸缩位移方向与桥梁伸缩方向相反，即使发生断轨，连续梁右端钢轨的最大纵向力仍小于连续梁左端钢轨的最大纵向力。

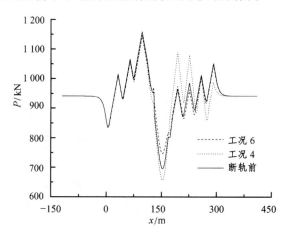

图 5.48 非折断基本轨纵向力比较

3. 计算结果

道岔轨温变化幅度为 50℃ 时，六种工况下的计算结果比较如表 5.28 所示。

对于转辙机安装在岔枕上的情况，可只检算枕轨相对位移。

表 5.28　六种工况下断轨力比较

工况 力与位移	1	2	3	4	5	6
非折断基本轨最大纵向力（kN）	1 320.7	1 320.5	1 149.7	1 142.4	1 142.8	1 147.6
钢轨断缝（mm）	61.8	61.9	43.6	40.9	41.4	43.8
限位器最大受力（kN）	148.8	150.8	36.5	18.4	18.9	35.2
间隔铁最大受力（kN）	136.7	135.0	160.4	161.4	160.0	160.0
直尖轨尖端相对于岔枕位移（mm）	18.9	3.2	17.2	17.0	16.9	16.9
曲尖轨尖端相对于岔枕位移（mm）	3.3	18.9	16.9	16.9	17.0	17.2
心轨尖端相对于岔枕位移（mm）	6.1	5.7	7.1	8.8	7.3	7.6
连续梁墩台纵向力（kN）	2 061.5	2051.8	659.5	779.4	795.2	680.6

　　从表 5.28 中可见，在岔前无论是直股或侧股折断，均导致非折断基本轨最大纵向力增大，钢轨断缝、尖轨及心轨相对于岔枕的纵向位移和连续梁墩台纵向力均大于在岔后连续梁右端断轨。岔后直曲基本轨、长短心轨在连续梁右端断轨，非折断基本轨、钢轨断缝、尖轨及心轨相对岔枕的纵向位移和连续梁墩台纵向力均大致相等，且小于岔前断轨，这主要是由于里轨伸缩位移方向与断轨伸缩方向相反所致。从断轨角度考虑，无缝道岔布置于桥梁上时不宜在岔前形成钢轨最大纵向力。

十二、桥上无缝道岔制动力

1. 计算工况

桥上无缝道岔布置见图 5.25（a）所示，桥梁形式、跨度及支座布置见图 5.25（c）所示，连续梁桥面及墩台均为整体结构，简支梁桥面及墩台为分体结构。以连续梁桥上作用制（启）动力，可考虑四种计算工况。工况 1：列车直向过岔，制动力作用方向为从左至右；工况 2：列车直向过岔，制动力方向为从右至左；工况 3：列车侧向过岔，制动力作用方向从左至右；工况 4：列车侧向过岔，制动力作用方向从右至左。列车荷载为中活载，取轮轨踏面摩擦系数为 0.164，制动力作用长度为连续梁全桥长，荷载作用下的线路纵向阻力按桥上无缝线路计算取值。

2. 制动力

以工况 2 为例，直基本轨的制动附加力分布如图 5.49 所示，基本轨与桥梁的相对位移如图 5.50 所示。在不考虑无缝道岔轨温变化的情况下，列车制动力从右至左作用于道岔直股上时，最大制动附加力约为 77.5 kN，出现在连续梁左端。制动力作用下的基本轨与桥梁的相对位移 D_u 最大值约为 0.76 mm。

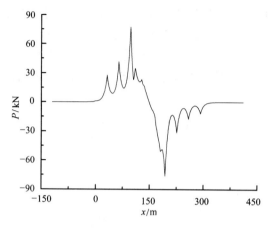

图 5.49　制动力分布

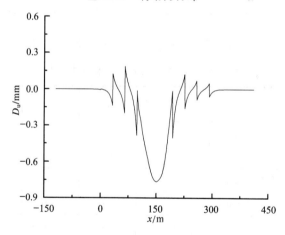

图 5.50　基本轨与桥梁的相对位移

由于在桥墩检算中制动力被视为附加力，可与伸缩力、挠曲力等主力叠加考虑，因此，在计算中一般不考虑钢轨温度的变化。对于无缝道岔，尖轨跟端限位器子母块是否贴靠是两种不同的结构状态，经过计算表明，两种状态下的计算结果无明显差别，因此可按限位器子母块贴靠状态进行计算。

3. 结果分析

列车直向过岔时，直基本轨全长范围内作用有制动力，而曲基本轨上只在部分范围内作用有制动力（其他制动力作用在直尖轨、长心轨上），因而曲基本轨上的制动力分布规律与直基本轨略有不同，最大纵向压力约 74.5 kN，最大纵向力要小于直基本轨，如图 5.51 所示。

　　列车直侧向过岔时，制动力分别作用在不同的钢轨上。因道岔被视为直侧股对称结构，桥面及桥墩为整体结构，故基本轨（分别对应直、曲基本轨）上的制动力分布规律相同，如图 5.52 所示。若桥梁上铺设的是普通无缝线路，钢轨中制动力分布与铺设无缝道岔时略有差别,但最大值均出现在连续桥梁端部，如表 5.29 所示。各种工况下传力部件纵向力、尖轨及心轨伸缩位移均较小。

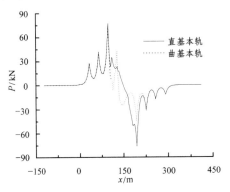

图 5.51　直、曲基本轨上制动力分布　　　　图 5.52　各种工况下制动力分布

表 5.29　各种工况下钢轨制动力比较

力与位移 ＼ 工况	桥上无缝线路	1	2	3	4
基本轨最大制动压力（kN）	71.0	75.1	77.5	68.8	74.2
连续梁桥墩纵向力（kN）	936.1	1 009.0	1 006.0	877.2	946.4
尖轨尖端相对岔枕位移（mm）	—	1.4	1.4	1.4	1.4
心轨尖端相对岔枕位移（mm）	—	0.5	0.5	0.2	0.2
限位器纵向力（kN）	—	0.0	0.0	0.0	0.0
间隔铁纵向力（kN）	—	13.1	12.6	3.1	4.0

十三、结　论

　　（1）前述计算工况表明，桥梁上铺设无缝道岔时，伸缩力、挠曲力、断轨力、制动力的变化规律与铺设普通无缝线路时均有较大差别，应建立起相应的桥上无缝道岔计算理论与方法。

　　（2）无缝道岔铺设在桥上时，因受桥梁纵向位移的影响，钢轨件的受力及变形规律与铺设在路基上时有较大不同，应根据桥梁的具体情况进行检算。

（3）桥上无缝道岔钢轨的伸缩力和位移的变化不仅与梁体伸缩有关，还与道岔轨温变化有关。道岔轨温变化越大，桥梁和道岔钢轨的受力和位移也越大。当梁体伸缩而道岔轨温不变化时，无缝道岔基本轨伸缩力与桥上无缝线路相同。

（4）不同跨度的简支梁桥上无缝道岔对道岔传力部件的受力以及心轨、尖轨尖端的梁轨相对位移影响不大。但梁跨越长，道岔基本轨的伸缩力也越大。

（5）桥墩刚度增大可以减小道岔基本轨的伸缩力，但会显著增加墩台的纵向力。

（6）将无缝道岔的传力部件设置在连续梁固定墩附近，可以减小道岔可动部分的纵向位移和传力部件的纵向力。桥上无缝道岔连续梁两边的简支梁固定支座的布置方式对道岔钢轨和桥梁的受力和位移影响很大，故在简支梁靠近连续梁的一端设置固定支座最为有利。

（7）道岔群铺设在连续梁上时，道岔群内长钢轨的最大伸缩力和伸缩位移出现在连续梁的端部（道岔群范围以外）。在道岔区范围内会出现钢轨伸缩力峰值，但数值很小。若桥梁伸缩位移方向与道岔里轨相反，则道岔梁轨相对位移较大，易发生卡阻，且道岔越靠近桥梁端部，梁轨相对位移越大。

（8）道岔群铺设在连续梁上时，若两道岔里轨伸缩所传递给桥梁纵向力的方向相反，则桥墩受力较小；若方向相同，则桥墩受力很大。

（9）岔前设置钢轨伸缩调节器时，道岔纵向爬行较为严重。伸缩调节器距离岔首越近，对无缝道岔受力越有利，但钢轨位移及纵向爬行量也越大。从减小墩台纵向力、无缝道岔受力及位移来看，岔后设置伸缩调节器较岔前设置调节器有利。

（10）在桥上无缝道岔检算中，要根据转辙机的安装情况，检算梁轨或枕轨相对位移，检算尖轨、心轨相对于基本轨或翼轨的纵向位移。设计中可取三种相对位移中较大值进行检算。

（11）无砟道岔中岔枕未起到传递纵向力的作用，限位器、间隔铁等传力部件所受纵向力小于有砟道岔，尖轨及心轨伸缩位移也小于有砟道岔，这对无缝道岔钢轨的受力与变形是有利的。

（12）挠曲力检算中宜考虑桥梁挠曲和道岔里轨伸缩的共同作用，不同的荷载作用工况下，基本轨纵向力、尖轨及心轨伸缩位移、限位器及间隔铁受力、墩台纵向力均不同，应根据荷载的不同作用位置来寻找最不利计算结果。

（13）在岔前无论是直股或侧股折断，均导致非折断基本轨最大纵向力增大，钢轨断缝、尖轨及心轨相对于岔枕的纵向位移、连续梁墩台纵向力均大于在岔后断轨。从断轨角度考虑，无缝道岔布置于桥梁上时不宜在岔前形成钢轨最大纵向力。

（14）列车直侧向过岔时，制动力分别作用在不同的钢轨上，但基本轨中制动力分布规律相同；制动工况下道岔传力部件纵向力、尖轨及心轨伸缩位移均较小。应根据荷载的不同作用位置进行制动力计算。

以上这些规律均是通过计算分析而得到的，但由于目前国内尚未在桥上大范围铺设无缝道岔，因此，这些规律还有待于实践的检验，书中所建立的桥上无缝道岔计算理论和方法也有待于不断完善和发展。

本书所建立的桥上无缝道岔计算模型及计算软件功能较桥上普通无缝线路及路基上无缝道岔还要强大。在不考虑桥上铺设无缝道岔的情况下，可用于计算多股道同时作用不同荷载时的线桥纵向相互作用；在不考虑桥梁伸缩和墩台纵向弹性变形的情况下，可用于计算路基上车站咽喉区复杂的组合无缝道岔群的受力与变形，这对路基上无缝道岔计算理论的发展起到了一定的促进作用。

参 考 文 献

[1]　卢耀荣著. 无缝线路研究与应用. 北京：中国铁道出版社，2004

[2]　刘重庆，张连有主编. 国外铁路主要技术领域发展水平与趋势. 北京：中国铁道出版社，1994

[3]　张殿明，阎纪宽编. 无缝线路理论与新技术. 北京：中国铁道出版社，1997

[4]　北京交通大学研究报告：无缝道岔计算理论与试验分析研究. 1999

[5]　范俊杰. 铁路超长轨节无缝线路. 北京：中国铁道出版社，1996

[6]　范俊杰. 现代铁路轨道. 北京：中国铁道出版社，2001

[7]　广钟岩. 高慧安主编. 铁路无缝线路. 北京：中国铁道出版社，2001

[8]　范俊杰. 无缝道岔的受力与变形分析. 北方交通大学学报，1993，17（1）

[9]　谷爱军，范俊杰，高亮. 60 kg/m 钢轨 12 号固定辙叉无缝道岔铺设的理论计算分析. 北方交通大学学报，1999，23（1）

[10]　范俊杰，谷爱军，陈岳源. 无缝道岔的理论与试验研究. 铁道学报，2000，22（2）

[11]　谷爱军，范俊杰，姜卫利. 无缝道岔现场测试分析. 北方交通大学学报，2001，25（1）

[12]　张未，张步云. 铁路跨区间无缝线路. 北京：中国铁道出版社，2000

[13]　北京交通大学研究报告. 60 kg/m 钢轨 18 号无缝道岔设计参数试验分析. 1999

[14]　铁科院铁建所研究报告：60-38 号单开道岔的综合试验研究——既有线（北京局狼窝铺站）铺设动力试验报告. 2001

[15]　蒋金洲，卢耀荣. 超长无缝线路道岔区稳定性计算方法. 铁道建筑，2001（8）

[16]　铁科院铁建所研究报告：超长无缝线路道岔纵向力的计算. 1996

[17]　铁科院铁建所研究报告：秦沈客运专线跨区间无缝线路设计评估. 2001

[18]　广州铁路（集团）公司工务检测设计所研究报告：广深线石滩，仙村站超长无缝线路检算. 2001

[19]　马战国. 固定式道岔钢轨纵向力及位移量分析. 铁道建筑，1998（9）

[20]　马战国. 道岔侧线对无缝道岔的影响. 中国铁道科学，1997，18（4）

[21] 蔡成标,翟婉明,王其昌. 无缝道岔钢轨纵向力与位移的研究. 铁道学报, 1997（1）

[22] 蔡成标,翟婉明,王其昌. 无缝提速道岔钢轨温度力与位移的计算. 西南交通大学学报, 1997（5）

[23] 蔡成标,王其昌. 30号无缝道岔钢轨温度力与位移计算分析. 铁道学报, 1999（4）

[24] 许实儒,童本浩. 无缝道岔的温度力分布与变形分析. 铁道学报,1994(1)

[25] 陈秀方,李秋义,向延念,娄平. 高速铁路无缝道岔结构体系分析广义变分原理. 中国铁道科学, 2002（1）

[26] 李秋义,陈秀方,向延念. 广义变分原理在高速铁路无缝道岔结构分析中的应用. 工程力学, 2003（5）

[27] 李秋义,陈秀方. 基于广义变分原理的铁路无缝道岔计算理论. 交通运输工程学报, 2003（1）

[28] 李秋义,陈秀方. 无缝道岔组合作用效应的研究. 铁道学报, 2002（5）

[29] 曾志平,陈秀方. 用广义变分原理分析38号无缝道岔的研究. 长沙铁道学院学报, 2003（3）

[30] 王平,刘学毅. 冻结无缝线路稳定性分析. 西南交通大学学报.2000,35（5）

[31] 王平,黄时寿. 可动心轨无缝道岔的非线性计算理论研究. 中国铁道科学. 2001, 22（1）

[32] 王平. 无缝道岔侧股焊接形式的选择与分析. 铁道标准设计.2001, 21（8）

[33] 王平. 无缝道岔群对钢轨位移和纵向力的影响研究.铁道学报.2002, 24（2）

[34] 于俊红,王平. 无缝道岔钢轨温度力与位移影响因素分析. 铁道标准设计. 2002, 22（6）

[35] 王平,郭利康. 线路爬行对无缝道岔受力与变形的影响分析. 西南交通大学学报. 2002, 37（6）

[36] 王平, 刘学毅. 无缝道岔受力与变形的影响因素分析. 中国铁道科学. 2003, 24（2）

[37] 王平. 不同结构无缝道岔的纵向力传递机理. 西南交通大学学报. 2003, 38（4）

[38] 田春香,王平. 基于统一公式的无缝道岔稳定性分析. 西南交通大学学报. 2003, 38（4）

[39] 杨荣山，王平，刘学毅. 利用有限元软件计算无缝道岔的温度力. 铁道建筑. 2003（12）

[40] 王平，陈小平. 桥上无缝线路钢轨断缝计算方法的研究. 交通运输工程与信息学报. 2004（2）

[41] 王平，杨荣山，刘学毅. 无缝道岔铺设于长大连续梁桥时的受力与变形分析. 交通运输工程与信息学报. 2004（3）

[42] 孙晓勇，刘学毅，王平. 布置在隧道内外的无缝道岔受力与变形分析. 铁道建筑. 2004（11）

[43] 王丹，王平. 铺设锁定轨温差对无缝道岔受力与变形的影响. 西南交通大学学报. 2006，41（1）（博士点基金资助）

[44] 田春香，殷明明，王平. 关于桥上无缝线路使用伸缩调节器的几点思考. 铁道建筑. 2006（2）

[45] 于俊红. 无缝道岔爬行观测桩的合理布置. 铁道建筑. 2005（7）

[46] 齐春雨. 无砟和有砟轨道上无缝道岔位移变化的分析对比. 铁道建筑. 2006（6）

[47] 西南交通大学. 研究报告：跨区间无缝线路无缝道岔设计理论优化研究. 2003.12

[48] 西南交通大学，铁道第一勘察设计院. 研究报告：跨区间无缝线路设计理论与方法研究. 2005.6

[49] 西南交通大学，铁道第二勘察设计院. 研究报告：跨区间无缝线路结构检算及设计软件开发. 2005.2

[50] 西南交通大学，铁道第二勘察设计院. 研究报告：遂渝铁路一次铺设跨区间无缝线路轨道关键技术试验研究. 2004.6

[51] 西南交通大学，铁道第二勘察设计院. 研究报告：桥上铺设无缝道岔和道岔梁关键技术的试验研究. 2006.3

[52] 西南交通大学，铁道第三勘察设计院. 研究报告：高速铁路无缝道岔岔间夹直线钢轨附加力计算研究. 2003.12

[53] 西南交通大学，铁道第四勘察设计院. 研究报告：新建宜万铁路部分工点无缝线路设计. 2004.12

[54] 西南交通大学，铁道第四勘察设计院. 研究报告：客运专线桥上无缝道岔及桥梁结构设计研究. 2006.6

[55]　西南交通大学，中铁宝桥股份有限公司. 研究报告：60 kg/m 钢轨 12 号 TSG 型（VZ200）单开道岔研制. 2003.6

[56]　西南交通大学，中铁山桥集团有限公司. 研究报告：60 kg/m 钢轨 12 号 Ⅰ 型（VZ200）单开道岔研制. 2002.12

[57]　西南交通大学，中铁山桥集团有限公司. 研究报告：75 kg/m 钢轨 12 号 可动心轨单开道岔检算分析. 2002.12

[58]　中铁工程设计咨询集团有限公司，西南交通大学. 研究报告：秦沈客运专 线一次铺设跨区间无缝线路关键技术研究——无缝道岔优化研 究. 1999.12

[59]　西南交通大学. 研究报告：250 km/h 客运专线道岔国产化——道岔设计理 论研究与动力仿真分析. 2005.11

[60]　西南交通大学. 研究报告：350 km/h 客运专线无砟轨道道岔研制——道岔 结构检算与仿真分析研究. 2007.5